国家中等职业教育改革发展示范学校建设教材

土木工程试验仪器使用与维护

蔡湘琪　主编

西南交通大学出版社
·成　都·

图书在版编目（CIP）数据

土木工程试验仪器使用与维护 / 蔡湘琪主编. —成都：西南交通大学出版社，2014.7
国家中等职业教育改革发展示范学校建设教材
ISBN 978-7-5643-3158-0

Ⅰ. ①土… Ⅱ. ①蔡… Ⅲ. ①土木工程－工程试验－试验设备－使用方法－中等专业学校－教材②土木工程－工程试验－试验设备－维修－中等专业学校－教材 Ⅳ. ①TU-33

中国版本图书馆 CIP 数据核字（2014）第 143617 号

国家中等职业教育改革发展示范学校建设教材

土木工程试验仪器使用与维护

蔡湘琪　主编

责任编辑	张　波
助理编辑	胡晗欣
特邀编辑	柳堰龙
封面设计	墨创文化
出版发行	西南交通大学出版社 （四川省成都市金牛区交大路 146 号）
发行部电话	028-87600564　028-87600533
邮政编码	610031
网　　址	http: //www.xnjdcbs.com
印　　刷	成都蓉军广告印务有限责任公司
成品尺寸	185 mm × 260 mm
印　　张	14.5
字　　数	361 千字
版　　次	2014 年 7 月第 1 版
印　　次	2014 年 7 月第 1 次
书　　号	ISBN 978-7-5643-3158-0
定　　价	29.50 元

图书如有印装质量问题　本社负责退换

前　言

随着国家对基础建设的投入，我国公路建设事业迅速发展，这对工程质量管理、监督检测工作，以及试验检测人员的业务素质与技术水平提出了更高的要求。为满足试验检测专业实用型人才对试验检测仪器的基本知识和基本操作技能的需要，依据国务院关于大力推进职业教育改革与发展的决定，结合教育部关于加快发展中等职业教育的意见，在深入开展理实一体化教学与学生自主研究性学习课程改革的基础上，根据“以服务为宗旨、以就业为导向、以能力为本位”的中等职业学校的办学指导思想，编写了本书。

本书主要介绍了与土木工程相关的试验仪器的使用与维护，所涉及的仪器有游标卡尺和天平、土工材料试验仪器、砂石材料试验仪器、液压式千斤顶、压力试验机、万能试验机、水泥试验检测仪器、沥青材料试验仪器、沥青混合料试验仪器、路基路面和桥梁工程试验仪器等。

本书由武汉铁路桥梁学校蔡湘琪主编。其中，项目一至项目九由蔡湘琪编写，知识拓展由曹建生编写。

由于编者水平和教学经验有限，书中难免有不足和疏漏之处，敬请广大师生和技术人员提出宝贵意见，便于以后进一步修改完善。

编　者

2013 年 3 月

目　录

项目一　公路工程试验检测仪器认识

任务一　公路工程试验检测仪器认识

【任务目标】

1. 了解试验检测仪器及其作用。
2. 能描述试验检测仪器的分类和组成。
3. 会配置工地试验室仪器。
4. 掌握选择常用压力机的方法。

【相关知识】

知识点一　研究试验检测仪器的目的和意义

在公路工程建设中，质量是工程建设的关键，任何一个环节出现问题，都会给工程的整体质量带来严重后果，直接影响到公路的使用。因此，加强公路工程试验检测工作，不仅是质量监督的重要手段，也是控制工程质量的重要技术保证。客观、准确的试验检测数据，是公路工程实践的真实记录，是指导、控制和评定工程质量的科学依据。

随着我国公路建设事业的迅速发展，我国高等级公路建设技术的不断发展以及相应标准规范体系的不断完善，试验检测技术也在不断向前发展，试验检测仪器不仅品种多，而且越来越先进，使用频率也越来越高。

对公路工程建设中使用的原材料、半成品、构配件的性能及工程的结构质量进行控制，保证检测结果的准确性和一致性，除检测人员的素质、环境条件、检测方法等应符合有关规定外，正确地选择、使用、调整和校核仪器，对提高试验数据的准确性、试验检测精度、工作效率及降低建设成本，有着至关重要的作用。

通过本课程的学习，可以了解和掌握一些机械、电子、液压传动、光学等方面的基本知识。熟悉公路工程常用仪器的构造、性能，能更好地使用仪器、保养仪器、延长仪器的使用寿命，有助于正确地判断和排除仪器的故障，确保提供准确与可靠的数据，力争减小人为误差，切实提高试验检测工作的质量和水平。及时提供真实可靠的检测数据，为指导、控制和评定公路工程质量提供科学的检测结论，以促进公路工程试验检测技术迈上新台阶。

知识点二　公路工程试验检测仪器的分类与组成

一、仪器的分类

1．按试验检测方法分类

（1）无损类试验检测仪器：如全站仪、回弹仪、核子密实度仪、连续式平整度仪、非金属超声波检测仪等。

（2）有损类试验检测仪器：如压力机、沥青延度仪、取芯机、马歇尔仪、含蜡量测定仪、水泥净浆搅拌机等。

2．按试验检测对象分类

（1）土工类：如土的液塑限测定仪、电动击实仪、土的直剪仪和固结仪。

（2）砂石类：摇筛机、磨耗机、砂当量测定仪、切割机等。

（3）水泥、水泥混凝土类：如水泥净浆搅拌机、水泥胶砂振实台、水泥混凝土振动台、水泥胶砂抗折试验机等。

（4）沥青、沥青混合料类：针入度仪、软化点仪、马歇尔击实仪、沥青混合料搅拌机、含蜡量测定仪等。

（5）测量类：水准仪、光学经纬仪、全站仪等。

（6）检测类：回弹仪、弯沉仪、摩擦系数测定仪、核子密度仪、连续式平整度仪、非金属超声波检测仪等。

（7）钢材类：压力机、万能压力机等。

二、仪器的组成

试验检测仪器虽然品种繁多、形式多样、用途各异，但都可以归纳为由三个主要部分组成，即控制部分、显示部分和工作装置。

（1）控制部分：是仪器设备动力的来源，由它进行能量转换。如电机接通电源，将电能转换为旋转的机械能，再由链条、齿条、连杆等使试验检测设备的某个部分实现旋转、直线运动或往复运动。

（2）显示部分：由它将数据显示在荧光屏上或度盘上。例如烘箱上显示器，能将要设置的温度或箱内的当前温度显示出来；压力机工作时，刻度盘上能将试件所受的荷载显示出来；马歇尔击实仪工作时，显示器能将当前的击实次数显示出来。

（3）工作装置：例如水泥胶砂振实台的偏心夹紧机构、土工电动击实仪试模定位机构、水准仪的望远镜、钻孔耳取芯机的钻头等，这一部分的结构形式完全取决于仪器设备的本身用途。

【专业操作】

公路工程试验室仪器配置

一、公路工程试验检测机构资质等级条件

为加强对公路工程试验检测机构资质的管理，规范公路工程试验检测工作，提高试验检

测工作质量，交通部公路司公监字〔1997〕162号文件，发布了《公路工程试验检测机构资质管理暂行办法》。在该办法中，主要对不同等级资质试验室的试验检测人员资历和人员配备、主要试验检测项目、与之相配套的仪器设备等内容提出了具体的要求，详细内容见知识拓展。

二、公路工程工地试验室应配备的仪器设备

为确保公路工程试验检测的质量，工地试验室不仅应当具备相应的技术力量、环境状况和管理水平，仪器设备也要满足与承担工程相适应的试验检测项目的需要。下面为不同工地试验室所配备的仪器设备。

（一）路基工程

（1）土壤液塑限联合测定仪。
（2）标准击实仪。
（3）路基密实度检测设备（灌砂、环刀法）。
（4）简易化学分析设备（灰剂量测定、有效氧化钙及氧化镁含量测定等）。
（5）天平（万分之一、千分之一、百分之一）。
（6）烘箱。
（7）标准土工筛、摇筛机。
（8）三米直尺。
（9）弯沉仪。
（10）水准仪。
（11）经纬仪（或全站仪）。

（二）路面基层

（1）土壤液塑限联合测定仪。
（2）标准击实仪。
（3）路基密实度检测设备（灌砂、环刀法）。
（4）简易化学分析设备（灰剂量测定、有效氧化钙及氧化镁含量测定等）。
（5）天平（万分之一、千分之一及相应托盘和台秤）。
（6）烘箱。
（7）标准土工筛、砂石筛、摇筛机。
（8）三米直尺。
（9）弯沉仪。
（10）水准仪。
（11）经纬仪（或全站仪）。
（12）标准养护箱。
（13）路面材料强度试验仪。

（三）水泥混凝土路面

（1）水泥混凝土拌和物稠度、坍落度测定仪。

（2）水泥混凝土标准养护设备。

（3）水泥混凝土抗折试验机。

（4）钻孔取芯机。

（5）针片状规准仪。

（6）集料压碎值试验仪。

（7）标准砂石筛、摇筛机。

（8）水泥净浆搅拌机、稠度仪、水泥砂浆搅拌机、胶砂抗折试验机及水泥其他相关项目试验仪器设备。

（9）烘箱。

（10）路面纹理深度测试设备。

（11）三米直尺。

（12）水准仪。

（13）经纬仪（或全站仪）。

（14）压力机。

（四）沥青路面

（1）沥青针入度、延度、软化点测定仪。

（2）沥青混合料马歇尔试验仪。

（3）沥青混合料抽提仪。

（4）沥青路面抗滑性能测试设备。

（5）标准筛（方孔）。

（6）集料压碎值指标试验仪。

（7）沥青混合料马歇尔试件击实仪。

（8）沥青混合料拌和机。

（9）烘箱。

（10）连续式平整度仪。

（11）三米直尺。

（12）弯沉仪。

（13）水准仪。

（14）经纬仪（或全站仪）。

（15）电子天平。

（五）桥梁工程

（1）万能试验机（1 000 kN 或 600 kN）。

（2）压力机（2 000 kN）。

（3）水泥净浆搅拌机、稠度仪、水泥砂浆搅拌机、胶砂抗折试验机及水泥其他相关项目试验仪器设备。

（4）水泥混凝土振动台和搅拌设备。

（5）针片状规准仪。

（6）石料压碎值测定仪。

（7）标准筛（圆孔）。
（8）烘箱。
（9）标准养护箱。
（10）标准养护室。
（11）三米直尺。
（12）水准仪（或全站仪）。

三、试验室衡器、力计两类通用设备的配置

通用设备的配置要综合考虑经济性和适用性，下面就从衡器、力计两个方面来分析如何科学地选配通用设备。

（一）衡器的配置

衡器是试验室中用得最为广泛的仪器，几乎每个试验都离不开，而且不同的试验对衡器都有不同的称量和精度范围要求。为保证每个试验的精度要求，必须充分了解各个试验所规定的天平或台秤的称量和感量，表 1.1 是现行规范对试验室常规检测项目的衡器技术指标要求汇总。

表 1.1　试验项目对衡器的技术指标要求汇总

试验项目		最大称量/kg	感量/g	采用标准
含水量	细粒土	0.1	0.01	T 0801—94/T 0103—93/T 0921—95
	粗粒土	2	1.0	T 0921—95
标准击实		10～15	5	T 0131—93/T 0804—94
无侧限强度		10	5	T 0805—94
		（0.2）	0.01	
EDTA		0.5	0.5	T 0809—94
		0.1	0.1	
石灰钙镜含量			0.000 1	T 080913—94
		（0.1）	0.1	
压实度	环　刀	（1）	0.1	T 0923—95
	灌　砂	10～15	1	T 0921—95
	钻　芯	（2）	0.1	T 0924—95
粗集料	筛　分	10	1	GB/T 14685—2001
	密　度	1.5	≤0.75	T 0304—1994
		1	≤0.5	
	含水率	5	≤5	T 0305—1994
	压碎值	10	5	T 0315—1994
		2～3	1	T 0316—2000
	针片状		≤0.1%称量值	T 0311—2000
			≤1	T 0312—2000
	坚固性	5	≤1	T 0314—2000

续表 1.1

试验项目		最大称量/kg	感量/g	采用标准
细集料	筛　分	1	≤0.5	T 0327—2000
		1	1	GB/T 14684—2001
	密　度	1	≤1	T 0328—2000
		1	0.1	GB/T 14684—2001
		0.1	≤0.1	T 0329—2000
		1	≤1	T 0330—2000
	含泥量	1	≤1	T 0333—2000
		1	0.1	GB/T 14684—2001
	砂当量	1	≤1	T 0334—2000
水泥	细　度	0.1	≤0.05	GB 1345—91
	安定性	≥1	≤1	GB/T 1346—2001
	胶砂强度	2	±1	GB/T 17671—1999
沥青	试样准备	2	≤1	T 0602—1993
		0.1	≤0.1	
	密　度	0.2	≤0.001	T 0603—1993
	薄膜加热	0.2	≤0.001	T 0609—1993
沥青混合料	击　实	（3）	≤0.5	T 0702—2000
		（1）	≤0.1	
	马歇尔稳定度	（2）	≤0.1	T 0709—2000
	最大理论密度	≥5	≤0.1	T 0711—93
		≤2	≤0.05	
	矿料级配	（2）	≤0.1	T 0725—2000
	沥青含量	（0.2）	≤0.01	T 0722—1993
		（0.2）	0.001	
		（2）	≤0.1	
	密度	≥10	5	T 0705—2000
		≥3（5）	≤0.5	
		≤3	≤0.1	

注：① （ ）中数据为规范未明确规定、根据正常试验的经验值取定的适合称量范围。

② 同一试验不同规范有不同要求时，采用较高要求，如灌砂法试验 T0921—95 规定用称量 10～15 kg；感量不大于 1 g 的天平或台秤，而 T 0111—93 规定采用称量 10～15 kg，感量 5 g 的台秤。

③ 同一试验有多种方法时，采用常规试验方法的设备，如环刀法测量压实度有内径 70 mm 和 100 mm 两种环刀，取常用的 70 mm。

从表 1.1 中可以看出，工地试验室中需要用到衡器的感量分别是 0.000 1 g、0.001 g、0.01 g、0.05 g、0.1 g，0.5 g、1 g、5 g。同一种感量要求的最大称量也存在差别，但由于感量要求具备向上兼容性，即可以用感量 0.1 g 的衡器去称感量要求为 0.5 g 甚至 1 g 的质量，因此实际设备配置可以进行合并。为了保证试验检测工作的正常进行，最少应达到表 1.2 的配置要求。从表 1.2 中可以看出，0.01 g、0.1 g、1 g 感量的衡器的使用范围和使用频率较高，因此在实际使用时，这一部分设备最好选择电子式的，称量起来比较方便快捷；同时还可以根据工程量和工程项目的具体情况，选配一些称量 10 ~ 15 kg、感量 5 g，称量 3 ~ 5 kg、感量 1 g，以及称量 1 ~ 3 kg、感量 0.1 g，称量 200 g、感量 0.01 g 的架盘天平作为备用，这些价格相对比较便宜，但使用起来比较麻烦。

表 1.2　衡器最少配置表

最大称量/kg	感量/g	用　途
50	10	水泥混凝土配合比试拌
15	1	灌砂法测定压实度、粗粒土含水量、标准击实、粗粒土无侧限抗压强度以及除密度外的粗集料常规试验等
5	0.1	环刀法及钻芯法测定压实度、细粒土无侧限抗压强度、水泥试验（除理论密度和沥青混合料试验、集料试验）等
2	0.01	细粒土含水量、水泥细度、沥青混合料的沥青含量和最大理论密度试验等
0.2	0.001	沥青试验、测定石灰土的灰剂量试验
0.2	0.000 1	石灰钙镁含量

（二）力计的配置

试验室使用的广义力计包含测力环、万能试验机、压力试验机等。力计的选用主要是考虑合适的量程，一般情况下，应使被测量值处于力计量程的 20% ~ 80%，此时测量值的可靠性最高。因此在量程选择上，应根据测量值波动的上限来控制量程的下限，根据波动下限来控制量程的上限，即选定量程要满足两个条件：一是量程的 80% 的值应大于测量值的上限；二是量程的 20% 的值应小于测量值的下限。

1．测力环

一般的试验室需要配置无侧限抗压强度试验用的测力环，专指为无侧限抗压强度仪（路面材料强度试验仪）而配置的测力环，而用于校准万能试验机的测力环不在此之列。目前公路上应用较多的基层材料是二灰碎石和水泥稳定碎石，底基层材料是石灰、粉煤灰稳定土（二灰土）。根据力计量程选用的原则以及基层、底基层材料无侧限抗压强度的正常波动范围，具体的测力环量程计算及选用如表 1.3 所示。从表中可以看出，一般情况下，工地试验室只需要选用两个测力环即可。

表 1.3 测力环选用配置表

试验项目	试件尺寸/mm	龄期	波动下限/MPa	波动上限/MPa	压力下限/kN	压力上限/kN	测力环最大量值/kN	测力环最小量值/kN	选用测力环/kN
二灰土	50	7	0.5	1.1	0.981	2.159	4.9	2.7	5
二灰碎石	150	7	0.8	1.6	14.130	28.260	7.8	3.9	8
水稳碎石	150	7	3	6	52.988	105.975	9.4	14.7	20
水泥土	50	7	1.5	3.5	2.944	6.869	14.7	8.6	10

2. 万能试验机

万能试验机主要用于普通钢筋的力学性能试验、水泥胶砂抗压强度试验，以及砂浆抗压强度试验等。工地常用的普通钢筋主要有ϕ8、ϕ10 的热轧盘圆条（Q235）和ϕ10 ~ ϕ36 的热轧带肋钢筋（HRB335），根据钢筋的截面积、强度波动的范围以及力计量程的选择原则。万能试验机选择组合如表 1.4 所示。

表 1.4 万能试验机选用量程分析表

项目	直径/mm	面积/mm^2	强度/MPa		荷载/kN		量程/kN		选用量程/kN	选用试验机器
			下限	上限	下限	上限	下限	上限		
普通钢筋拉伸	8	50.27	410	480	20.6	24.1	103.1	30.2	60	300 型
	10	78.54	410	480	32.2	37.7	161.0	47.1	60/120/150	300 或 600 型
	10	78.54	490	530	38.5	41.6	192.4	52.0	60/120/150	
	12	113.1	490	530	55.4	59.9	277 .1	74.9	120/150/200	300 或 600 或 1000 型
	14	153.9	490	530	75.4	81.6	377.2	102.0	120/150/200/300	
	16	201.1	490	530	98.5	106.6	492.6	133.2	150/200/300	
	18	254.5	490	530	124.7	134.9	623.5	168.6	200/300/500/600	
	20	314.2	490	530	153.9	166.5	769.7	208.1	300/500/600	
	22	380.1	490	530	186.3	201.5	931.4	251.8	300/500/600	
	25	490.9	490	530	240.5	260.2	1 202.65	325.2	500/600/1 000	300 或 1000 型
	28	615.8	490	530	301.7	326.4	1 508.6	407.9	500/600/1 000	
	30	706.9	490	530	346.4	374.6	1 731.8	468.3	500/600/1 000	
	32	804.2	490	530	394.1	426.3	1 970.4	532.8	600/1 000	
	36	1018	490	530	498.8	539.5	2 493.8	674.3	1 000	1000 型

从表 1.4 中看出，一般试验室用于钢筋力学性能试验用的万能试验机主要有三种型号、两种组合，即 300 型（最大量程 300 kN，通常还包含 150 kN 和 60 kN 两个量程）、600 型（最大量程 600 kN，通常还包含 300 kN 和 120 kN 两个量程）以及 1000 型（最大量程 1 000 kN，

通常还包含 500 kN 和 200 kN 两个量程）三种型号。300 型、1000 型以及 300 型、600 型两种组合，后一种仅适用于钢筋最大直径为 32 mm 的试验室，或 32 mm 以上钢筋用量不大、可以进行外委试验的试验室。

公路工程常用的水泥有硅酸盐水泥、普通硅酸盐水泥和复合硅酸盐水泥，其 3 d 和 28 d 的胶砂抗压强度波动范围如表 1.5 所示。根据试件受压面积以及力计量程选择原则，水泥胶砂抗压强度一般选择 300 型万能试验机就可以了。

表 1.5　水泥胶砂抗压强度波动范围

项目	龄期/d	强度等级	强度/MPa		荷载/kN		量程/kN		选用量程/kN	选用试验机器
			下限	上限	下限	上限	下限	上限		
水泥胶砂抗压	3	32.5	11	16	17.6	25.6	88	32	60	300 型
		42.5	16	21	25.6	33.6	128	42	60/120	300 或 600 型
		52.5	17	22	27.2	35.2	136	44	60/120	
		32.5R	21	26	33.6	41.6	168	52	60/120	
		42.5R	22	27	35.2	43.2	176	54	60/120	
		52.5	23	28	36.8	44.8	184	56	60/120	
		52.5R	26	31	41.6	49.6	208	62	120/150/200	300 或 600 型
		52.5R	27	32	43.2	51.2	216	64	120/150/200	
		62.5	28	33	44.8	52.8	224	66	120/150/200	
		62.5R	32	37	51.2	59.2	256	74	120/150/200	
		32.5	32.5	41	52.0	65.5	260	82	120/150/200	300 或 600 型
	28	42.5	42.5	51	68.0	81.6	340	102	120/150/200/300	
		52.5	52.5	61	84.0	97.6	420	122	120/150/300	
		62.5	62.5	68	100	108.8	500	136	150/200/300	
砂浆	28	7.5	7	12	35.0	60	175	75	120/150	300 或 600 型
		10	10	16	50.0	80.0	250	100	120/150/200	300 或 600 型

注：表中水泥胶砂抗压强度以硅酸盐、普通硅酸盐以及复合硅酸盐水泥为计算基础，如需要采用矿渣、火山灰质或粉煤灰硅酸盐水泥，结果相差不大，对量程选择几乎没有影响。

公路工程常用的水泥砂浆为 M7.5 和 M10 的砌筑砂浆，根据其强度波动范围、受压面积以及量程选用原则，一般选用 300 型的万能试验机就可以满足要求。

综上所述，一般试验室运用最广泛的万能试验机是 300 型。胶砂抗压和水泥砂浆试件均只需要 300 型，用 300 型的万能试验机做钢筋拉伸试验，最大可以达到 22 mm。因此在万能试验机的选择上，300 型是必备的，辅以 600 型或 1000 型的就可以完成一般试验室几乎所有的常规力学性能试验。

3．压力试验机

压力试验机主要用于混凝土试件的抗压试验、混凝土抗压弹性模量等试验。通常用的压力试验机为 2000 型（含 800 kN 和 2 000 kN 两个挡位），已经基本满足上述试验要求。预应力混凝土弹性模量试验要综合使用 800 kN 和 2 000 kN 的量程；工程常用的混凝土立方体试件的强度为 15 ~ 50 MPa 之间，选用 2000 型的压力试验机已经能够完全满足试验要求。一般设计强度在 20 MPa 以下的混凝土试件可采用 800 kN 的量程，20 MPa 以上的需要采用 2 000 kN 的量程。

【成绩评价】

	检测项目	序号	检测内容及要求	配分	学员自评	学员互评	教师评分	得分
任务评价	职业修养	1	安全、纪律	10				
		2	文明、礼仪、行为习惯	10				
		3	工作态度	10				
	知识能力	4	了解试验检测仪器的内容与作用	10				
		5	能描述试验检测仪器的分类和组成	10				
	专业能力	6	会配置工地试验室常用仪器	30				
		7	掌握选择常用压力机的方法	20				
综合评价								

【知识拓展】

表 1.6 为不同等级资质试验室的配置要求。

表 1.6　不同等级资质试验室的配置要求

	交通部甲级	交通部乙级	交通部丙级
资历和试验检测人员配备	1. 熟悉掌握公路工程试验检测的标准、规范、规程及仪器设备的原理、性能和操作等，具有多年从事公路工程综合试验检测工作的经历和良好的工作业绩； 2. 有各类专业技术人员 20 名以上，其中高级技术职称不少于 3 人，中级技术职称不少于 6 人，从事试验检测工作 5 年以上者不少于 10 人； 3. 技术负责人和质量负责人应具有高级技术职称，熟悉试验检测工作，具有 10 年以上负责试验检测工作的经历； 4. 试验检测人员持证上岗率达到 90%	1. 熟悉掌握公路工程试验检测的标准、规范、规程及仪器设备的原理、性能和操作等，具有一定的从事公路工程综合试验检测工作的经历和良好的工作业绩； 2. 有各类专业技术人员 10 名以上，其中高级技术职称不少于 1 人，中级技术职称不少于 3 人，从事试验检测工作 5 年以上者不少于 5 人； 3. 技术负责人具有高级技术职称，熟悉试验检测工作，具有 10 年以上负责试验检测工作的经历； 4. 试验检测人员持证上岗率达到 85%	1. 熟悉掌握公路工程试验检测的标准、规范、规程及仪器设备的原理、性能和操作等，具有一定的从事公路工程综合试验检测工作经历和良好的工作业绩； 2. 专业技术人员 5 人以上，中级以上技术职称者不少于 2 人； 3. 技术负责人具有中级以上技术职称，试验检测人员持证上岗率达到 75%

续表 1.6

	交通部甲级	交通部乙级	交通部丙级
主要试验检测项目	1. 土工试验（筛分、容重、含水量、液塑限、击实、颗粒分析、三轴试验）； 2. 集料、石料（筛分、压碎值、磨耗、石料硬度、加速磨光）； 3. 水泥软炼试验、石灰试验（有效钙镁含量）、粉煤灰试验； 4. 水泥混凝土（稠度、坍落度、抗压强度、抗折强度、劈裂试验、抗冻、抗渗）、砂浆强度试验、配合比设计； 5. 沥青指标试验（针入度、延度、软化点、黏附性、薄膜烘箱和老化试验）； 6. 沥青混合料试验（抽提试验、马歇尔试验、劈裂、抗压强度）、沥青混合料配合比设计； 7. 路面基础材料试验（击实、无侧限抗压强度、灰剂量、配合比设计）； 8. 路基、路面、构造物几何尺寸； 9. 路基路面（压实度、厚度、平整、弯沉，路面构造深度、摩擦系数，路基 CBR、回弹模量）； 10. 砌石工程常规试验检测； 11. 地基承载力； 12. 钢材物理、力学性能，焊接； 13. 桥梁构件强度、桩基完整性、桩基承载力； 14. 混凝土无破损检测； 15. 岩土工程（地基、基础）； 16. 桥梁荷载试验； 17. 外加剂； 18. 钢绞线、预应力锚具、橡胶支座	1. 土工试验（筛分、容重、含水量、液塑限、击实、颗粒分析）； 2. 集料、石料（筛分、压碎值、磨耗）； 3. 水泥软炼试验、石灰试验（有效钙镁含量）； 4. 水泥混凝土（稠度、坍落度、抗压强度、抗折强度、劈裂试验、抗冻、抗渗、砂浆强度试验、配合比合比设计； 5. 沥青指标试验（针入度、延度、软化点、黏附性、薄膜烘箱和老化试验）； 6. 沥青混合料试验（抽提试验、马歇尔试验、劈裂、抗压强度）、沥青混合料配合比设计； 7. 路面基础材料试验（击实、无侧限抗压强度、灰剂量、配合比设计）； 8. 路基、路面、构造物几何尺寸； 9. 路基路面（压实度、厚度、平整度、弯沉，路面构造深度、摩擦系数，路基 CBR、回弹模量）； 10. 砌石工程常规试验检测； 11. 地基承载力； 12. 钢材，焊接； 13. 桥梁构件强度、桩基完整性； 14. 混凝土无破损检测	1. 土工试验（筛分、容重、含水量、液塑限、击实）； 2. 集料、石料（筛分、压碎值）； 3. 水泥混凝土（稠度、坍落度、抗压强度、抗折强度、劈裂试验、抗冻、抗渗）、砂浆强度试验、配合比设计； 4. 沥青指标试验（针入度、延度、软化点）； 5. 沥青混合料试验（抽提试验、马歇尔试验）、沥青混合料配合比设计； 6. 路面基础材料试验（击实、无侧限抗压强度、灰剂量）； 7. 路基、路面、构造物几何尺寸； 8. 路基路面（压实度、厚度、平整度、弯沉）； 9. 砌石工程常规试验检测； 10. 地基承载力

续表 1.6

	交通部甲级	交通部乙级	交通部丙级
主要仪器设备	1. 万能试验机（1 000 kN、600 kN）； 2. 压力机（2 000 kN）； 3. 三轴仪； 4. 全站仪； 5. 光电液塑限测定仪； 6. 金属探伤仪； 7. 加速磨耗机； 8. 取芯机、摆式摩擦仪； 9. 沥青试验设备； 10. 沥青混合料车辙试验机； 11. 沥青抽提仪、马歇尔试验仪、自动击实仪、沥青混合料自动搅拌机、成型机； 12. 水泥软炼试验设备； 13. 混凝土抗渗仪； 14. 洛氏硬度仪； 15. 超声波混凝土探伤仪； 16. 桩基完整性检测设备； 17. 桩基承载力检测设备； 18. 桥梁动、静载试验设备； 19. 公路几何线形检测设备； 20. 自动弯沉测试设备； 21. 养护箱、恒温箱、标养室； 22. 物理、化学试验设备	1. 万能试验机（1 000 kN、600 kN）； 2. 压力机（2 000 kN）； 3. 石料磨耗机； 4. 沥青试验设备； 5. 水泥软炼试验设备； 6. 沥青抽提仪、马歇尔试验仪、电动击实仪、沥青混合料自动搅拌机、成型机； 7. 公路几何线形检测设备； 8. 取芯机、摆式摩擦仪； 9. 桩基完整性检测设备； 10. 超声波混凝土探伤仪； 11. 光电液塑限测定仪； 12. 弯沉测试设备； 13. 养护箱	1. 压力机或万能试验机； 2. 沥青抽提仪、马歇尔试验仪； 3. 经纬仪、水准仪； 4. 弯沉测试设备

【思考题】

1. 按试验检测对象，仪器分为哪几类？
2. 试验检测仪器主要由哪几部分组成？各部分的主要作用是什么？
3. 公路工程工地试验室在仅承担路基工程时，至少要使用哪几种天平？
4. 水泥胶砂抗压强度试验，宜选用何种型号的试验机？

项目二　游标卡尺和天平使用与维护

任务一　游标卡尺使用与维护

【任务目标】

1. 了解游标卡尺的结构和工作原理。
2. 掌握仪器使用与维护方法。
3. 会正确用游标卡尺测量试件尺寸。

【相关知识】

一、用　途

游标量具应用很广泛，可用它来测量沥青混合料马歇尔、石灰稳定土等试件尺寸；自检水泥混凝土及其他试模的内外尺寸、高度和深度等。游标量具的分度值有 0.1 mm、0.05 mm 和 0.02 mm 三种。按用途和结构分，游标量具有游标卡尺、高度游标尺、深度游标尺等多种。

二、与常用量具有关的基本术语

1．分度值与示值

（1）分度值

分度值是计量器具标尺上对应两相邻标尺标记的两个值之差，也可理解为每一分度间距所代表的被测量值。分度间距是指相邻两刻线中心之间的距离，如图 2.1（a）所示，游标 1 上的分度值就是 0.02 mm。

（2）示值

示值是计量器具指示的被测量值。

2．分值范围、测量范围与量程

（1）分值范围

分值范围是计量器具所能显示或指示的最低值到最高值的范围。

（2）测量范围

测量范围是指在允许的误差限内，计量器具所能测量的被测量值的范围。

（3）量程

量程是标称范围两极限（上限值和下限值）之差的模。

三、游标量具的读数原理和方法

游标量具是利用尺身（主尺）和游标上的刻线间距差及其累计值来细分读数的。游标可沿尺身移动。

图 2.1 为分度值为 0.02 mm 游标卡尺刻度线的基本形式。尺身与游标的刻线间距分别为 1 mm 和 0.98 mm，游标刻线共 50 格，总长 49 mm。当刻尺对准零位时，游标最右一条刻线与尺身的 49 mm 刻线对齐，如图 2.1（a）所示。当游标从零位沿尺身向右移动 0.02 mm、0.04 mm、0.06 mm 时，游标刻线 1、2、3…将分别与尺身 1、2、3…对齐。图 2.1（b）的读数示例为 64.18 mm。

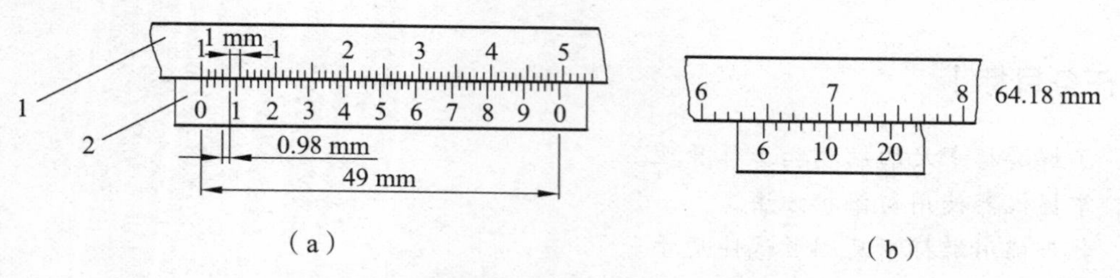

图 2.1　分度值为 0.02 mm 的游标卡尺

1—尺身；2—游标

四、游标卡尺的结构

游标卡尺是游标量具中数量最多、使用最广泛的一种量具。其结构类别较多，常见的有以下几种。

1．三用游标卡尺

三用游标卡尺的测量范围一般有 0 ~ 125 mm 和 0 ~ 150 mm 两种，如图 2.2 所示。用外量爪 8、9 可测外尺寸，用刀口内量爪 1、2 可测内尺寸，测深尺可测深度和高度。量爪 1、9 与主尺 6 为一整体，量爪 2、8 与尺框 3 为一整体，游标 5 可用螺钉 4 固定在尺身的任何位置上。尺框上方内侧与尺身之间安有一个簧片（图中未画出），它可使尺框与尺身始终保持单面的可靠接触，使尺框沿尺身移动时保持平稳。

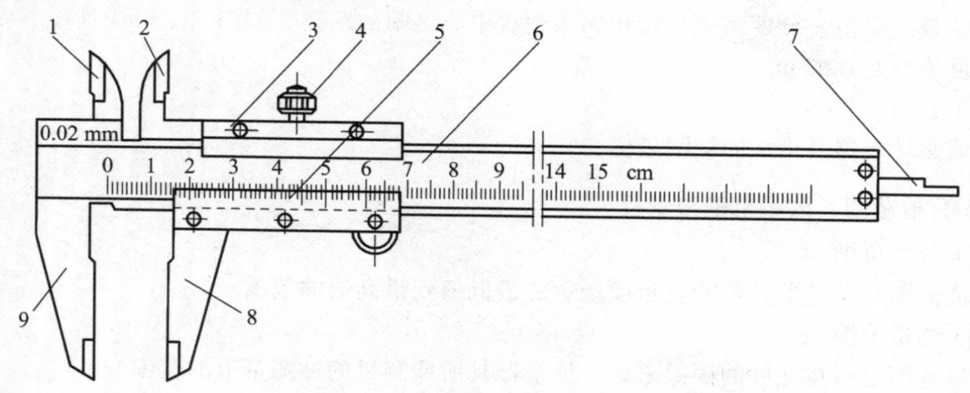

图 2.2　三用游标卡尺结构图

1、2—内量爪；3—尺框；4—螺钉；5—游标；6—主尺；7—深度尺；8、9—外量爪

深度尺 7 的一端固定在尺框内，能随尺框在尺身背面的导向槽内移动。为了减少测深度时与被测件的接触面，以提高测量深度，深度尺 7 的测量端特做成楔形。

2．两用游标卡尺

两用游标卡尺的测量范围一般有 0 ~ 200 mm 和 0 ~ 300 mm 两种。图 2.3 中 7 为主尺，4 为游标。与三用游标卡尺不同的是，它不带测深尺，另外在尺框旁有微动装置 6。当拧紧螺钉 5 再旋转螺母 8 时，可通过细螺杆 9 左右微动尺框 2（要先松动螺钉 3），这样可使测力平稳适当，以提高测量精度。刀口内量爪 1 和外量爪 10 与三用卡尺相同。图 2.3 中，游标卡尺的测量范围为 0 ~ 300 mm，量程为 300 mm。

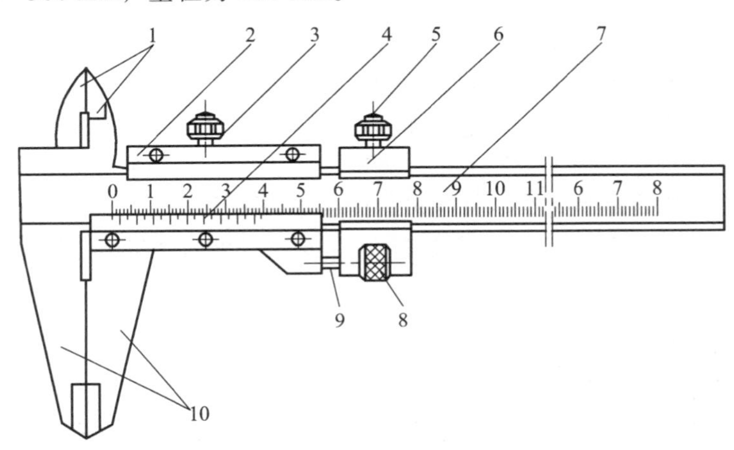

图 2.3　两用游标卡尺结构图

1—内量爪；2—尺框；3、5—螺钉；4—游标；6—微动装置；7—主尺；8—旋转螺母；9—细螺杆；10—外量爪

3．单面游标卡尺

与双面游标卡尺不同，单面游标卡尺没有上量爪，下量爪可测内外尺寸。其测量范围有 0 ~ 200 mm、0 ~ 500 mm 直至 1 000 mm，适用于较大尺寸的测量，如图 2.4 所示。

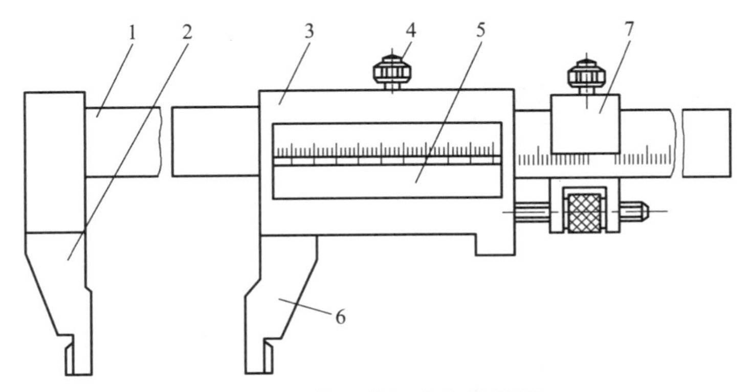

图 2.4　单面游标卡尺结构图

1—尺身；2，6—量爪；3—游标框；4—螺钉；5—游标；7—微动装置

在以上游标卡尺结构的基础上，还发展了机械式的带表卡尺和电子式的数显卡尺，它们均是以新的读数原理代替了传统的游标读数方法。

【专业操作】

一、游标卡尺的正确使用

游标卡尺虽不是高精度的计量器具，但使用时也应注意正确操作，以保证应有的测量精度。

1．使用前的检查

（1）如有不洁，要用干净的棉纱或软布将卡尺擦干净，特别是测爪的测量面。还要注意卡尺不能受磁化影响。

（2）拉动尺框，尺框在尺身上滑动应灵活平稳，不得有晃动或卡滞现象。

（3）轻推尺框，使两外量爪的测量面合拢，两测量面接触后不得有明显的漏光。同时检查尺身与游标零线是否对齐，如不对齐，应调整或修理。如临时需要测量，可将两量爪闭合数次。如不对零，但误差值一致，则记下此零位的系统误差值，并对测量结果进行修正。如误差不一致，则需修理。

（4）用紧固螺钉固定尺框时，游标卡尺的读数不应发生变化。

不能满足以上要求的游标卡尺，不得使用，而应交付修理或处理。

2．使用方法

（1）正确使用量爪

游标卡尺外尺寸的外量爪测量面有刀口形和平面形两种。测圆柱形件和平端面易用平面形量爪；测沟槽和凹形弧面易用刀口形量爪。内量爪有刀口形和圆柱形两种，用以测量各种内尺寸。

（2）找准测量位置

测量时，当两量爪与被测工件接触后，应再稍微移动一下量爪。测外尺寸时找最小尺寸位置，如图 2.5（a）所示；测内尺寸时沿径向找最大尺寸，沿轴向找最小尺寸，如图 2.5（b）、（c）所示。

用测深尺测深度时，要使卡尺端面与测件上的基准平面贴合，同时深度尺要与该平面垂直，如图 2.5（d）所示。

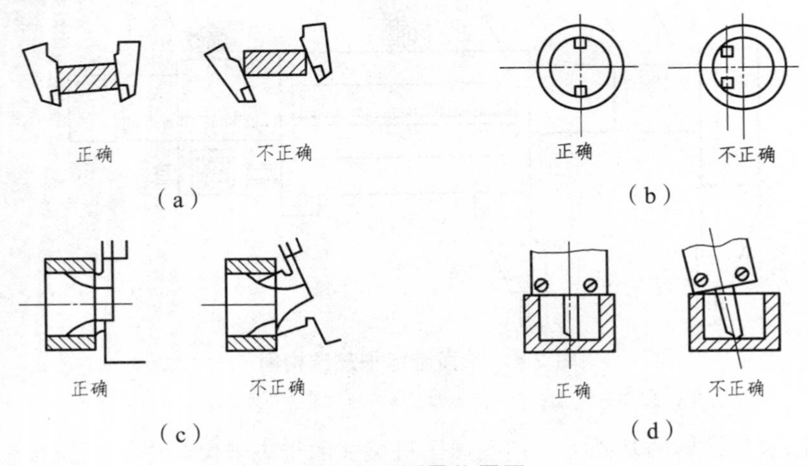

图 2.5　测量位置图

（3）防止量爪磨损

量爪特别是刀口形量爪容易磨损，磨损后将直接影响使用质量和测量精度。量爪进入工件的测量部位时，测外尺寸两量爪的距离要大于被测尺寸，测内尺寸要小于被测尺寸。测量时，先让固定量爪接触工件，再让与尺框相连的活动量爪接触上件并进行测量。测量完毕，一定要先移动尺框，使量爪与工件脱离接触并离开一定距离，然后再拿开卡尺。绝不可以从工件上猛力抽下卡尺。也绝对不能用游标卡尺去量取运动中的工件。这样不但会严重磨损量爪，还易发生安全事故。游标卡尺不应与硬杂物混放在一起，以免碰损。

（4）适当控制测力

游标卡尺（包括其他游标量具）没有控制测量力的机构，测力主要靠测量者的手感来控制。如果用力过大，会使尺框倾斜而产生误差。

（5）正确读取读数

游标卡尺刻线密集（尤其是分度值为 0.05 mm 和 0.02 mm 的卡尺），读数时一定要仔细。特别要注意尺身刻线与游标刻线的对齐情况，必要时可借助放大镜来观察，以免发生错误。对游标刻线棱边有一定厚度的卡尺，读数时视线一定要垂直正视刻线，视线偏斜将出现视差。

二、游标卡尺的保养

游标卡尺用完后，应平放入木盒内。如较长时间不使用，应用汽油擦洗干净，并涂一层薄的防锈油。卡尺不能放在磁场附近，以免磁化，影响正常使用。

【成绩评价】

	检测项目	序号	检测内容及要求	配分	学员自评	学员互评	教师评分	得分
任务评价	职业修养	1	安全、纪律	10				
		2	文明、礼仪、行为习惯	5				
		3	工作态度	5				
	专业能力	4	能正确表述游标卡尺的结构和工作原理	10				
		5	掌握仪器使用与保养的方法	20				
		6	正确使用、保养游标卡尺	30				
		7	掌握使用仪器注意事项	10				
		8	正确读取读数	10				
		9						
综合评价								

【知识拓展】

一、数显卡尺

数显卡尺是将位移量通过光栅或容栅传感器转换为电信号，再经处理后由数字显示测量结果。它还有简单的运算功能，所以已远不属游标量具之列。但由于它也是在游标测尺的基础上发展起来的，而且机械部分外形与游标测尺相近，主要是尺框结构不同。由于数显卡尺可以直接读出数据，使用方便，目前在试验室已广泛地被使用。

（一）数显卡尺的主要结构

数显卡尺的分度值为 0.01 mm，测量范围有 0～150 mm，0～200 mm，0～300 mm 和 0～500 mm 多种。其典型的外形结构如图 2.6 所示。这是一种三用卡尺，可测内、外尺寸和深度。

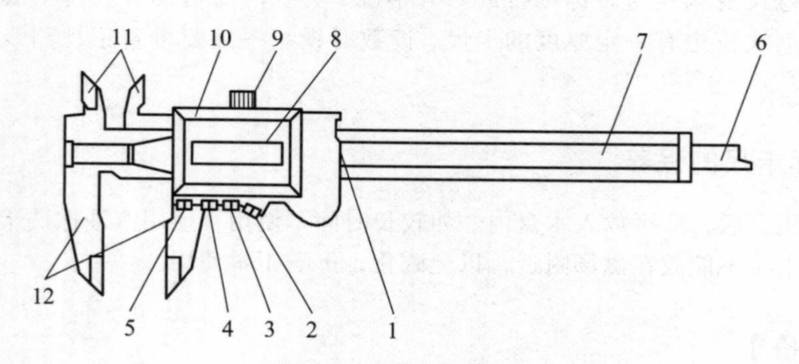

图 2.6 数显卡尺结构图

1—电池夹；2—置零键；3—保持键；4—公英制转换键；5—启动键；6—深度尺；7—尺身；8—显示器；9—尺框固定螺钉；10—尺框；11—内量爪；12—外量爪

和普通游标卡尺一样，数显卡尺因机械结构不同分为两用数显卡尺（无深度尺，有微动装置）、双面和单面卡尺。有的数显卡尺把一些功能按键（如图 2.6 中的 2、3、4、5 等）安排在卡尺的尺框正面，但基本结构差别不大。

（二）数显卡尺的工作原理

数显卡尺因传感元件不同可分为光栅式与容栅式两类。光栅式数显卡尺以光栅作为测量的传感元件，图 2.7 为其原理示意图。发光二极管 4 发出的光，经标尺光栅（动光栅）1 的底面（镀铬面）反射，再经指示光栅（静光栅）2 的刻划面，产生莫尔条纹，被光电池 3 接收。

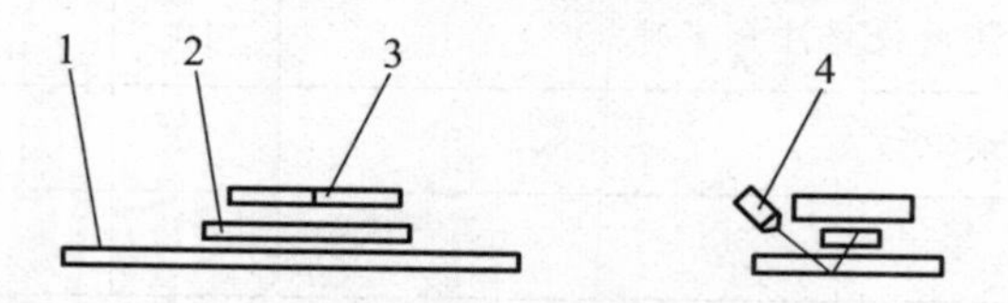

图 2.7 光栅原理示意图

1—标尺光栅；2—指示光栅；3—光电池；4—发光二极管

测量时，固定在尺框上的指示光栅随尺框在尺身上滑动，每移动一个栅距，光电池就接受一个莫尔条纹信号。随着指示光栅相对标尺光栅的移动，光电池上就有明暗变化的光信号，并将其转换为电信号。两个光电池分别发出两路相位差 90° 的交变信号，经放大整形，送入典型的四倍频及变向电路后，即可将尺框带量爪的位移量（测量值）转变为脉冲数。由于光栅刻线是 25 线/mm，栅距为 0.04 mm，经四倍频后，每毫米位移可打发出 100 个脉冲，所以每个脉冲当量是 0.01 mm。此即为数显卡尺的分辨率。测量电信号经过处理，最后在液晶板上显示出测量结果。

（三）使用方法

以图 2.6 所示数显卡尺结构为例，按下置零键 2，可在整个测量范围内的任一点“置零”，以该点为零点可做微差比较测量。按下保持键 3，再移动尺框，显示的数字不变。按下公、英制转换键 4，可用公、英制两种长度制进行测量，也可对某一测量值进行公、英制换算。被测尺寸的上、下偏差可预先设置，测量时可显示被测尺寸的测量值是否合格。在使用中，如果电池电压低于规定值，即发出信号，此时应更换电池，以免发生测量误差。当测量停止后 1.5 min，卡尺将自动断电，以节省电耗，用时再按启动键 5。有的数显卡尺还有数据输出端口。

（四）注意事项

要注意数显卡尺不要在强磁场附近使用和放置，以免内部电子线路受到干扰和尺身被磁化，也不要放在潮湿的地方。

数显卡尺的读数方法及其他注意事项与普通游标测尺基本相同。

【思考题】

1. 游标量具按用途和结构分为哪三类？

2. 使用精度 0.02 的游标卡尺进行测量时，游标最左边 0 指向尺身的 35～36 mm，游标右边的 56 与尺身的某条线对齐，此时游标的读数示值为多少？

3. 如图 2.2 所示，三用游标卡尺的螺钉 4 有何作用？

4. 用游标类量具测量试件，测量完毕后，如何使量爪与工件脱离？

任务二　百分表和电子天平使用与维护

【任务目标】

1. 了解百分表和电子天平的结构和工作原理。
2. 掌握仪器使用与维护的方法。
3. 会正确使用、维护和检校百分表和电子天平。
4. 能排除简单仪器故障。

【相关知识】

知识点一　百分表

一、用　途

用贝克曼梁法测定路面回弹弯沉试验中，用百分表可读出路面变形值；在土基回弹模量试验、CBR 试验、土的直剪试验、土的压缩试验中，从百分表可得知试件的受力或变形。总之，在公路工程试验检测中，百分表是经常使用的。

二、百分表的结构和工作原理

百分表属于指示表类量具，其特点是将反映被测尺寸变化的测杆微小位移，经机械放大后转换为指针的旋转或角位移，并在刻度表盘上指示测量结果。

（一）主要结构

百分表的外形如图 2.8 所示。测头 8 以螺纹拧装在测杆 7 的上方；测量时，测头与被测表面接触，当被测尺寸变化时，测杆即在装夹套筒 6 内平稳地上下滑动；测杆上端的齿条，通过齿轮传动，带动指针 1 旋转，并在表盘 3 上指示测量结果；指针 1 旋转一圈，转数指针 2 转过一格，指示转数。

百分表的传动机构主要为齿条-齿轮传动，如图 2.9 所示，它具有结构简单、紧凑、外廓尺寸小、质量轻等特点，是百分表的基本结构形式。

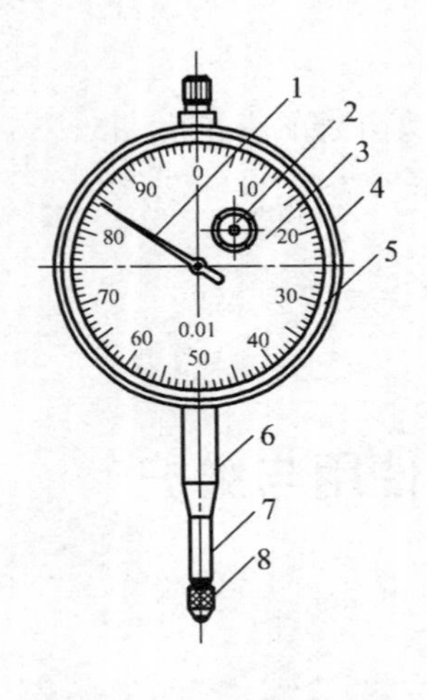

图 2.8　百分表外形图

1—指针；2—转数指针；3—表盘；4—表体；5—表圈；6—装夹套筒；7—测杆；8—测头

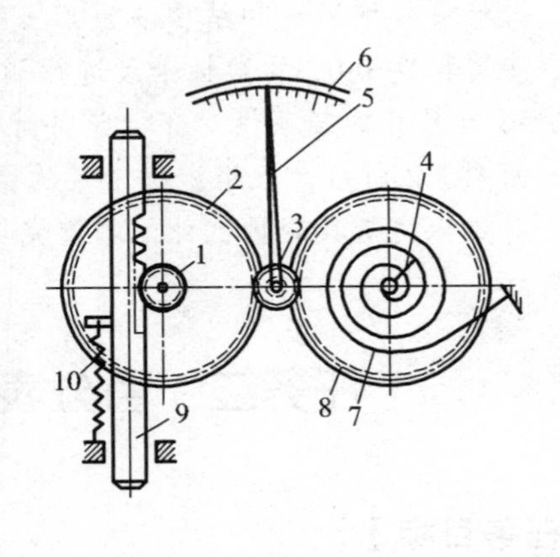

图 2.9　百分表结构图

1—齿轮轴；2—片齿轮；3—中心齿轮；4—转数指针；5—指针；6—表盘；7—游丝；8—片齿轮；9—测杆；10—弹簧

百分表的分度值为 0.01，测量范围一般为 0 ~ 3 mm、0 ~ 5 mm、0 ~ 10 mm，还有大量程百分表。百分表按外形分有大、中、小三种，外圈直径分别为ϕ80 mm、ϕ60 mm 和ϕ42 mm。

（二）工作原理

如图 2.9 所示，当被测尺寸变化引起测杆 9 上下移动时，测杆上部的齿条即带动轴齿轮 1 与同轴的片齿轮 2 转动，片齿轮 2 再带动中心齿轮 3 和同轴的指针 5 转动，然后在表盘 6 上指示结果。

为了消除齿轮传动中因齿侧间隙引起的回程误差，并使传动平稳可靠，与中心齿轮 3 啮合的还有片齿轮 8（与片齿轮 2 相同）。游丝 7 产生的扭力矩作用在片齿轮 8 上，并使整个齿条-齿轮转动，传动系统在正反转时都是同一齿侧单面啮合。与片齿轮 8 同轴的转数指针 4，指示指针 5 的回转圈数。百分表的测力由弹簧 10 产生。

三、仪器的使用方法

（1）测量工件时，要将百分表装夹固定在稳定的表架上。

（2）装夹百分表时，装夹部位如是装夹套筒（见图 2.8），夹紧力不能过大，以免套筒变形，使测杆 7 卡死或运动不灵活。

（3）调零时可转动表盘，要压缩测杆 0.3 ~ 1 mm，以保持一定的起始测力，同时可保证指针在测量时左右都有余量。

（4）测量时，测杆轴线要与被测表面垂直，否则将产生测量误差［见图 2.10（a）］。

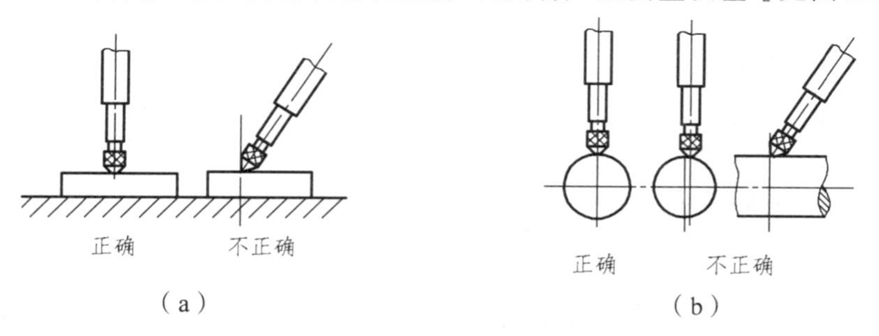

图 2.10　测杆轴线与被测面垂直

（5）测量圆柱形工件直径时，测杆轴线要在垂直方向测量［见图 2.10（b）］，可将被测圆柱件在测头下面轻轻推过，读取指示表指针在转折点（由小变大再变小）的示值。测量圆柱件最好利用刀口形测头，测量球面件可用平面测头，测量凹面或形状复杂的表面可用尖形测头。

（6）测量时，当测杆与标准件或工件接触好之后，应轻轻地提拉测杆几次，检查测杆上下是否灵活平稳，示值是否稳定。对 0 级百分表，示值变动性不得大于 3 μm，即 1/3 格；对 1 级百分表，不得大于 5 μm，即 1/2 格。当测杆上下不灵活时，应检查是否因套筒所受的装夹力过大，此时可减小装夹力。

（7）测量读数时，测量者的视线要垂直于表盘，以减小视差。

（8）测量完毕后，测头应洗净擦干并涂防锈油。测杆上不要涂油，如有油污，应擦净。

知识点二 电子天平

一、用 途

MP120-1、200-1 型电子天平是一种新型的衡量仪器。该类仪器由于应用微机技术和新型元器件，有数字滤波装置，可以自动校准、计个数和去皮等。同时具有称量迅速，反应灵敏，操作方便，读数清晰、稳定、准确，可靠性好等优点。在公路工程试验检测中，MP200-1 型电子天平主要用来测定土的含水量，称量滤纸及少量水泥、粉煤灰等材料的质量。MP120-1 型电子天平主要用来称取少量石灰及一些化学试剂。由于两种型号的电子天平结构基本相似，仅在称量范围、最小读数值等技术参数方面有些差别，所以下面主要介绍 MP120-1 型电子天平。

二、主要技术参数

（1）型号：MP120-1。
（2）称量范围：0 ~ 120 g。
（3）最小读数值：0.001 g。
（4）去皮范围：0 ~ 120 g。
（5）自动校准：外加砝码 100 g。
（6）稳定时间：约 5 s。

三、主要结构及工作原理

（一）结构（见图 2.11）

电子天平主要由水准器、秤盘、显示器、门闩、防风罩、操作键、水平调节旋帽、全量电位器、电源开关及主板等零件组成。

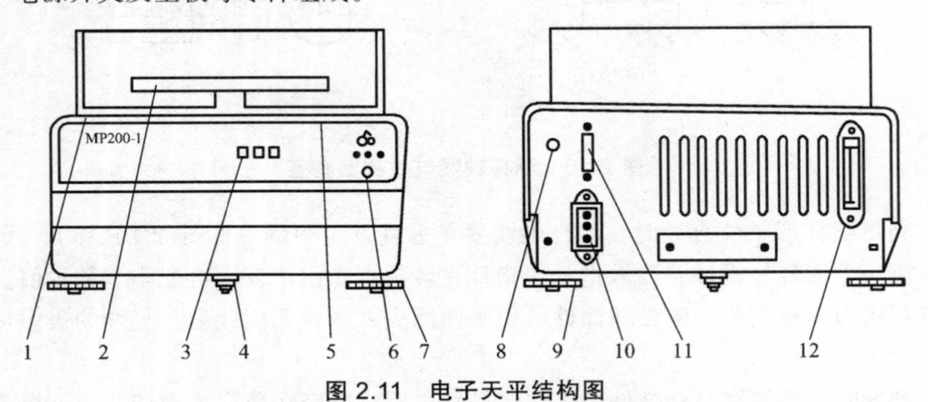

图 2.11 电子天平结构图

1—水准器；2—秤盘；3—显示器；4—门闩；5—防风罩；6—操作键；7—水平调节旋帽；8—全量电位器；9—电源插座；10—保险丝；11—电源开关；12—信号输出接口

（二）工作原理

MP120-1 型电子天平主要由称重、A/D 转换、数据处理和显示三大部分组成。

称重部分是一个采用电磁力产生力矩平衡的原理制成的传感器，该传感器将置于秤盘上的物体质量转换成对应关系的电信号输出，此信号经放大后激励功率级产生输出电流，输出电流经过恒磁场中的线圈组成闭环回路。由于线圈中电流与磁场的相互作用，产生与被测物重力方向相反的电磁力，当电流增大到一定值时，电磁力产生的力矩与重力产生的力矩相等，天平恢复原先平衡状态。因而在线圈中电流的大小将反映出被测物的质量。

A/D 转换的作用是将连续变化的模拟信号转换成为计算机能接受的数字信号，MP120-1 型电子天平采用积分式 A/D 转换原理。

数据处理和显示是将送入微型计算机的数字信号进行运算处理，并在显示器上显示出正确数值。

四、仪器的正确使用

（一）使用前的检查

（1）将仪器置于稳固的台桌上并轻轻地旋动水平调节旋帽，使水准器指示天平处于水平位置，安放好秤盘。

（2）检查输入电源是否有良好的接地，以防机内电路损坏。

（3）当输入电源满足要求才能给天平插入电源，开机预热 30 min。

（4）在无影响天平正常使用的气流和振动存在的地方进行自校。具体方法如下：

① 自校步骤：开机预热（预热时间约为 30 min）后，按操作键（保持约 1 s），使天平显示值为零。秤盘上加校准砝码 100 g。待读数稳定后，按下操作键，直至天平显示出“CAL”时放开操作键，天平即自动进行校准，显示出正确的读数。校准完毕后，取下砝码，使天平显示值为零。

② 注意事项：在校准过程中，当天平显示出“NOCAL”指示时，说明校准无效，表明校准砝码的显示值超出了校准范围[（100 ± 0.095）g]，此时应用螺丝刀仔细调节全量电位器，使天平显示在 99.920 ~ 100.00 g。调整后，再按上述自校方法重校即可。

③ 自校目的：由于天平采用的是电磁力产生的力矩与被测物重力产生的力矩相平衡的原理，因此天平经过运输或搬动后，会使力臂产生微小变化，进而使被测物重力产生的力矩发生变化，再加上各地区重力加速度误差的影响，导致测量精度不准。所以，要想准确测定物体的质量，天平在使用前必须用相应精度砝码进行自校。

（二）操作步骤

（1）开机预热后，按自校步骤校正。

（2）物品放在秤盘上，天平显示值即为物品质量。

（3）去皮重时，可先将需去皮物品放上秤盘，待天平示值稳定后，按操作键，使显示值为零；再将待称物品放上秤盘，显示值为第二次加上物品的质量；若要多次增加物品质量，可按上述方法进行。但秤盘上的质量不得超过称量范围。总质量超过 125 g 时，显示器出现“————”报警符号，此时请将物品移去。

（4）将几种物品一起放在秤盘上后，按操作键。随后移去部分物品，此时天平显示的读数，即表示移去物品的质量。若要知道秤盘中几种物品的总质量，则将所有物品移去，天平显示值是总质量。

（5）测试两个样品及成批样品差值时，可采用以下称重过程：将标准样品放在秤盘中，按操作键使天平显示值为零；移取标准样品，放上需与标准样品比较的样品，显示值为两样品的差值。“+”表示超过标准样品质量值，“-”号表示比标准样品轻多少的质量值。

（6）天平还可用下称法进行称量。操作时可先移去天平底部门闩，将秤盘悬挂在孔中的秤钩内，称重方法同上。当有下称盘时，天平的称量范围应减去下称盘的质量。

（7）精确称量时，天平使用半小时或一小时后自校复核一次。

（8）在操作和使用过程中，将被称物品尽可能放在秤盘中央，且要求轻拿轻放，以免引起误差。

（9）计个数功能的使用方法：先从需计个数的物品中取10个样品置于秤盘上，待天平示值稳定后，按下操作键至标志符“—II—”出现后，放开操作键，此时，天平显示出盘中物品的个数。在盘中加入或减少物品，显示的个数也随之增加或减少。

注意：单个物品的质量应大于天平的最小读数值。

如果需从计个数状态返回称重状态时，只需按下操作键至标志符“—II—”出现后，放开操作键，天平即重新显示秤盘中的质量。

（10）天平输出信号为TTL电平，平行二进制编码，由平行接口（PPI）输出，可与计算机、打印机等设备连用。

（11）百分数功能的使用方法：先将一个作为基数的物品放在秤盘上，按下操作键直至出现标志符“PER”，放开操作键，这时显示100.0%。然后取下物品，再放上其他物品，这时显示出的数值即为该物品质量和作为基数物品质量的百分比值。如果要回到称重状态，只需按下操作键至“PER”标志符出现后，再放开该键，则天平重新显示秤盘中的质量。

五、仪器使用注意事项及维护

（一）使用注意事项

（1）MP120-1型电子天平应在温度为10～30 °C，温度变化小于1 °C/h的环境中使用。

（2）除地磁场外，不能存在影响天平正常使用的外磁场及其他干扰。

（3）秤盘应安放在天平上，才能开机。手搬动天平或拆卸天平的外围设备前，一定要关掉电源，以免损坏天平。

（4）应选用二等砝码作为校准砝码。

（5）当用下称法时，要用金属圈轻轻套在天平下部的挂钩上，切记不能用手把一个软绳硬套在下部的挂钩上。此时如果用力过大，会把支承挂钩的弹片拉断。弹片一旦拉断，需送回厂家更换零件并需重新调试后才能使用。

（二）仪器的维护

（1）经常使用天平时，应让天平连续通电，这样可减少预热时间，也使天平处于相对稳定状态。

（2）天平应保持清洁，谨防灰尘钻入机内；天平不应放在有腐蚀性气体的室内。

（3）如用户有两台以上天平，切不可将天平的秤盘互换。

（4）根据天平使用频繁程度，应做周期性的检定。

六、常见故障及排除

常见故障及排除见表 2.2 所示。

表 2.2　电子天平常见故障及排除

故障现象	可能产生原因
数字显示不亮	1. 电源未接通或电源插头接触不良； 2. 保险丝断损，天平内部插头、电路插座松动
称量显示值不稳定或显示值误差大	1. 天平未预热； 2. 天平未放稳； 3. 环境条件差，如有气流振动等； 4. 秤盘未放好或有东西触及； 5. 被称物品未放稳； 6. 天平未自校
清零误差大	1. 清零时用力太大，工作台不坚固，使天平受振； 2. 显示值未稳定，急于进行“清零”而引起误差
加载后显示值无变化	拿动秤盘引起，重新开机即可

【成绩评价】

	检测项目	序号	检测内容及要求	配分	学员自评	学员互评	教师评分	得分
任务评价	职业修养	1	安全、纪律	10				
		2	文明、礼仪、行为习惯	5				
		3	工作态度	5				
	专业能力	4	能正确表述百分表和电子天平的结构和工作原理	10				
		5	掌握仪器使用与维护的方法	10				
		6	正确使用、维护和检校百分表和电子天平	40				
		7	使用仪器注意事项	10				
		8	排除简单试验检测仪器故障	10				
		9						
综合评价								

【知识拓展】

机械双盘杠杆式天平

一、仪器使用方法

机械双盘杠杆式天平是一种很精密的衡量仪器，主要用于公路工程试验检测中的化学试验，常用的有千分之一和万分之一天平。

（一）使用前的检查

（1）使用前应检查天平的各部件是否处于相应的位置上。
（2）检查天平底板和秤盘是否清洁。
（3）被称物先在架盘天平上粗称，已知大约质量后，再在天平上精称。
（4）称量前必须检查天平的水平位置是否处于正确位置上。

（二）操作步骤

（1）将被称物放在天平的秤盘上。
（2）根据粗称时质量，将砝码放在另一个秤盘上，再旋转机械挂码的读数指示盘至所需的数字。
（3）慢慢开启天平，观察指针偏移的速度和方向，如果指针随着开关手钮的转动而迅速地偏向一方，则立即轻轻地关闭天平。
（4）如果指针偏向砝码一方或光幕向下移动，说明被称物一方重了，需要添加砝码。反之，则减少砝码。
（5）经数次调整至天平达到平衡，即指针指示在读数刻度范围内。
（6）待天平指针稳定后，按砝码质量从大到小读数，并记下其数据，然后轻轻地关闭天平。
（7）取下被称物和砝码，将读数指示盘旋转至“0”。

二、仪器使用注意事项及维护

（一）使用注意事项

（1）开启或关闭天平时，必须均匀缓慢地转动开关旋钮，切不可中途停顿后再旋转，更不可过快、过猛地开关天平，以免损坏刀刃和造成秤盘晃动，影响天平的准确称量。
（2）使用者必须面对天平进行操作，准确读数和记录。
（3）不准直接用手拿取砝码和被称物，必须用镊子夹取或戴称量手套拿取。
（4）应使用同一台天平和砝码完成一次试验的全部称量。
（5）天平和砝码必须配套使用，不得调换。
（6）被称物和砝码必须从天平的两个旁门放取，不得开启前门。
（7）被称物的温度必须与室温一致后方可放入天平内称量。
（8）严禁将化学物品直接放在秤盘上称量。凡是潮湿的、易挥发的和腐蚀性的物质，必须用带盖的容器盛放，再在天平上称量。

（9）开启天平前将两侧旁门关好，以免气流对流，影响读数的正确性。

（10）使用机械挂码装置时，旋转读数指示盘的动作要轻、缓，防止砝码跳出槽外或互相搭在一起。

（二）天平的维护

（1）每台天平必须配一个天平罩，最好是用黑红两层布缝制的。

（2）经常保持天平内外和桌面的清洁。在清扫桌面时，注意不要碰动开关按钮，以免天平横梁滑落。

（3）天平内要保持干燥。可在天平内放置干燥剂，如变色硅胶，并经常更换作脱水处理，但不可放置具有腐蚀性的干燥剂。

（4）天平不得随意移动和拆卸，如需搬动时，必须将横梁、左右称盘、环形砝码、吊耳等零件小心取下，放入盒内，其他零件不可随意拆下。

（5）天平应定期进行维修和检定。

（6）使用时发现异常现象，应立即停止使用，进行检查修理。

【思考题】

1. 百分表调零时，为何要压缩测杆 0.3 ~ 1 mm？
2. 安装百分表时，装夹力是否越大越好？
3. 电子天平校准的目的是什么？
4. 当采用电子天平的下称法称量时，称量范围是否应减去下称盘的质量？
5. 电子天平的称量显示值不稳定或显示值误差大的故障原因是什么？

项目三　土工材料试验仪器使用与维护

任务一　光电式液塑限联合测定仪使用与维护

【任务目标】

1. 了解光电式液塑限联合测定仪的结构和工作原理。
2. 掌握仪器使用与维护的方法。
3. 会正确使用、维护和检校光电式液塑限联合测定仪。
4. 能排除简单仪器故障。

【相关知识】

一、用　途

该仪器满足了《公路土工试验规程》（T 0118—2007）中对试验仪器的要求，适用于联合测定粒径小于0.5 mm黏性土的液限和塑限（即黏性土在可塑状态下的最大含水量和最小含水量），为划分土类，计算天然稠度、塑性指数，提供可供工程设计与施土使用的参数。

二、技术参数

（1）圆锥仪质量：（100 ± 0.2）g。
（2）圆锥角度：30° ± 0.20°。
（3）测读入土深度：0 ~ 23 mm。
（4）测读精度：0.1 mm，估读0.05 mm。
（5）圆锥下落到读数显示时间：5 s。
（6）电磁吸力：＞100 g。
（7）电源：交流电220 V + 10%，50 Hz。

三、主要结构及工作原理

1．结　构

（1）圆锥仪：包括锥头、微分尺、平衡锤、磁吸头等，如图3.1所示。

（2）光学系统：包括光源灯泡、聚光镜、物镜、棱镜、反射镜、屏幕等，如图 3.2 所示。

（3）电器控制部分：包括线路板、变压器、电磁线圈等。

圆锥仪为单独部件，其余部分均安装在主机内，主机结构如图 3.3 所示。

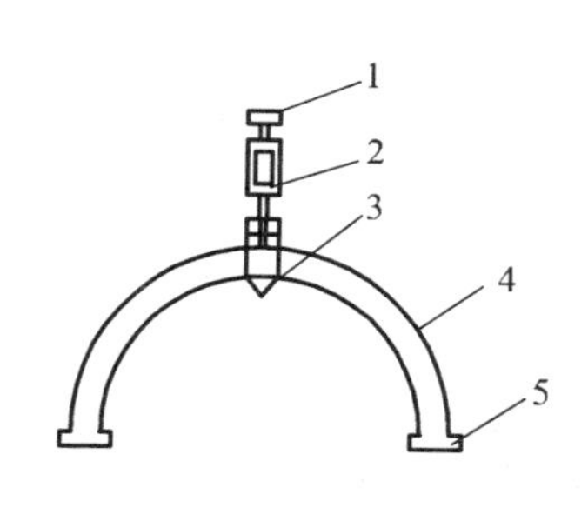

图 3.1　圆锥仪结构示意图

1—磁吸头；2—微分尺；3—锥头；4—平衡环；5—平衡锤

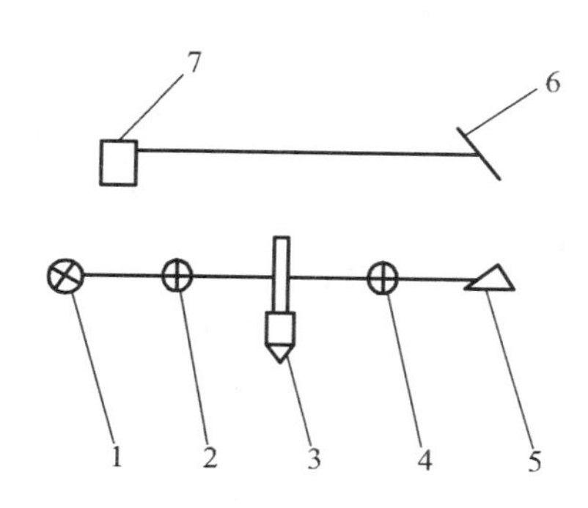

图 3.2　光路示意图

1—光源灯泡；2—聚光镜；3—分划板；4—物镜；5—棱镜；6—反射镜；7—屏幕

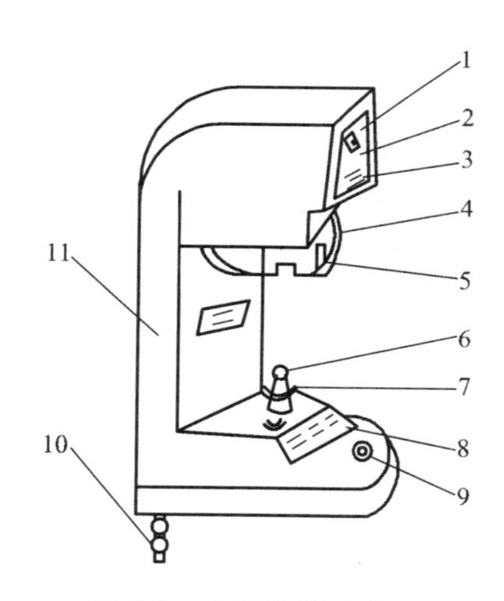

图 3.3　主机结构示意图

1—投影屏；2—零线；3—微调旋钮；4—下罩；5—光源；6—工作台；7—升降旋钮；8—电器面板；9—水准器；10—调节螺钉；11—后盖板电路板

2．工作原理

仪器采用电磁铁吸住圆锥仪，自动或手动控制磁铁吸放。圆锥仪上 30° 角的入土时间为 5 s，由讯响器自动发出蜂鸣。入土深度则由圆锥仪上装有的光学微分尺通过光学系统放大后，在屏幕上精确显示。

【专业操作】

一、仪器的使用方法

1．使用前检查

（1）接通电源，打开开关，检查仪器是否通电。

（2）检查圆锥仪的升降运动情况是否正常。

（3）检查读数系统的工作情况。

2．操作步骤

（1）调节底脚螺钉，使水准器气泡居中。

（2）将“开关”扳向“开”方向，此时，“电源”“磁铁”灯亮。

（3）装入圆锥仪，使用磁铁吸牢圆锥仪。此时投影屏上线条字迹应清晰，圆锥仪无晃动；反之则未吸好，应重新吸好。

（4）转动微调旋钮，使投影屏零线与微分尺零线重合。

（5）将“手动、自动”扳向“手动”或“自动”方向。

（6）放入调好土样的盛土杯，顺时针转动工作台升降旋钮，使盛土杯上升。在“手动”位置时，当土样与锥尖一接触，“接触”灯亮。

（7）将“吸、放”钮扳向“放”方向，此时圆锥仪下落，仪器自动计时，5 s 后发出讯响，此时立即在投影屏上读出圆锥入土深度。

（8）若在“自动”位置上，当土样与锥尖一接触，“接触”灯亮，此时圆锥仪自动下落，并开始计时，5 s 后发出讯响，立即读数。

（9）转动工作台升降旋钮，使工作台下降，取下圆锥仪与盛土杯。

（10）将“吸、放”开关扳向“吸”方向。

进行第二、第三点土样试验时，重复上述各步骤即可。

二、仪器使用注意事项及维护

（1）试验时不得在土样下垫绝缘物。

（2）仪器周围不得有强磁场及强风。

（3）“吸放”开关扳向“放”后，应待 5 s 发出讯响后，再扳向“吸”，以免出现报时误差。

（4）微分尺、光学元件如有污点，可用脱脂棉蘸无水乙醇或乙醚擦拭。

（5）注意保护锥尖，不得随意改变圆锥的外形。

（6）换光源灯泡时，可拆下下罩，旋出灯泡。换上的灯泡需与镜头平行，如不平行，则可以轻轻转动灯座。

（7）由于土质不同，绝缘性能差别很大，“接触”灯有时不亮是正常现象。

三、仪器的检校

1．检校条件

（1）检校环境应清洁、无腐蚀性介质、无振动及强磁场干扰。

（2）检校温度为（20 ± 10）°C。

2．检校用标准仪器

（1）工具显微镜。

（2）天平：量程 200 g，分度值 0.01 g。

（3）水平仪：150 mm × 150 mm，分度值 0.02 mm/m。

（4）秒表：精确至 0.1 s。

（5）测角仪：分度值为 1′。

（6）表面粗糙度比较样板：四等一级。

3．技术要求

（1）外观。

① 光电式液塑限测定仪应有铭牌，铭牌上应标明型号、规格、制造厂名、产品编号及出厂日期等。

② 仪器表面应平整，不应有斑点、气泡、划伤和锈蚀等。

（2）屏幕上反映的影像应清晰，放大倍数应方便观察者进行准确测试。

（3）各部分旋钮和调节螺丝应能正常作业，工作台应做到上下升降灵活、平衡，并应保证工作台的升降距离符合试验要求。

（4）电磁控制装置的电磁吸力应大于 1 N。

（5）圆锥仪下沉至读数显示时间应为 5 s。

（6）圆锥仪。

① 圆锥仪宜用不锈钢金属材料制造，表面粗糙度 *Ra* 为 3.2。

② 圆锥仪的质量应符合（100 ± 0.2）g 的要求。

③ 圆锥仪的锥角应符合（30 ± 0.2）° 要求，锥尖磨损度不得大于 0.3 mm。

④ 圆锥仪的微分尺量程应为 0 ~ 22 mm，分度值为 0.1 mm，允许示值误差为 ± 0.1 mm；微分尺的刻线宽度差应不大于 0.05 mm。

⑤ 圆锥仪顶端应磨平至能被电磁铁平稳吸住。

⑥ 安装在圆锥仪锥体两侧的平衡锤，应保持圆锥仪锥体垂直。

4．检校项目和检校方法

（1）通过目测检查仪器外观，液塑限测定仪应有铭牌，铭牌上应标明型号、规格、制造厂名、产品编号及出厂日期等。符合要求后，再进行其他项目的检校。

（2）水平调节螺丝，使仪器底板水平。用水平仪在底板互相垂直的两个方向上测定。

（3）接通电源，打开屏幕，观察屏幕影像是否清晰。检查各个开关和调节螺丝的功能正常与否。工作台的升降应灵活、平稳。

（4）将（100 ± 1.0）g 铁砝码靠上电磁铁，如能平稳吸住，则电磁场装置的吸力合格。

（5）圆锥仪下沉时间检校：将土膏装入试验杯中，置于工作台上。转动工作台升降旋钮，使圆锥尖刚好与土面接触，此时计时指示管亮，圆锥仪即自由落下，同时按动秒表，当读数指示管亮时，记下经历时间。平行测定 2 次，其结果应符合 5 s 时间的要求。

（6）圆锥仪的检校。

① 圆锥仪的表面粗糙度可用表面粗糙度比较样板进行比较测定。

② 用天平称圆锥仪的质量，平行进行 2 次，误差应符合（100 ± 0.2）g 的要求。

③ 用测角仪测定圆锥角度，平行测定 2 次，误差应符合（30 ± 0.2）° 的要求。

④ 圆锥仪的锥角磨损检校：将圆锥仪的圆锥倒插在圆锥检验座上，置于仪器平台上，打开投影屏幕，显出锥角标准图像。调节平台高度及检验座的位置，使圆锥影像和屏幕上的标准锥角重合。当圆锥角落入锥角标准影像的锥尖处两平行线之间时，则锥尖磨损符合要求。

⑤ 微分尺的分度值和刻线宽度用工具显微镜检校：刻线宽度至少抽检均匀分布的 3 条刻线。

⑥ 圆锥仪垂直度检校：调整圆锥仪平衡装置后，放置于底座上，用水准仪目镜十字丝的竖线检查圆锥仪中心线的垂直度。如有倾斜可调整平衡锤使其垂直。

⑦ 使用中的和修理后的液塑限测定仪，需进行（2）、（3）及（6）的②、④、⑥小步的检校。

【成绩评价】

	检测项目	序号	检测内容及要求	配分	学员自评	学员互评	教师评分	得分
任务评价	职业修养	1	安全、纪律	10				
		2	文明、礼仪、行为习惯	5				
		3	工作态度	5				
	专业能力	4	能正确表述光电式液塑限联合测定仪的结构和工作原理	10				
		5	掌握仪器使用与维护的方法	10				
		6	正确使用、维护和检校光电式液塑限联合测定仪	40				
		7	使用仪器注意事项	10				
		8	排除简单试验检测仪器故障	10				
		9						
综合评价								

【知识拓展】

界限含水率试验（T 0118—2007）

一、定义和适用范围

（1）本试验的目的是联合测定土的液限和塑限，划分土类及计算天然稠度、塑性指数，供公路工程设计和施工使用。

（2）本试验适用于粒径不大于 0.5 mm、有机质含量不大于试样总质量 5% 的土。

二、仪器设备

（1）LP-100 型液塑限联合测定仪：锥质量为 100 g，锥角为 30°，读数显示形式宜采用光电式、游标式、百分表式，如图 3.4 所示。

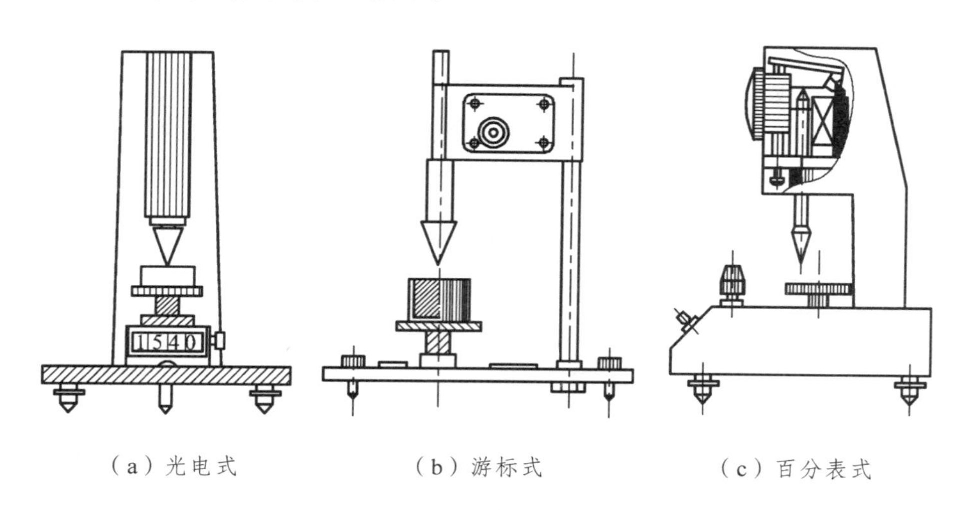

（a）光电式　（b）游标式　（c）百分表式

图 3.4　液塑限联合测定仪

（2）盛土杯：直径 5 cm，深度 4 ~ 5 cm。

（3）天平：称量 200 g，感量 0.01 g。

（4）其他：筛（孔径 0.5 mm）、调土刀、调土皿、称量盒、研钵（附带橡皮头的研杵或橡皮板、木棒）干燥器、吸管、凡士林等。

三、试验步骤

（1）取有代表性的天然含水率或风干土样进行试验。如土中含大于 0.5 mm 的土粒或杂物时，应将风干土样用带橡皮头的研杵研碎或用木棒在橡皮板上压碎，过 0.5 mm 的筛。

取 0.5 mm 筛下的代表性土样 200 g，分别放入 3 个盛土皿中，加入不同量的蒸馏水，土样的含水量分别控制在液限（a 点）、略大于塑限（c 点）和二者的中间状态（b 点）。用调土刀调匀，盖上湿布，放置 18 h 以上。测定 a 点的锥入深度应为（20 ± 0.2）mm；测定 c 点的锥入深度应控制在 5 mm 以下；对于砂类土，测定 c 点的锥入深度可大于 5 mm。

（2）将制备的土样充分搅拌均匀，分层装入盛土杯，用力压实，使空气溢出。对于较干的土样，应先充分搓揉，用调土刀反复压实。试杯装满后，刮成与杯边齐平。

（3）当用游标式或百分表式液塑限联合测定仪试验时，调平仪器，提起锥杆（此时游标或百分表读数为零），锥头上涂少许凡士林。

（4）将装好土样的试杯放在联合测定仪的升降座上，转动升降旋钮，待尖与土样表面刚好接触时停止升降，扭动锥下降旋钮，同时开动秒表，经 5 s 后，松开旋钮，锥体停止下落，此时游标读数即为锥入深度 h_1。

（5）改变锥尖与土接触位置（锥尖两次锥入位置距离不小于 1 cm），重复（3）和（4）步骤，得锥入深度 h_2。h_1、h_2 允许误差为 0.5 mm，否则应重做。取 h_1、h_2 平均值作为该点的锥入深度 h。

（6）去掉锥尖入土处的凡士林，取 10 g 以上的土样两个，分别装入称量盒内，称其质量（精确至 0.01 g），测定其含水量 w_1、w_2（精确至 0.1%）。计算含水量平均值 w。

（7）重复（2）~（6）步骤，对其他两个含水率土样进行试验，测其锥入深度和含水率。

（8）用光电式或数码式液塑限联合测定仪测定时，接通电源，调平机身，打开开关，提起上锥体（此时刻度或数码显示为零）。将装好土样的试杯放在升降座上，转动升降旋钮，试杯徐徐上升；土样表面和锥尖刚好接触，指示灯亮；停止转动旋钮，锥体立刻自行下沉；5 s 后，自动停止下落，读数窗上或数码管上显示锥入深度。试测完毕，按动复位按钮，锥体复位，读数显示为零。

【思考题】

1. 液塑限联合测定仪的圆锥仪质量有哪几个级别？分别是多少？各有什么相应的用途？
2. 液塑限联合测定仪的检校项目有哪些？用什么方法进行检校？

任务二　电动击实仪使用与维护

【任务目标】

1. 了解电动击实仪的结构和工作原理。
2. 掌握仪器使用与维护的方法。
3. 会正确使用、维护和检校电动击实仪。
4. 能排除简单试验检测仪器故障。

【相关知识】

一、用　途

该仪器适用于公路、铁路、水利、建筑等行业地基填土工程设计，以标准击实方法在一定的击实功下，测定土的含水量与干密度之间的关系，从而确定该土的最佳含水量与相应的最大干密度。借以了解土的压实性能，作为土基压实控制的依据。

该仪器满足了《公路土工试验规程》（T 0131—2007）对仪器的要求，可制作直径 152 mm 及直径 100 mm 试件，既可做重型击实试验又可做轻型击实试验。

二、仪器的主要技术参数

（1）击实锤质量：4.5 kg（重型击实），2.5 kg（轻型击实）。

（2）击实锤落高：450 mm（重型击实），300 mm（轻型击实）。
（3）试筒规格：直径 100 mm 和直径 152 mm 两种。
（4）击实锤锤头直径：直径 50 mm。
（5）锤击速度：30 ~ 32 次/min。
（6）电机参数：1 400 转/min，370 W，380 V。
（7）认定锤击次数：0 ~ 99 次。

三、主要结构及工作原理

（一）结　构

仪器主要由机架、调整螺钉、注油孔、导柱、滑块、击实锤、压杆、试模、阻尼架、滑台、前挡架、后挡架及底座等部分组成，如图 3.5 所示。

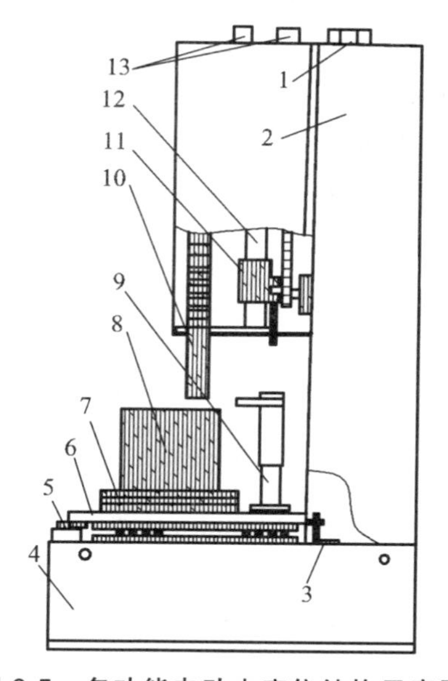

图 3.5　多功能电动击实仪结构示意图

1—调整螺钉；2—机架；3—后挡架；4—底座；5—前挡架；6—滑台；7—阻尼架；8—试模；9—压杆；10—击实锤；11—滑块；12—导柱；13—注油孔

（二）工作原理

该仪器由电机驱动链轮提升击实锤，自动计数，每击实一次，副电机（或通过其他装置控制）转动击实筒，击实锤由自重下落，击实试筒中的试样。

【专业操作】

一、仪器的正确使用

（一）使用前的检查

仪器使用前应对仪器进行检查调试，仪器控制器面板如图 3.6 所示，调试方法如下：

（1）首先检查控制器的开关按钮是否都处在原始位置。电源开关在关机位置，工作台停移开关在停移位置，置数启动按钮在置数位置，暂停重开按钮在重开位置。

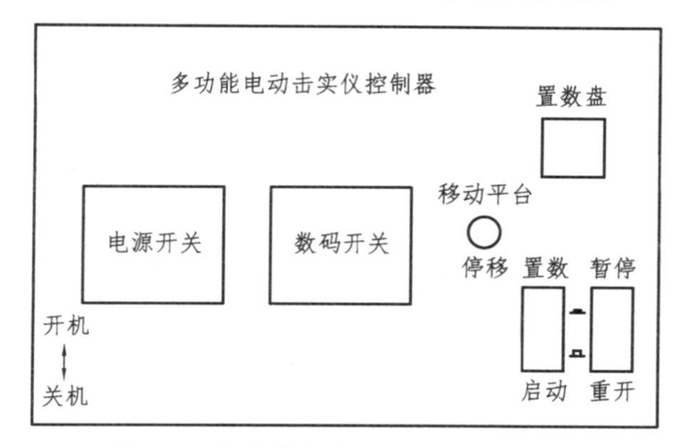

图 3.6　多功能电动击实仪控制器面板

（2）接好电源线（即四芯电源线），合上电源开关，数码管上应有数值显示。按动置数盘“+”“-”按键，从0~9循环一次察看数字显示是否正常（个位和十位各检查一次）。

（3）接通控制器和机身导线（即七芯插头线），将置数盘置“02”，按动置数启动按钮，琴键抬起，此时仪器启动。停机后注意击实锤所处位置，若击实锤处于提起位置，此时电机为正转；若击实锤落下，则电机为反转，此时需将电源相序倒换。

注意： 每次仪器更换插座后均需进行此项调整。

（4）继续置数10锤以上，合上工作台停移开关，启动击实仪，此时仪器连续锤击。每击实一锤，数码显示应减去1；每连续击实7锤，工作台向后移动一次；当数码显示为“00”时，仪器停止工作。以上一切正常后，仪器检查调试完成。

（5）安装击实锤：击实锤分重型和轻型两种，其结构如图3.7所示。做轻型击实试验时，只用锤筒；做重型击实试验时，应将锤芯装入锤筒内并拧牢固。如在使用过程中有松动退出现象，应及时将锤芯拧紧。在确定做哪种击实试验后，应将击实锤装好，从上部插入即可（必要时可将滑块上的半元头棘片推至放锤位置）。

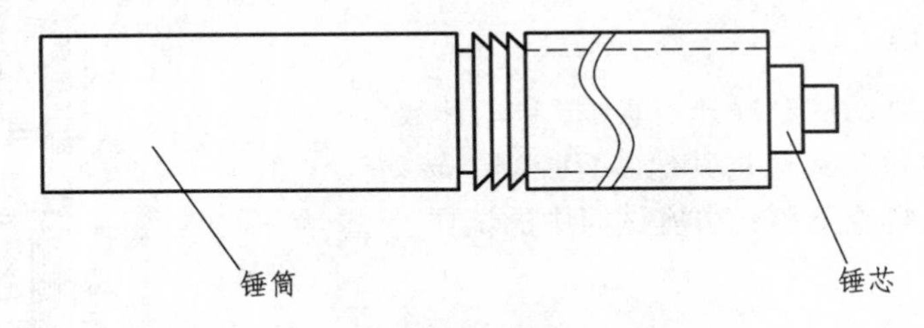

图3.7　击实锤结构示意图

注：重型击实，装入锤芯；轻型击实，取下锤芯

（二）操作步骤

1．制作直径152 mm试件

（1）使控制器上各开关按钮位置符合仪器检查调试第一步的各项要求，即各开关按钮都处在初始位置。

（2）转动工作台前挡架上的换位挡块，使其短边处于工作位置，并插好定位销，如图3.8和图3.9所示。

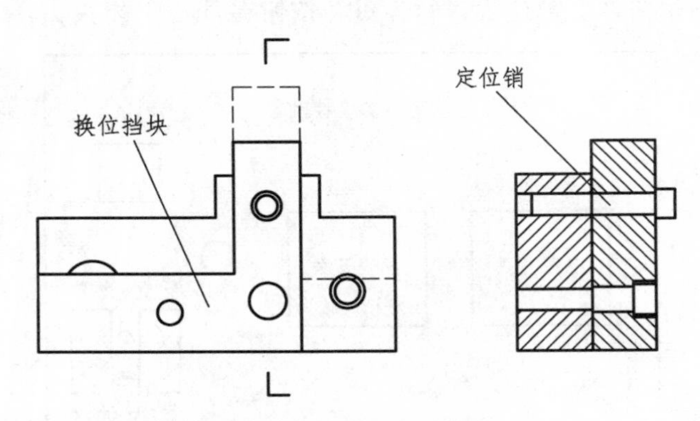

图3.8　滑台前挡架

注：实线位置装直径152 mm模筒；虚线位置装直径100 mm模筒。

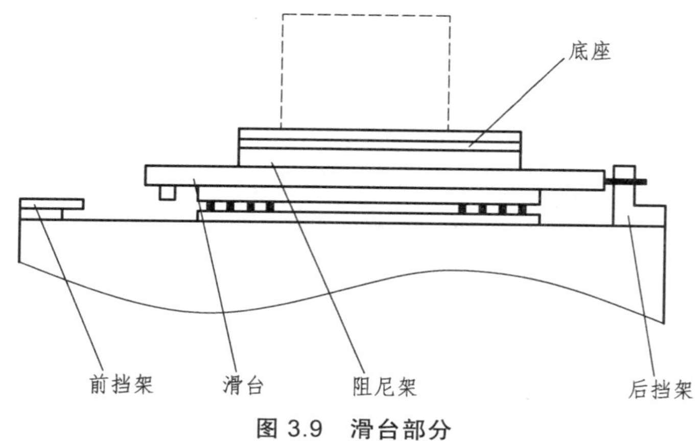

图 3.9　滑台部分

（3）安装好直径 152 mm 试筒并加入填料，将工作台面擦净。

（4）合上电源开关，调整置数盘使数码显示为所需设定数：分 3 层击实时，设为 98 次；分 5 层击实时，设为 59 次（公路土工试验规程 T 0131—93 及公路工程无机结合料稳定材料试验规程 T 0804—94 的规定）。

（5）按“置数-启动”键，仪器工作，随锤击次数的增加，数码显示数字递减，直至减为“00”时自动停机。在击实过程中，每当落锤计数为 7 的倍数时，工作台向后移动一次，以保证击实锤落在试模筒的中心位置。

（6）当第一层击实完成后，仪器自动停机，击实锤在提起位置。此时按下“置数-启动”键，数码显示第一次设定的锤击数；当第二层试料填入试筒后，再按“置数-启动”键，琴键跳起，仪器重新开始工作，其过程与第一层程序相同。其他各层均以此程序操作，可准确完成试件制作。

2．制作直径 100 mm 试件

（1）使控制器上各开关按钮位置符合仪器检查调试第一步的各项要求，即各开关按钮都处在初始位置。

（2）转动工作台前挡架上的换位挡块，使其长边处于工作位置，并插好定位销，见图 3.8 和图 3.9。

（3）安装好直径 100 mm 试筒并加入填料，将工作台面擦净。

（4）合上电源开关，调整置数盘使数码显示为所需设定数，即 27 次（公路土工试验规程 T 0131—93 及公路工程无机结合料稳定材料试验规程 T 0804—94 的规定）。

（5）将“工作台停移”开关拨至移动位置，按“置数-启动”键，仪器工作。随锤击次数的增加，数码显示数字递减，直至减为“00”时自动停机。

（6）当完成第一层击实，数码显示为“00”时，仪器停机。做第二层击实时，按下“置数-启动”键，数码显示为原设定的数字。添加填料后，按 “置数-启动”键，仪器工作。第三层、第四层、第五层……操作方法相同，可准确完成试件制作。

3．轻型击实法制作试件

（1）一般情况下仪器均按重型击实法装配锤头（锤质量 4.5 kg，锤自由落高 450 mm）。

（2）换用轻型击实时，需做以下两种变更：

① 将击实锤中间的锤芯取下，使锤的质量减至 2.5 kg。

② 打开仪器后盖板，将放锤键改装到下方键槽位置，如图 3.10 所示，使击实锤的自由落高减至 300 mm。

（3）试样的制作方法同重型击实仪。击实次数设定为：制作直径 100 mm 试件时，分 3 层，每层击实 27 次；制作直径 152 mm 试件时，分 3 层，每层击实 59 次（公路土工试验规程 T 0131—93 的规定）。

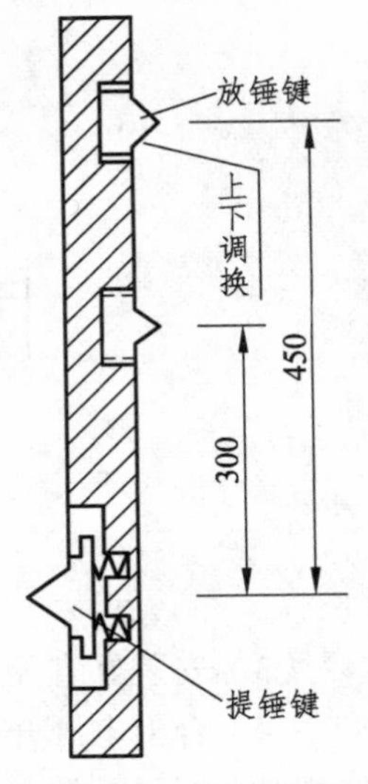

图 3.10　提放锤键

二、使用仪器注意事项及维护

（一）使用注意事项

（1）不得使用与机械型号不符的电源。

（2）在没有装试样时，不得启动击实仪。如需试机，可在击实筒内放入厚橡胶等起缓冲作用的物品。

（3）应定期对各润滑点进行润滑。

（4）每次击实结束后，应立即对试模、击实锤、击实台等进行清洁处理。

（5）应经常检查工作平台与混凝土底座之间的牢固程度。

（6）应经常检查锤头定位销钉是否因振动而松动，如松动，应及时上紧，以保护锤头螺纹。

（二）仪器的维护

（1）该仪器除减速箱外，均为人工润滑。如图 3.5 所示，应在注油孔处每班注油 3 ~ 4 次，其他摩擦部位如上下导轨等处，可定期适当滴入洁净机油，减速箱内每年更换润滑油脂一次。注意必须使用洁净的油脂。

（2）仪器使用完毕，必须清理干净，击实筒应擦净上油，以防锈蚀。

三、常见故障及排除（见表 3.1）

表 3.1　击实仪常见故障及排除方法

序号	常见故障	排除方法
1	接通电源后数码管不显示	1. 检查电源是否缺相； 2. 检查插头插座是否完好
2	制作 ϕ152 mm 试件时工作台不移动	1. 检查控制器上工作台停移开关是否合上； 2. 用手试推工作台有无卡住之处
3	制作 ϕ152 mm 试件时，中间一锤位置有明显偏差	卸去下部后盖板，调整底座两侧滑台后挡架上的定位顶丝，调整时要求两侧一致，调好后将螺母旋紧，如图 3.9 所示

续表 3.1

序号	常见故障	排除方法
4	试模筒转动时惯性大或分度不均匀	可调整工作台上的阻尼装置，如图 3.11 所示。4 个螺丝要均匀拧紧，顺时针方向拧动阻力加大。调整螺钉松紧时，既要保证分度到位，又要保证模筒转动时平稳、无撞击现象
5	链条松动	打开后盖板，松动调整螺栓轴套两侧压板螺丝，调整链条松紧，用手晃动、左右能有 3～5 mm 活动量为宜
6	控制器出现故障	修理或更换控制器
7	停机后自动启动	打开仪器上部后背板，将防止反转螺针适当调紧，如图 3.12 所示

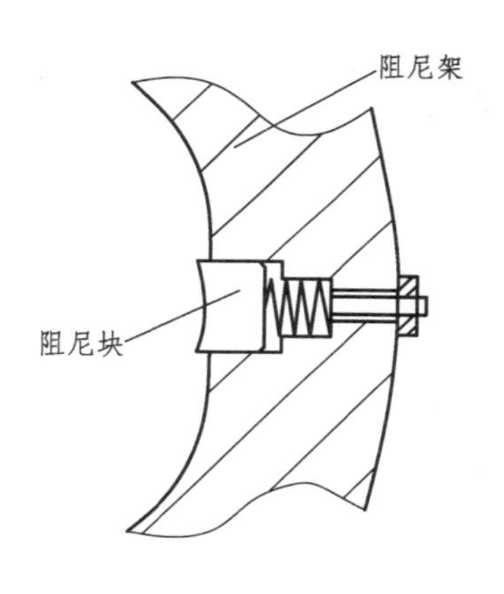

图 3.11　阻尼装置

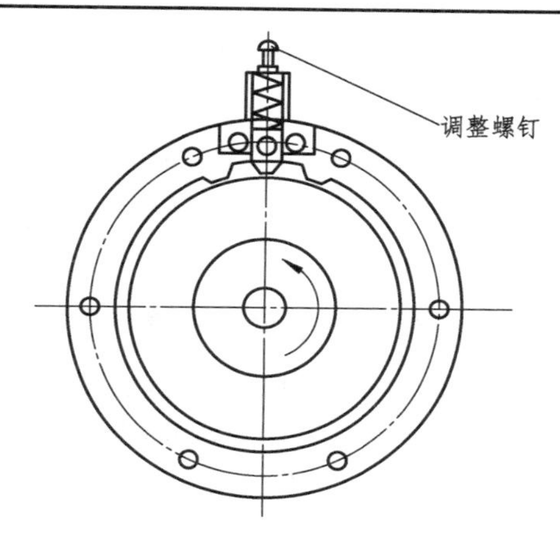

图 3.12　去掉减速箱后罩示意图

注：如有溜锤现象，调整螺钉压紧弹簧即可。

四、仪器的检校

（一）校验条件

校验环境应清洁、无腐蚀性介质，无明显的振动干扰，校验温度为（20 ± 10）°C。

（二）校验用标准器具

（1）游标卡尺：量程 0～200 mm，分度值 0.05 mm。

（2）深度游标卡尺：量程 0～200 mm，分度值 0.05 mm。

（3）圆形塞尺：2 mm，3 mm。

（4）天平：称量 5 kg，分度值 1 g。

（5）钢直尺：量程 50 cm，分度值 0.5 mm。

（6）声级计：0～120 dB（A），最小读数 0.5 dB（A）。

（7）兆欧表：500 V。

（三）技术要求

1．外观要求

（1）击实仪应有铭牌，铭牌上应标明型号、规格、制造厂名、产品编号及出厂日期。

（2）击实仪的铸件应无明显的气孔和砂眼；仪器的漆层或镀层应平整光滑，不应有斑点、气泡、划伤和锈蚀等影响外观质量的疵病。

2．材料要求

（1）击实筒和护筒宜用耐腐蚀、耐摩擦、布氏硬度为 HB80 ~ 100 的金属材料制造。

（2）击锤和底板应以机械性能等于或优于 Q235-AF 的普通碳素钢制造。

3．尺寸规格

电动击实仪的击锤与击实筒内壁间的间隙应为 2 ~ 3 mm。

4．功能要求

（1）击实仪的各连接部位和紧固件不应有松动，零件无损坏。电动击实仪在连续运转时不应有抖动和异声。其噪声（除击锤下落时升起瞬间噪声外）应小于 75 dB（A）。其电气设备不接地时的绝缘电阻应不低于 1 MΩ。

（2）电动击实仪应能自动测记锤击数，同时能在设定的锤击数完成后自动停止。每一锤击的平面角分度应均匀。

5．击实筒、击锤的相对误差要求

（1）击实筒内径的相对误差应为定值的 ± 0.2%。

（2）击锤底面直径相对误差应小于 ± 0.25%，击锤质量允许相对误差应为 ± 0.2%，落高允许相对误差应为 ± 1%。

（四）校验项目和校验方法

1．外观检查

通过目测，检查仪器外观。击实仪应有铭牌，铭牌应标明型号、规格、制造厂名、产品编号及出厂日期；击实仪的铸件应无明显的气孔和砂眼，仪器的漆层或镀层应平整光滑，不应有斑点、气泡、划伤和锈蚀等影响外观质量的疵病。

2．尺寸规格校验

电动击实仪的击锤与击实筒内壁之间的间隙校验：将击实锤提升与击实筒筒口相平，在锤与筒内壁之间用塞尺检测其间隙。这个间隙应容许 2 mm 塞尺通过，不容许 3 mm 塞尺通过。

3．电动击实仪状态校验

（1）在击实筒内装填部分土样，开启电动击实仪，连续运转 2 h，运转过程中观察有无异常现象，停机检查各部件有无松动。

（2）将声级计置于距击实仪 1 m 处，测得的噪声应小于 75 dB（A）。

（3）用兆欧表测定不接地时电气设备的绝缘电阻，其测值应小于 1 MΩ。

4．自动测记锤击数

拨动计数器旋钮，置于规定的击数，启动击实仪使其连续运转，并测记锤击数。击实仪自动停下来时，测记的锤击数应等于认定的锤击数。

5．击实筒、击锤校验

（1）用游标卡尺测量击实筒内径，记下所测定的读数。应在不同位置测量3次，相对误差应为±0.2%。

（2）用深度游标卡尺测量击实筒高度，应平行测量3次，相对误差应为±0.1%。

（3）用天平称击锤质量，平行测量3次，相对误差应为±0.2%。

（4）用游标卡尺测量击实锤底面直径，记下所测定的读数，应在不同位置测量3次，相对误差应为±0.25%。

（5）用钢尺测量击锤的落高，相对误差应为±1%。

（6）使用中和修理后的击实仪只校验击锤落高、击实筒尺寸和电动击实仪的锤击数。

【成绩评价】

	检测项目	序号	检测内容及要求	配分	学员自评	学员互评	教师评分	得分
任务评价	职业修养	1	安全、纪律	10				
		2	文明、礼仪、行为习惯	5				
		3	工作态度	5				
	专业能力	4	能正确表述电动击实仪的结构和工作原理	10				
		5	掌握仪器使用与维护的方法	10				
		6	正确使用、维护和检校电动击实仪	40				
		7	使用仪器注意事项	10				
		8	排除简单试验检测仪器故障	10				
		9						
综合评价								

【知识拓展】

击实试验（T 0131—2007）

一、试验目的及适用范围

（1）用标准击实试验法，在一定夯击功能下测定各种细粒土、含砾土等含水量与干密度的关系，从而确定土的最佳含水量与相应的最大干密度，借以了解土的压实性能，并以此作为工地土基压实控制的依据。

（2）本试验分轻型击实和重型击实。内径 100 mm 试筒适用于粒径不大于 20 mm 的土，内径 152 mm 试筒适用于粒径不大于 40 mm 的土。

二、仪器设备

（1）标准击实仪（见图 3.13、3.14）。轻、重型试验方法和设备的主要参数应符合表 3.2 的规定。

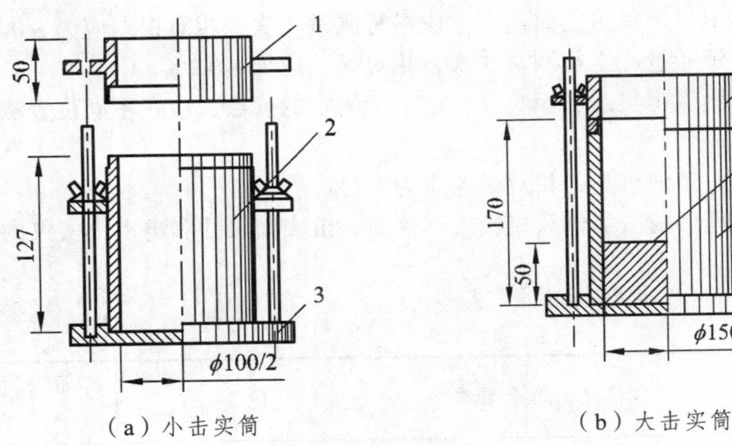

（a）小击实筒　　（b）大击实筒

图 3.13　击实筒（尺寸单位：mm）

1—套筒；2—击实筒；3—底板；4—垫块

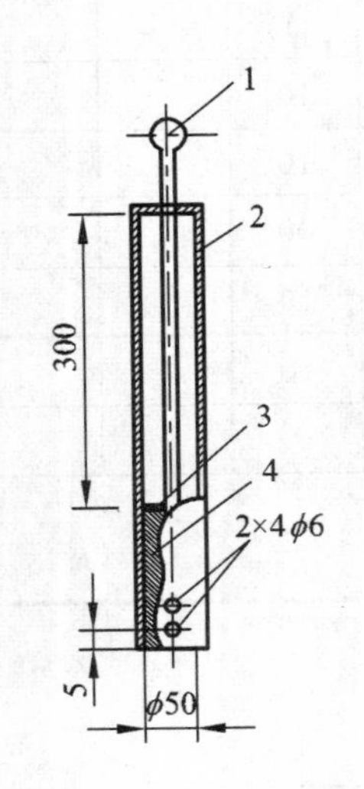

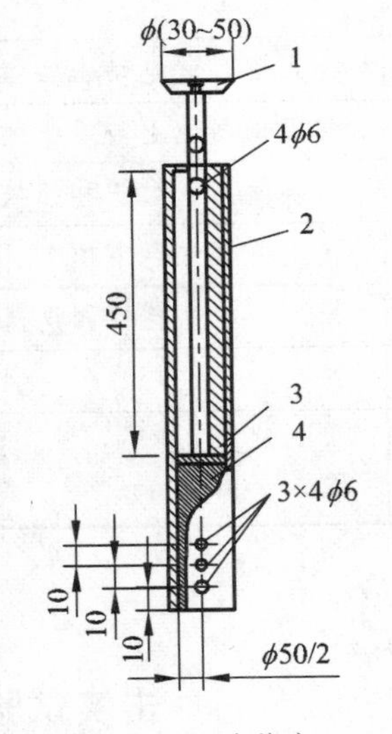

（a）2.5 kg 击锤（落高 30 cm）　　（b）4.5 kg 击锤（落高 45 cm）

图 3.14　击实锤和导杆（尺寸单位：mm）

1—套筒；2—击实筒；3—底板；4—垫块

（2）烘箱及干燥器。

（3）天平：感量 0.01 g。

（4）台秤：称量 10 kg，感量 5 g。
（5）圆孔筛：孔径 40 mm、20 mm 和 5 mm 各 1 个。
（6）拌和工具：400 mm × 600 mm × 70 mm 的金属盘，土铲。
（7）其他：喷水设备、碾土器、盛土盘、量筒、推土器、铝盒、修土刀、平直尺等。

表 3.2　轻、重型试验方法和设备的主要参数

试验方法	类别	锤底直径/cm	锤质量/kg	落高/cm	试筒尺寸			层数	每层击数	击实功/（kJ/cm²）	最大粒径/mm
					内径/cm	高/cm	容积/cm³				
轻型	Ⅰ-2	5	2.5	30	10	12.7	997	3	27	589.2	20
	Ⅰ-2	5	2.5	30	15.2	12	2 177	3	59	598.2	40
重型	Ⅱ-1	5	4.5	45	10	12.7	997	5	27	2 687	20
	Ⅱ-2	5	4.5	45	15.2	12	2 177	3	98	2 687	40

三、试　样

本试验可分别采用不同的方法准备试样，各方法可按表 3.3 选用。

表 3.3　试料用量

使用方法	类别	试筒内径/cm	最大粒径/mm	试料用量
干土法，试样不重复使用	b	10	至 20	至少 5 个试样，每个 3 kg
		15.2	至 40	至少 5 个试样，每个 6 kg
湿土法，试样不重复使用	c	10	至 20	至少 5 个试样，每个 3 kg
		15.2	至 40	至少 5 个试样，每个 6 kg

（1）干土法（土不重复使用）：按四分滚动至少准备 5 个试样，分别加入不同水分（按 2% ~ 3% 含水量递增），拌匀后闷料一夜备用。

（2）湿土法（土不重复使用）：对于高含水量土，可省略过筛步骤。用手拣除大于 40 mm 的粗石子即可，保持天然含水量的第一个土样，可立即用于击实试验。其余几个试样，将土分成小土块，分别风干，使含水量按 2% ~ 3% 递减。

四、试验步骤

（1）根据工程要求，按表 3.2 规定选择轻型或重型试验方法。根据土的性质（包括易碎风化石数量多少、含水量高低），按表 3.3 规定选用干土法（不重复使用）或湿土法。

（2）将击实筒放在坚硬的地面上，取制备好的土样分 3 ~ 5 次倒入筒内。小筒按三层法时，每次一般 800 ~ 900 g（其量应使击实后的试样等于或略高于筒高的 1/3）；按五层法时，每次一般 400 ~ 500 g（其量应使击实后的土样等于或略高于筒高的 1/5）。对于大试筒，先将垫块放入筒内底板上，按三层法，每层需试样 1 700 g 左右。整平表面，并稍加压紧，然后按规定的击数进行第一层土的击实。击实时击锤应自由垂直落下，锤迹必须均匀分布于土样面。第一层击实完后，将试样层面“拉毛”，然后再装入套筒，重复上述方法进行其余各层土的击实。小试筒击实后，试样不应高于筒顶面 5 mm；大试筒击实后，试样不应高出筒顶面 6 mm。

（3）修土刀沿套筒内壁削刮，使试样与套筒脱离后，扭动并取下套筒，齐筒顶细心削平试样，拆除底板，擦净筒外壁，准确至 1 g。

（4）用推土器推出筒内试样，从试样中心处取样测其含水量，计算精确至 0.1%。测定含水率用试样的数量按表 3.4 规定取样（取出有代表性的土样）。两个试样含水率的精度应符合相关规定。

表 3.4　测定含水率用试样的数量

最大粒径/mm	试样质量/g	个数
<5	15～20	2
约 5	约 50	1
约 19	约 250	1
约 38	约 500	1

（5）对于干土法和湿土法（土不重复使用），将试样搓散，然后按上述方法进行洒水、拌和，但不需闷料，每次一般增加 2%～3% 的含水率，其中有两个大于和两个小于最佳含水率。所需加水量按式（3.1）计算：

$$m_{\mathrm{w}}=\frac{m_{\mathrm{i}}}{1+0.01w_{\mathrm{i}}}\times 0.01(w-w_{\mathrm{i}}) \tag{3.1}$$

式中　m_{w}—— 所需加水量，g；

m_{i}—— 含量 w_{i} 时土样的质量，g；

w_{i}—— 土样原有含水率，%；

w—— 要求达到的含水率，%。

按上述步骤进行其他含水率试样的击实试验。

对于干土法和湿土法，按上述方法和步骤制备各个试样，并进行击实试验。

【思考题】

1. 电动击实仪电机转动方向有何要求？如果出现反转，应如何调整？
2. 电动击实仪按照击实锤的质量分为哪几种？如何安装不同的击实锤？
3. 试叙述用电动击实仪制作直径为 152 mm 及直径为 100 mm 试件的操作步骤。
4. 如何检校击实锤质量及击实仪计数器？
5. 电动击实仪在制作试件时，若出现试筒转动时惯性大或分度不均匀的情况，应如何排除故障？

任务三　自动液压脱模器与烘箱使用与维护

【任务目标】

1. 了解自动液压脱模器与烘箱的结构和工作原理。
2. 掌握仪器使用与维护的方法。
3. 会正确使用自动液压脱模器与烘箱。
4. 会排除试验检测仪器简单故障。

【相关知识】

知识点一　自动液压脱模器

一、用　途

该脱模器适用于无机结合料稳定土试件、土工击实试件及沥青混合料等多种土、混合料的圆形试件的脱模，以及现场和试验室相应的检测工作。

二、技术参数

（1）最大脱模长度：230 mm。

（2）额定电压：380 V。

（3）最大推力：150 kN。

（4）液缸最大工作力：20 MPa。

（5）液缸缸径：ϕ100 mm。

（6）脱模柱塞速度：6 mm/s。

（7）脱模柱塞下降速度：9.5 mm/s。

（8）脱模柱塞最大行程：350 mm。

三、主要结构及工作原理

（一）结　构

脱模器主要由箱体（箱体内装有液缸、柱塞、油泵、三位四通电磁阀、溢流阀、压力表，见图 3.15）、立柱、托板、顶板、脱模板组成，如图 3.16 所示。

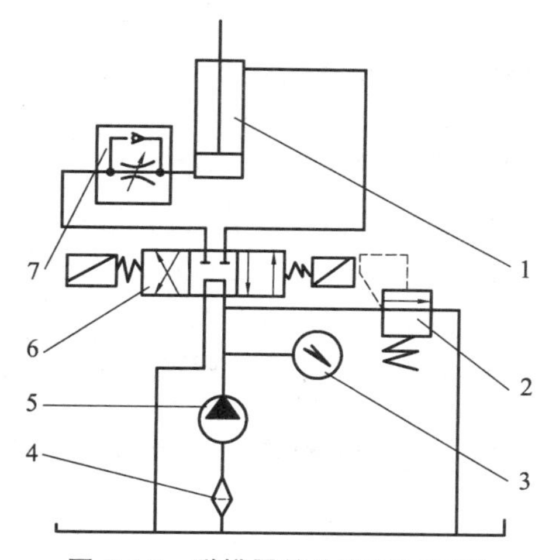

图 3.15　脱模器箱体液压原理图

1—液缸；2—溢流阀；3—压力表；4—滤油口；5—油泵；6—三位四通电磁阀；7—单向节流阀

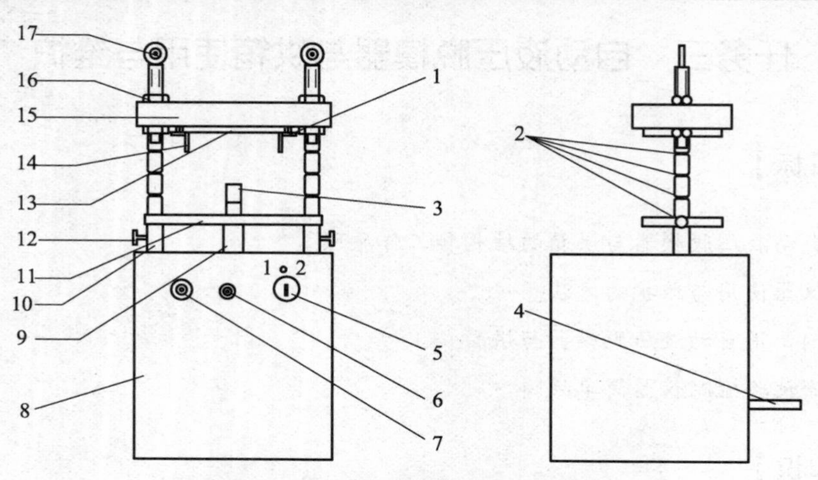

图 3.16　液压脱模器结构示意图

1—压板；2—定位槽（从下到上共分为Ⅰ、Ⅱ、Ⅲ、Ⅳ四道）；3—加长杆；4—电源线；5—组合开关；6—电机开关；7—电源指示灯；8—箱体；9—脱模柱塞；10—立柱；11—托板；12—限位螺钉；13—脱模板；14—定位销；15—顶板；16—调节螺母；17—吊环

（二）工作原理

脱模器主要用于各种试件的脱模工作。试验时，利用顶板、托板及其他定位装置，固定试件的位置，并利用液压系统控制脱模柱塞的升降，即可将试件脱出。

知识点二　烘　箱

一、用　途

烘箱是土工试验必备仪器之一，用于烘干土、无机结合料稳定土、砂石材料等。一般烘箱工作温度范围为室温下 10 ~ 300 °C，在此范围内可任意调节选定工作温度，并借助箱内温控系统自动恒温。

二、技术参数

（1）温度范围：室温下 10 ~ 300 °C。
（2）控温灵敏度：± 1 °C。
（3）工作电压：220 V。
（4）加热器总功率：随型号而异，通常在 1.0 ~ 8.0 kW 不等。

三、主要结构及工作原理

（一）结　构

烘箱箱体由薄钢板及型钢构成，外壳与工作室之间用玻璃纤维作保温材料，外门内有玻璃门可窥视工作室内的情况。全部电气线路安装于箱体右侧控制层内，温控仪及各开关操纵部分均在控制层的外部，控制层侧门可卸下，便于检修。

（二）工作原理

电热烘箱中通常有若干个加热器，接电后，加热器工作，烘箱温度升高；烘箱配有温控开关，根据不同的试验要求，调节温控开关，控制加热温度；同时，烘箱还带有鼓风装置（因型号而异），风从风道进入工作室，促使工作室内热空气循环对流，保证烘箱更具良好的温度均匀性，以确保在规定的时间内将试样烘干。电热烘箱电气原理如图 3.17 所示。

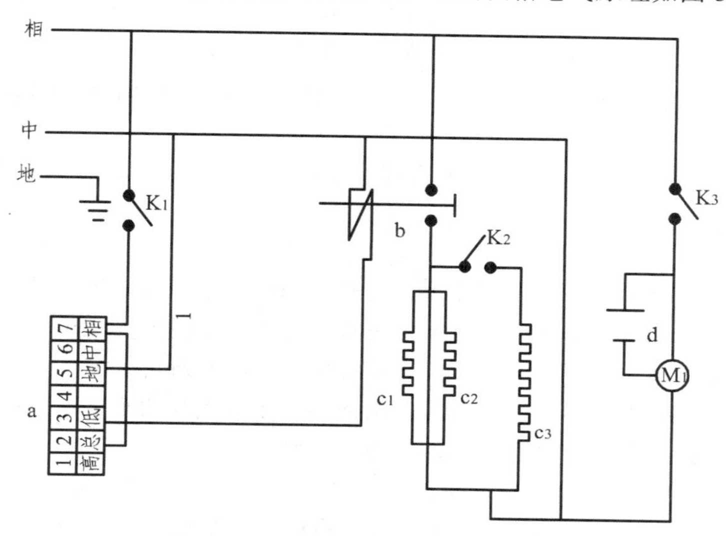

图 3.17　电热烘箱电气原理示意图

a—温控仪；b—继电器；c_1～c_2—加热器；d—电容；M_1—电机；K_1—电源开关；K_2—辅助开关；K_3—鼓风开关

【专业操作】

操作一　自动液压脱模器的使用

一、仪器的使用方法

（一）使用前的准备及检查

（1）将脱模器置于平整坚实的水泥地面上。

（2）接通电源，按动电源开关，使电机按顺时针方向转动，否则应调整电源线接相序。

（3）转动组合开关，使脱模柱塞的升、降方向与组合开关箭头所指位置一致。

（4）选择适当的脱模板以及托板的位置。脱模板是确定试件脱模时上端的定位基准，托板是确定试件脱模时下端的定位基准。当进行试件脱模时，应按以下要求选择适合的脱模板，并确定托板的适当位置。具体使用要求如下：

① 脱抗压试模 ϕ150 mm 试件及重型击实 ϕ152 mm 试件时，应选择孔径为 154 mm 的脱模板。

② 脱抗压试模 ϕ100 mm 试件，重、轻型击实 ϕ100 mm 试件及马歇尔试件时，应选择孔径为 104 mm 的脱模板。

③ 脱抗压试模为 ϕ50 mm 试件时，应选择孔径为 54 mm 的脱模板。

④ 调整托板位置时，必须使限位螺钉分别与两立柱上的相应的定位槽对正，然后紧固。从下到上共有Ⅰ、Ⅱ、Ⅲ、Ⅳ四道定位槽。具体操作如下：脱抗压试模为 ϕ150 mm 试件时，托板应固定在第“Ⅰ”定位槽的位置上（即立柱上最下端的环形槽位置）；脱抗压试模为 ϕ100 mm 试件及重型击实 ϕ152 mm 试件时，托板应固定在第“Ⅱ”定位槽的位置上；脱抗压试模为 ϕ50 mm 试件及重、轻型击实 ϕ100 mm 试件时，托板应固定在第“Ⅲ”定位槽的位置上；脱马歇尔试件时，应使托板固定在第“Ⅳ”定位槽的位置上。

调整托板位置时，必须首先松开托板上的限位螺钉，把托板调整到所需位置，再紧固限位螺钉。

⑤ 立柱上所配的 4 个调节螺帽用于调节顶板的位置，以便满足更多试件脱模的需要。

（二）操作步骤

（1）将试模置于已调整好位置的托板上，并与凹台对正。将压板分别转动 90°，使压模不再压到脱模板上，相应脱模板便可沿定位销滑下后置于试模上。此时，一定要注意使脱模板能上下自如滑动，不与压板发生干涉，且使脱模板的凹台对正试模。

（2）试模及脱模板放置妥当后，按动电源开关，使电机和油泵启动，然后把组合开关箭头转向“升”的位置，脱模拉塞上升，即可将试件脱出。

（3）试件脱出并升到适当位置后，随即应将组合开关箭头转向中间“停”的位置，取下试件后，再将组合开关箭头转向“降”的位置。当脱模柱塞下降到适当位置后，又将组合开关箭头转到中间“停”的位置，此时脱模柱塞不升不降。重复以上步骤，即可完成各试件的脱模。

（4）操作完毕，应将脱模柱塞降下，把组合开关箭头指向中间“停”的位置，同时将电源关闭，电机停转。

二、使用仪器注意事项及维护

（一）使用注意事项

（1）当一块试件脱模完毕后，组合开关应立即转到中间“停”的位置。

（2）当需要将脱模柱塞上升到最大高度时，在达到最大高度后，应立即将组合开关转到中间位置（也可转到“下降”位置）。

（3）当脱模柱塞下降到最低位置后，组合开关应立即转到中间“停”的位置。

（4）上升、下降速度以及顶升推力已经调定，如无特殊情况，切记不要调整箱体内的各种阀件，当需要调整溢流阀时，调整后应使抗振压力表不高于 20 MPa。

（5）每次工作完毕，应将脱模柱塞降下，并将组合开关转到中间“停”的位置。

（6）启用脱模器之前，应加足液压油到油箱油眼中间位置。空载升降一次后，如油位降低，应补充液压油到油眼中间位置。

（7）由于护罩有较多通风散热孔，故在灰尘严重的地方工作时，应注意保持液压系统外部的清洁，以防灰尘、杂质进入油箱而污染液压油或造成液压系统的堵塞。应注意定期换油和清洗油箱。

（8）定期检查压力表压力，在满负荷 150 kN 工作时，压力表的压力不能超过 20 MPa。

（9）在脱模 ϕ50 mm 抗压试模时，必须将长度为 130 mm 的加长杆装入脱模柱塞上端孔内；脱 ϕ152 mm、ϕ100 mm 击实试件、ϕ100 mm 抗压试模及马歇尔试模时，必须将长度为 55 mm 的加长杆装入脱模柱塞上端孔内；脱 ϕ150 mm 抗压试模时，不使用加长杆。

（10）连续对两批试件脱模时，可以不停电机。因为短期内连续启动，电机启动电流太大，会损伤电机。

（二）仪器的维护

应当经常保持仪器的清洁与整齐，每次使用完毕必须将仪器擦拭干净，尤其要注意脱模柱塞的清洁。每天工作完毕，擦净柱塞，并把柱塞下降到最低位置，使柱塞不至受到意外的碰撞（降到最低位置后组合开关一定要转到中间“停”的位置）。

操作二　烘箱的使用

一、仪器的使用方法

（一）使用前的检查工作

（1）烘箱应放在室内干燥的水平处使用，箱体外壳必须有效接地。

（2）在供电线路中，应安装与烘箱电流相应的通断开关供烘箱专用。

（3）每台烘箱工作室内附有两块网格式搁板供放置试料，并可按试料大小调整搁板间距。放置试料不宜过密，以利室内空气流通。工作室的底板上面不准放置试料，避免因过热烧坏试料。

（二）操作步骤

（1）接通电源，将箱顶排气阀旋开，以利箱内空气变换对流。

（2）确定控制温度，将仪器面板上的温度设定值按至（或旋至）符合所需的温度即可开始工作。

（3）温控仪指示灯：绿灯为电热器在工作，红灯为加热停止，当加热至设定温度后，绿灯转至红灯，此后温控仪不断翻转动作，红绿灯交替明灭，即为恒温状态。

二、使用仪器注意事项及维护

（1）开机时，为了求得加速升温时间，将加热开关打至高温，两组加热器同时加热，达到恒温状态后，可将加热开关打到低温，只留一组加热器工作，以节约电耗。

（2）取放试料时，勿撞击伸入工作室的传感器，以防损及传感器的测温头，导致控制失灵。

（3）开机前将烘箱顶排气阀旋开约 10 mm 左右，以利箱内空气变换对流，并将潮气和废气排出。

（4）欲观察工作室内试料情况，可开启外门，从玻璃门向内窥视，但以外门不常开为宜，以免热量外泄，且当温度升到 300℃左右时，开启箱门可能会使玻璃门急剧冷却而破裂。

（5）一般烘箱为非防爆产品，切勿烘烤易燃、易爆、易挥发性的物品，以防爆炸。

（6）使用完毕，需切断电源。
（7）一旦发生故障，需经修复后才能使用。

【成绩评价】

	检测项目	序号	检测内容及要求	配分	学员自评	学员互评	教师评分	得分
任务评价	职业修养	1	安全、纪律	10				
		2	文明、礼仪、行为习惯	5				
		3	工作态度	5				
	专业能力	4	能正确表述自动液压脱模器与烘箱的结构和工作原理	10				
		5	掌握仪器使用与维护的方法	10				
		6	正确使用、维护和检校自动液压脱模器与烘箱	40				
		7	使用仪器注意事项	10				
		8	排除简单试验检测仪器故障	10				
		9						
综合评价								

【知识拓展】

细集料含泥量试验（GB/T 1464—2011）

一、试验目的及适用范围

本方法仅用于测定天然砂中粒径小于 0.075 mm 的尘屑、淤泥和黏土的含量，不适用于人工砂、石屑等矿粉成分较多的细集料。

二、仪器设备

（1）鼓风烘箱：能使温度控制在（105 ± 5）℃。
（2）天平：称量 1 000 g，感量 0.1 g。
（3）方孔筛：孔径为 750 μm 及 1.18 mm 的筛各 1 只。
（4）容器：要求淘洗试样时，保持试样不溅出（深度大于 250 mm）。
（5）搪瓷盘、毛刷等。

三、试验步骤

（1）将试样缩分至约 1 100 g，放在烘箱中于（105 ± 5）°C 下烘干至恒量，待冷却至室温后，分为大致相等的两份备用。

（2）称取试样 500 g，精确至 0.1 g。将试样倒入淘洗容器中，注入清水，使水面高于试样面约 150 mm；充分搅拌均匀后，浸泡 2 h；然后用手在水中淘洗试样，使尘屑、淤泥和黏土与砂粒分离；把浑水缓缓倒入 1.18 mm 及 75 μm 的套筛上（1.18 mm 筛放在 75 μm 筛上面），滤去小于 75 μm 的颗粒。试验前筛子的两面应先用水润湿，在整个过程中应小心防止砂粒流失。

（3）向容器中注入清水，重复上述操作，直至容器内的水目测清澈为止。

（4）用水淋洗剩余在筛上的细粒，并将 75 μm 筛放在水中（使水面略高出筛中砂粒的上表面）来回摇动，充分洗掉小于 75 μm 的颗粒，然后将两只筛的筛余颗粒和清洗容器中已经洗净的试样一并倒入搪瓷盘，放在烘箱中于（105 ± 5）°C 下烘干至恒量，待冷却至室温后，称出其质量，精确至 0.1 g。

【思考题】

1. 电动脱模器共有哪几个定位槽？如何使用？
2. 电动脱模器的电机转动方向有什么规定？不符合要求时，应如何调整？
3. 烘箱在使用时，为什么外门不宜常开？
4. 烘箱要快速升温时，开关应放在哪个挡位？

项目四　砂石材料试验仪器使用与维护

任务一　摇筛机使用与维护

【任务目标】

1. 了解摇筛机的结构和工作原理。
2. 掌握仪器使用与维护的方法。
3. 会正确使用、维护和检校摇筛机。
4. 能排除简单试验检测仪器故障。

【相关知识】

一、用　途

该仪器主要用于土、砂石材料等无凝聚性干性颗粒物质的级配分析试验，为工程应用提供各项级配参数。

二、技术参数

（1）摇摆频率：0～220 次/min（负载）连续可调。

（2）摇摆方式：单向或双向间断摇摆。

（3）摇摆幅度：0～20 mm 可调，最佳摆幅 12 mm。

（4）定时时间：0～15 min 可任意选择。

（5）直流伺服电机：转速：500 次/min；输入电压：220 V；功率：45 W。

（6）选用标准分析筛规格：ϕ200 mm × 50 mm 或 ϕ300 mm × 75 mm。

三、主要结构及工作原理

（一）结　构

该仪器由支撑部件、驱动部件、调幅机构、筛架、压筛器及控制框等组成，控制框面板上装有定时器、电源指示灯、单向与正反向按钮开关和无级调速电位器，电器柜内装有线路板及元件，仪器结构如图 4.1 所示。

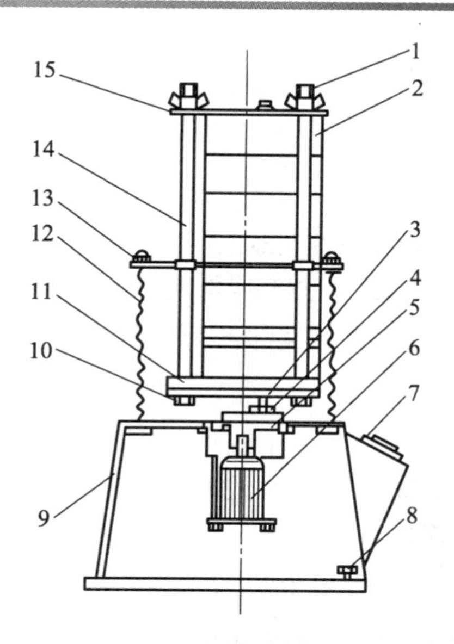

图 4.1　摇筛机结构图

1—蝶形螺母；2—筛；3—球形摆杆；4—调幅螺母；5—偏心轮；6—电机；7—电控柜；8—M12 调整螺丝；9—电器柜；10—螺母；11—底盘；12—弹簧；13—中框架；14—立柱；15—压筛盖

（二）工作原理

将一组分析筛按不同孔径级配放在筛架上，由压筛盖固定，机组通电后，电机按任选时间（时间由定时器控制）旋转，电机带动偏心轮，驱动筛架下部的球形摆杆，使筛架按一定的偏心距摇摆。全套分析筛随同筛架模拟人工筛析单向间断摇摆或正反向间断摇摆，对筛中试样进行筛分。

【专业操作】

一、仪器的使用方法

（一）使用前的检查

（1）整机应放在平整地面上，开机后若有摇动，可将机座底部的一个 M12 螺钉根据不平的情况，装在左边或右边，对地调整与地面的间隙，直至机座不摇动为宜。

（2）必要时最好加地脚螺栓，用水泥将仪器固定在地面上。

（二）操作步骤

（1）开机前，加足润滑油。

（2）装套筛时先松开筛盖固定螺钉（即蝶形螺母），然后连同压筛盖往上提。

（3）准确称取规定质量的烘干试样，并置于套筛的最上一只筛上。

（4）置套筛于机架上，旋紧螺钉使套筛固定即可工作。

（5）根据工作需要，选择适当的摇摆方式、摇摆幅度和定时时间。

二、使用仪器注意事项及维护

（一）注意事项

1．摇摆幅度的调节

通常情况下，摇筛机的摇摆幅度已调至最佳位置（偏心距为 12 mm），需要调节时，先用活动扳手松开调幅螺栓，调整调节螺钉，根据刻线板上的标线，调整偏心距至需要距离，再拧紧调幅螺栓。筛架下部摆杆与偏心轮滑动配合处应保持润滑，使用一段时间后应加少许机油为宜。

2．定时及摇摆方式的选择

按电源开关，指示灯亮，表示 220 V 电源接通。将定时器旋钮按顺时针方向旋至所需时间处，待整机工作。为了提高筛析效果，可按下换向开关，使筛架做正反向间断摇摆；若该开关不按下，则为单向间断摇摆。

3．摇摆频率的调节

摇摆频率是由带开关的电位器控制的，当电源打开后选定好时间及摇摆方式，顺时针调整调速电位器开关，再缓慢旋到所需要的摇摆频率。试验结束后先关掉调速电位器旋钮，以防下次开机电流突变产生启动冲击。

（二）仪器的维护

（1）每使用一段时间（一般为 3 ~ 6 个月），应在筛架下部摆杆与偏心轮滑动配合处加少许机油，以保持该部位的润滑。

（2）转动旋钮时，不应过快过猛，以免损坏零件。

（3）定时器必须注意防潮、防腐蚀，使用两年左右需清洗加油一次。

（4）选择定时工作时，可将旋钮转至要求定时位；需要中途停机，应切断电源开关，让定时器自行转至停止位置，不可强行扭回。

【知识拓展】

洛杉矶磨耗试验机

一、仪器的使用方法

（一）使用前的检查

（1）仪器应安装在一个水平且有足够支撑力的平台上（平台结构为水泥混凝土结构），仪器后表面距离墙壁应不小于 5 ~ 10 cm。

（2）试验前必须检查线路是否完好，并用手拨动滚筒旋转，看其是否运转正常（按筒箭头方向），同时将计数器调整到零位。

（二）操作步骤

（1）按集料特点及用途，选择合适的试验条件。

（2）将试验用的集料和钢球装入筒内，密封盖好，拧紧螺钉，设置仪器转动次数，开动仪器，使圆筒以 30 ~ 33 r/min 的速度转动。

（3）待圆筒旋转至规定次数后，仪器自动停止，取出试样。

（4）用直径 2 mm 圆孔筛或边长 1.7 mm 方孔筛，筛去试样中的石屑，用水冲洗留在筛上的碎石烘干至恒重，准确称出质量。

（5）按式（4.1）计算集料洛杉矶磨耗损失，精确至 0.1%。

$$Q=\frac{m_1-m_2}{m_1}\times 100 \tag{4.1}$$

式中　Q——洛杉矶磨耗损失，%；

m_1——装入圆筒中试样质量，g；

m_2——试验后在 1.7 mm（方孔筛）或 2 mm（圆孔筛）筛上的洗净烘干试样质量，g。

二、使用注意事项及维护

（一）仪器使用注意事项

（1）磨耗机工作时，必须有专人监测。这是提高安全性的有效方法，一旦出现问题，应及时断电检查，以免事故发生。

（2）每次使用后应切断自备专用电源，并保持仪器清洁，以防腐蚀。

（3）试验时必须保证圆筒的筒盖密封紧固，否则一旦松动，螺钉螺纹将被磨平，影响仪器的正常使用。

（4）应在供电线路中安装铁壳闸刀一只，供磨耗机专用，并用比电源线粗一倍的导线作接地线。

（二）仪器的维护

（1）磨耗机初次使用安装时，应检查电源是否符合要求。

（2）试验用钢球应妥善保管，切勿腐蚀影响试验结果的准确性。

【成绩评价】

	检测项目	序号	检测内容及要求	配分	学员自评	学员互评	教师评分	得分
任务评价	职业修养	1	安全、纪律	10				
		2	文明、礼仪、行为习惯	5				
		3	工作态度	5				
	专业能力	4	能正确表述摇筛机的结构和工作原理	10				
		5	掌握仪器使用与维护的方法	10				
		6	正确使用、维护和检校摇筛机	40				
		7	使用仪器注意事项	10				
		8	排除简单试验检测仪器故障	10				
		9						
综合评价								

【思考题】

试叙述摇筛机的使用方法及注意事项。

任务二　切割机使用与维护

【任务目标】

1. 了解切割机的结构和工作原理。
2. 掌握仪器使用与维护的方法。
3. 会正确使用、维护和检校切割机。
4. 能排除简单试验检测仪器故障。

【相关知识】

一、用　途

在检测石材及混凝土抗压强度时，使用该仪器对板材及混凝土进行锯切，以备检测。

二、技术参数

（1）锯切芯样直径：50 ~ 150 mm；锯切板材尺寸：400 mm × 450 mm × 100 mm（可灵活掌握）。

（2）电机功率：3 kW；电压：380 V；电流：6.8 A；转速：1 420 r/min。

（3）外形尺寸：1 150 mm × 700 mm × 840 mm。

三、主要结构及工作原理

1. 结　构

仪器结构如图 4.2 所示。

2. 工作原理

切割机工作时，锯片高速旋转，切割待切片的板材或混凝土芯样。通常将试件用夹具固定或平放在工作台上，沿导轨匀速进给进行锯切，可一次完成。

四、仪器的使用方法

（一）使用前的检查

（1）首先把水源打开，水头应有充足的压力，当锯片切割工件时，应使水正对锯片和工件，以保证立即冷却锯片。

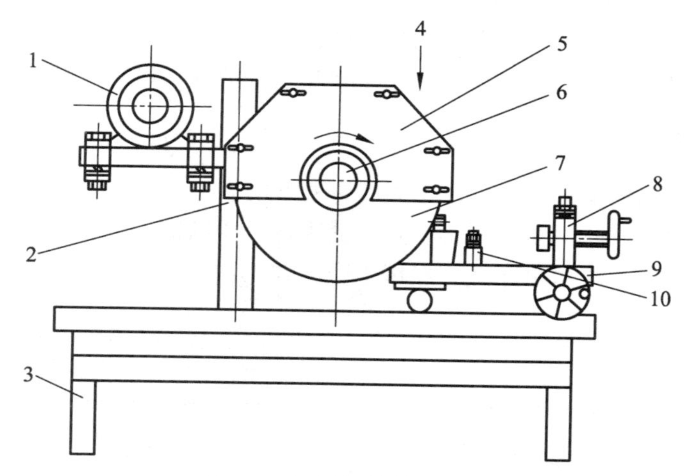

图 4.2　切割机结构示意图

1—电机；2—支柱；3—架体；4—进水口；5—锯片罩；6—锯片锁紧螺母；
7—锯片；8—夹具；9—工作台；10—靠板

（2）用手点动电机开关，观察锯片转向与锯片罩所规定的方向是是否一致，如不一致，应把电源线的两个相线调换一下即可。

（3）因锯片是在高速转动下进行工作的，固定锯片的锁紧螺母易松动，为确保安全，每次工作前，应检查锁紧螺母是否有松动现象。

（二）操作步骤

（1）将靠板调到规定要求，锯切试件的长度。

（2）如果是锯切板材，首先将夹具斜铁的紧固螺母松开，然后取下夹具斜铁，将板材平放在工作台面上。

如果是锯切芯样，就将芯样放在工作台面上，转动夹具手轮将芯样紧固在夹具体中。

（3）接通电源及水源。

（4）锯切芯样时，用手盘工作台手轮；锯切板材时，用手按住板材推动工作台，工作台沿导轨匀速进给直至切断，随后工作台退回。

（5）关闭电源及水源。

（6）取下锯切好的板材或芯样。

五、使用仪器注意事项及维护

（一）使用注意事项

（1）为了使切割机工作时不发生颤动，切割机应放在地面较硬的地方，并调平稳。

（2）一定要购买质量上乘的锯片。

（3）锯片安装时，一定旋紧锯片，以防松动出现意外。

（4）试接通电源，注意锯片旋向，应与仪器标记的旋向一致。

（5）锯片在锯切时，必须有足够的水。

（6）锯切时遇有刺耳声，应回退一下，或将进给量放慢一些。

（7）仪器工作时，芯样或板材应避免与支柱相撞。

（8）使用现场要有可靠的接地装置，并配有漏电保护器，以防意外事故发生。

（二）仪器的维护

（1）新锯片或用钝的锯片，可以用耐火砖进行开刃。

（2）经常使用切割机时，要求随时检查各紧固件是否紧固。

（3）切割机使用后，应用水冲洗、擦拭干净，并上油。

【成绩评价】

	检测项目	序号	检测内容及要求	配分	学员自评	学员互评	教师评分	得分
任务评价	职业修养	1	安全、纪律	10				
		2	文明、礼仪、行为习惯	5				
		3	工作态度	5				
	专业能力	4	能正确表述切割机的结构和工作原理	10				
		5	掌握仪器使用与维护的方法	10				
		6	正确使用、维护和检校切割机	40				
		7	使用仪器注意事项	10				
		8	排除简单试验检测仪器故障	10				
		9						
综合评价								

【思考题】

切割机在使用时，应注意哪些事项？

项目五　液压式千斤顶、压力试验机、万能试验机使用与维护

任务一　液压千斤顶使用与维护

【任务目标】

1. 了解液压千斤顶的结构和工作原理。
2. 掌握仪器使用及维护方法。
3. 会正确使用、维护和检校液压千斤顶。
4. 能排除简单仪器故障。

【相关知识】

一、用　途

液压千斤顶是公路工程试验室必备的一个常用的工具。测定土基回弹模量、简易脱模器、反力架等都需使用液压千斤顶。

二、技术参数

主要技术参数见表 5.1。

表 5.1　液压千斤顶技术参数

<table>
<tr><th>型　号</th><th>起重量/t</th><th>最低高度≤/mm</th><th>起重高度≥/mm</th><th>调整高度≥/mm</th><th>公称压力/MPa</th><th>手柄操作力≤/N</th><th>净重≈/kg</th></tr>
<tr><td>QYL1.6</td><td>1.6</td><td>158</td><td>90</td><td rowspan="2">60</td><td>34.7</td><td rowspan="11">330</td><td>2.2</td></tr>
<tr><td>QYL3.2</td><td>3.2</td><td>195</td><td rowspan="2">125</td><td>44.4</td><td>3.5</td></tr>
<tr><td>QYL5D</td><td>5</td><td>200</td><td rowspan="5">80</td><td>48.2</td><td>4.6</td></tr>
<tr><td>QYL88</td><td>8</td><td>236</td><td rowspan="4">160</td><td>56.6</td><td>6.7</td></tr>
<tr><td>QYL10</td><td>10</td><td>240</td><td>61.6</td><td>7.5</td></tr>
<tr><td>QYL12.5</td><td>12.5</td><td>245</td><td>62.4</td><td>9.3</td></tr>
<tr><td>QYL16</td><td>16</td><td>250</td><td>63.7</td><td>11.0</td></tr>
<tr><td>QYl20</td><td>20</td><td>280</td><td rowspan="4">180</td><td rowspan="4"></td><td>69.3</td><td>15.0</td></tr>
<tr><td>QYL32</td><td>32</td><td>285</td><td>71.0</td><td>23.0</td></tr>
<tr><td>QYL50</td><td>50</td><td>300</td><td>77.0</td><td>34.0</td></tr>
<tr><td>QYL100</td><td>100</td><td>335</td><td>73.9</td><td>71</td></tr>
</table>

型号说明（以 QYL10 型为例）:

Q——千斤顶的“千”字汉语拼音第一个字母；

Y——液压式的“液”字汉语拼音第一个字母；

L——立式的“立”字汉语拼音第一个字母；

10——起重量最大为 10 t;

最低高度——大活塞降至最低点时千斤顶的外观尺寸为 240 mm;

起重高度——大活塞的最大工作行程为 160 mm;

调整高度——转动调节螺杆的最大伸长量为 80 mm;

公称压力——当起重 10 t 重物时，油缸工作压力为 61.6 MPa。

三、主要结构与工作原理

（一）结　构

图 5.1 是液压式千斤顶结构图。该千斤顶主要由大活塞、小活塞、大油缸、小油缸、外套、回油阀杆、调节螺杆、撤手和密封圈等零件组成。将图 5.1 简化为图 5.2 液压式千斤顶原理图，来说明液压传动的工作原理。

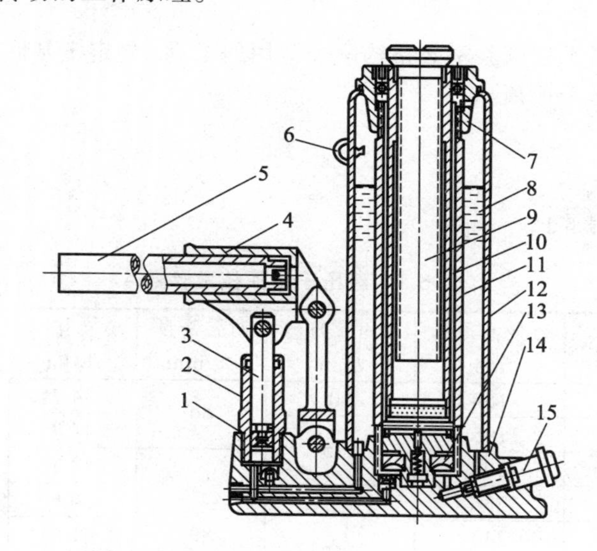

图 5.1　液压千斤顶结构图

1—密封圈；2—小油缸；3—小活塞；4—撤手；5—手柄；6—油塞；7—顶帽；8—液压油；9—调节螺杆；10—大活塞；11—大油缸；12—外套；13—大密封圈；14—底座；15—回油阀杆

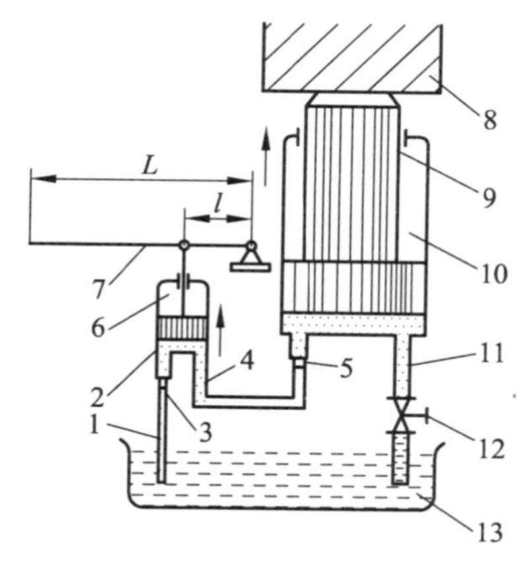

图 5.2　液压式千斤顶原理图

1、4、11—管道；2—小活塞；3、5—单向阀；6—小油缸；7—手柄；8—重物；9—大活塞；10—大油缸；12—放油螺塞；13—油箱

（二）工作原理

在图 5.2 中，大油缸 10 与小油缸 6 相互连通着。由物理学知，液体具有两个重要特性：液体几乎不可压缩；密闭容器中静止液体的压力以同样大小向各方向传递。用手向上扳动手柄 7 时，小活塞 2 向上移动，使小活塞下端密闭容积腔增大，形成真空。在大气作用下，油经油管 1、单向阀 3 进入小油缸下腔。用力下压手柄，小活塞下移，密闭容积腔内的油液受到挤压，下腔的油经管道 4、单向阀 5 输入大油缸 9 的下腔（此时单向阀 3 关闭，与油箱的油隔断），迫使大活塞 9 向上移动顶起重物 8。反复扳动手柄，油液不断地输入到大油缸的下腔，推动大活塞缓慢上升。

现将图 5.2 简化为图 5.3 的密闭连通器，可清楚地分析其动力传动过程：在大活塞上有负载 W，当小活塞上作用一个主动力 N，使密闭连通器保持力的平衡。此时，油液受压后在内部建立了压力。根据静力平衡原理，得

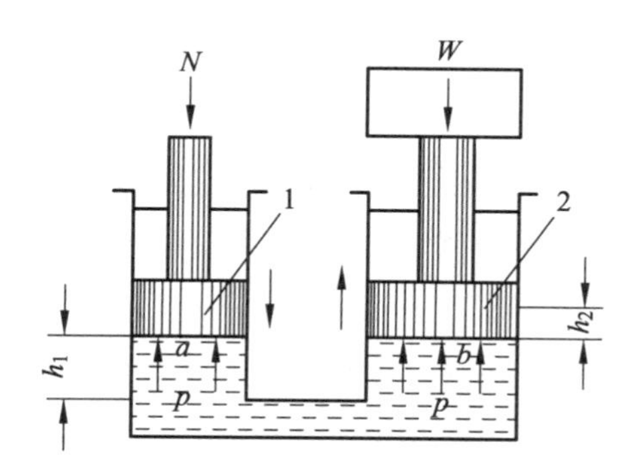

图 5.3　密闭连通器

1—小活塞；2—大活塞

$$\left.\begin{aligned}大活塞上的压力 &= \frac{W}{A} \\ 小活塞上的压力 &= \frac{N}{a}\end{aligned}\right\} \tag{5.1}$$

式中　A——大活塞的面积；

　　　a——小活塞的面积。

因密闭容器中压力处处相等，故

$$\frac{W}{A}=\frac{N}{a}=P \tag{5.2}$$

这样，可用较小的力平衡大活塞上很大的负载力，即

$$W=\frac{AN}{a} \tag{5.3}$$

由此可知，在液压传动中，力不但可以传递，还可以通过作用面积（$A > \alpha$）的不同，将力放大。千斤顶所以能够以较小的推力顶起较重的负载，原因就在这里。通过上例可见，液压传动实际上是一种能量转换装置，它是靠油液通过密闭容积变化的压力来传递能量的。只要控制了油液的压力、流量和流动方向，便可控制液压设备所要求的推力（转矩）、速度（转速）和方向。

【专业操作】

一、仪器的使用方法

（一）使用前的检查

（1）用手转动调节螺杆，检查是否能升降。

（2）检查大活塞暴露在外面的部分，不得有碰撞、毛刺、锈斑等。

（二）操作步骤

以图 5.1 所示结构为例。

1．大活塞上升

用操作手柄 5 上的凹槽将回油阀杆 15 顺时针方向拧紧，将调整螺杆拧到适当高度，再将操作手柄插入揿手孔内上下推动小活塞 3、大活塞 10，即可平稳上升顶起重物。

2．大活塞下降

用操作手柄上的凹槽，将回油阀逆时针拧松，大活塞杆在重力作用下，将自动下降。有载荷时，回油阀杆要慢慢拧松，以免重物下降速度太快发生危险。

二、使用仪器注意事项

（1）千斤顶只能直立使用，其工作环境温度为 20 ~ 45 °C，不得在酸、碱及腐蚀性气体中使用。

（2）起重前必须估计物体质量，切忌超载使用。

（3）使用前必须确定物体重心，选择好千斤顶的着力点，且应平稳放置。如遇松软地基，应垫以面积较大的坚硬材料，以防起重时发生歪斜倾倒。

（4）当数台千斤顶并用时，起重速度应保持同步，且每台千斤顶的负荷也应均衡，否则将产生倾倒的危险。

（5）使用时应避免急剧振动。

三、仪器的维护

（1）回油阀杆不宜拧出太多，更不应全部拧出。拧出太多或全部拧出易漏油，而油太少或没有油是导致大活塞杆不能上升的重要原因。一旦发现大活塞杆不能上升，首先应检查是否有油，如没有油，应将千斤顶上的油塞 6（见图 5.1）取下，从活塞孔中把油加入。由于油塞孔小，用漏斗把油加入是很困难的，最好使用医用针筒把油推入千斤顶内。

（2）每次用完千斤顶，应使大活塞全部下降，以防止大活塞歪曲、碰伤、产生锈斑等。

（3）如千斤顶内有油，而大活塞只能上升很小的行程，说明此时千斤顶内油量不足，需加油，加至油塞孔漏油，即停止加油。

（4）如千斤顶内有油，大活塞完好，将操作手柄扦入撤孔内，上、下撤动小活塞，大活塞不上升，此时一般是小活塞上的密闭圈坏了，在小活塞下端不能形成密闭容积空间，需更换新的密封圈。

（5）加入千斤顶内的油必须保证洁净。

（6）当在 – 5 °C 以上工作时，采用 GB 443—84 规定的 N15 机械油；而在 – 20 ~ – 5 °C 工作时，采用 GB 442—64 规定的合成锭子油。

【成绩评价】

	检测项目	序号	检测内容及要求	配分	学员自评	学员互评	教师评分	得分
任务评价	职业修养	1	安全、纪律	10				
		2	文明、礼仪、行为习惯	5				
		3	工作态度	5				
	专业能力	4	能正确表述液压千斤顶的结构和工作原理	10				
		5	掌握仪器使用与维护的方法	10				
		6	正确使用、维护和检校液压千斤顶	40				
		7	使用仪器注意事项	10				
		8	排除简单试验检测仪器故障	10				
		9						
综合评价								

【知识拓展】

无侧限抗压强度试验（JTJ 057—1994）

一、试验目的及适用范围

（1）无侧限抗压强度是试件在无侧向压力的条件下抵抗轴向压力的极限强度。

（2）本试验法适用于测定水泥和石灰稳定土（包括稳定细粒土、中粒土和粗粒土）试件的无侧限抗压强度。本试验法包括：按照预定干容重用静力压实法制备试件以及用击锤法制备试件，试件都是高∶直径 = 1∶1 的圆柱体。尽可能用静力压实法制备等干密度的试件。

对其他稳定材料或综合稳定土的抗压强度试验应参照本法。

二、仪器设备

（1）方孔筛：孔径 37.5 mm、19 mm 及 4.75 mm 的筛各 1 个。

（2）试模：不同土的试模尺寸如下所述。

① 细粒土（最大粒径不超过 4.75 mm）：试模的直径 × 高 = 50 mm × 50 mm。

② 中粒土（最大粒径不超过 19 mm）：试模的直径 × 高 = 100 mm × 100 mm。

③ 粗粒土（最大粒径不超过 37.5 mm）：试模的直径 × 高 = 150 mm × 150 mm。

（3）脱模器。

（4）反力框架：300 kN。

（5）液压千斤顶：200 ~ 300 kN。

（6）夯锤和导管。

（7）密封湿气箱或湿气池放在能保持恒温的小房间内。

（8）水槽：深度小于试件高，外径 50 mm 以上。

（9）路面材料强度试验仪或其他合适的压力机。

（10）天平：感量 0.01 g。

（11）量筒、拌和工具、漏斗、大小铝盒、烘箱等。

三、试　样

（1）将具有代表性的风干土试样（必要时也可在 50 °C 烘箱内烘干），用木槌和木碾捣碎，但应避免破碎土或粒径。将土过筛并进行分类，如试料为粗粒土，则除去大于 37.5 mm 的颗粒备用；如试料为中粒土，则除去大于 19 mm 的颗粒备用；如试料为细粒土，则除去大于 5 mm 的颗粒备用。

（2）在预定做试验的前一天，取有代表性的试料测定其风干含水量。对于细粒土，试样应不小于 100 g；对于粒径小于 25 mm 的中粒土，试样应不小于 1 000 g；对于粒径小于 37.5 mm 的粗粒土，试样应不小于 2 000 g。

（3）用击实试验确定水泥（石灰）混合料的最佳含水量和最大干密度。

（4）对于同一水泥（石灰）剂量，需要制作的试件数量（即平行试验的数量）与土类及操作的仔细程度有关（见表 5.2）。

表 5.2　最少试件数量

土类 \ 偏差系数	< 10%	10% ~ 15%	15% ~ 20%
细粒土	6	9	—
中粒土	6	9	13
粗粒土	—	9	13

（5）制备试件。

① 称量一定数量的风干土并计算干土重，其数量随试件大小而变。对于 50 mm × 50 mm 试件，1 个试件一般需要干土 180 ~ 210 g；对于 100 × 100 mm 试件，1 个试件一般需要干土 1 700 ~ 1 900 g；对于 150 mm × 150 mm 试件，1 个试件一般需要干土 5 700 ~ 6 000 g。

对于细粒土，可以一次称量 6 个试件的土；对于中粒土，可以一次称量 3 个试件的土；对于粗粒土，一次只称量 1 个试件的土。

② 将称量的土放在长方盘（400 mm × 600 mm × 70 mm）内，向土中加水。对于细粒土（特别是粒性土），使其含水量较最佳含水量小 3%。对于中粒土或粗粒土，可按最佳含水量加水。加水量可按式（5.4）估算：

$$Q_w=\left(\frac{Q_n}{1+0.01w_n}+\frac{Q_c}{1+0.01w_c}\right)\times 0.01w-\frac{Q_n}{1+0.01w_n}\times 0.01w-\frac{Q_c}{1+0.01w_c}\times 0.01w_c \tag{5.4}$$

式中　Q_w—— 混合料中应加水的质量，g；

Q_n—— 混合料中土（或粒料）的质量，g；

Q_c—— 混合料中水泥（或石灰）的质量，g；

w—— 要求达到的混合料的含水量，%；

w_n—— 混合料中土的含水量（风干含水量），%；

w_c—— 混合料中水泥（或石灰）的原始含水量（%），通常很小，可以忽略不计。

将土和水拌和均匀后，如为石灰稳定土和水泥、石灰综合稳定土，可将石灰和试样一起拌匀后，放在密闭容器内浸润备用。

浸润时间：黏性土 12 ~ 24 h；粉性土 4 ~ 8 h；砂性土、砂砾土、红土砂砾等可缩短到 2 h 左右；含土很少的未筛分碎石、砂砾及砂可以缩短到 1 h。

③ 在浸润过的试料中，加入预定数量的水泥或石灰拌和均匀。在拌和过程中，应将预留的 3% 的水（对于细粒土）加入土中，使混合料含水量达到最佳含水量。拌和均匀的加有水泥的混合料应在 1 h 内按下述方法制成试件，超过 1 h 的混合料应作废，其他结合料稳定土除外。

④ 制备预定干密度试件，用反力框架和液压千斤顶制作。

a. 制备一个预定干密度试件，需要的水泥混合料的数量 m_1（g），随试模的尺寸而变，可按式（5.5）计算。

$$m_1=\rho_d V(1+w) \tag{5.5}$$

式中　v—— 试模体积，cm^3；

w—— 混合料的含水量，%；

ρ_d—— 稳定土试件的干密度，g/cm³。

b. 将下压柱放入试模的底部（事先在试模的内壁及上下压柱的底面涂一薄层机油），外露 2 cm 左右；将称量的规定数量稳定土混合料 m_1（g）分 2 ~ 3 次灌入试模中，每次灌入后用夯棒轻轻均匀插实。如制的是 50 mm × 50 mm 的小试件，则可以将混合料一次倒入试模中，然后将上压柱放入试模内。应使其也外露 2 cm 左右，即上下压柱露出试模外的部分应该相等。

c. 将整个试模（连同上下压柱）放到反力框架内的千斤顶上，加压直到上下压柱都压进试模为止，维持压力 1 min。解除压力后，取下试模，拿去上压柱，并放到脱模器上将试件顶出（利用千斤顶和下压柱），称试件的质量 m_2，然后用游标卡尺量试件的高度 h，准确到 0.1 mm。

用击锤制作，步骤同前。只是用击锤（可以利用做击实试验的锤，但压柱顶面需要垫一块牛皮，以保护锤面和压柱顶面不损伤）将上下压柱打入试模内。

⑤ 养生。试件从试模内脱出并称重后，应立即放到密封湿气箱内进行保温养生。但中试件和大试件应先用塑料薄膜包裹，有条件时，可采用蜡封保湿养生。在没有上述条件的情况下，也可以将包有塑料薄膜的试件埋在湿砂中进行保湿养生。养生时间视需要而定，一般为 7 d 和 28 d。作为工地控制，通常都只取 7 d。整个养生期间的温度，在北方地区应保持（20 ± 2）°C，在南方地区以保持（25 ± 2）°C 为宜。

养生期的最后一天，应该将试件浸泡在水中，水的深度应使水面在试件顶上约 2.5 cm。在浸泡水中之前，应再次称试件的质量 m_3。养生期间，试件质量的损失应符合下列规定：小试件不超过 1 g，中试件不超过 4 g，大试件不超过 10 g。质量损失超过此规定的试件，应作废。

四、试验步骤

（1）将已浸水一昼夜的试件从水中取出，用软的旧布吸去试件表面的可见自由水，并称试件的质量 m_4。

（2）用游标卡尺量试件的高度 h_1，精确到 0.1 mm。

（3）将试件放到路面材料强度试验仪的升降台上（台上先放一扁球座），进行抗压试验。在试验过程中，应使试件的形变等速增加，并保持速率为 1 m/min。记录试件破坏时的最大压力 P（N）。

（4）从试件内部取有代表性的样品（经过打破），测定其含水量 w_1。

【思考题】

1. 如图 5.1 所示，液压千斤顶油缸内的油太少需加油，从何处可以把油加入千斤顶油缸内？
2. 使用完液压千斤顶，为何要求将活塞缩回？
3. 液压千斤顶回油阀，为何不能旋出太多？

任务二 2 000 kN 压力试验机使用与维护

【任务目标】

1. 了解 2 000 kN 压力试验机的结构和工作原理。
2. 掌握仪器使用与维护的方法。
3. 正确使用、维护和检校 2 000 kN 压力试验机。
4. 能排除简单仪器故障

【相关知识】

一、用 途

在公路工程及建筑工程试验检测中，该压力机主要用于水泥混凝土抗压强度试验（T 0517—94）、水泥混凝土的轴心抗压强度试验（T 0518—94）、水泥混凝土抗压弹性模量试验（T 0519—94）等。

二、技术参数

（1）试验机最大试验力：2 000 kN。
（2）油泵最高工作压力：40 MPa。
（3）承压板尺寸：320 mm × 320 mm。
（4）承压板间净距：320 mm。
（5）活塞最大行程：20 mm。
（6）活塞回落速度：10 mm/min。
（7）测量范围：0 ~ 800 kN，0 ~ 2 000 kN。
（8）刻度盘分度值：0 ~ 800 kN 时 2.5 kN/格，0 ~ 2 000 kN 时 5 kN/格。

注：（1）该机的活塞最大行程仅为 20 mm，所以不能用来做水泥混凝土用粗集料压碎值试验（T 0315—1994）及沥青混凝土用粗集料压碎值试验（T 0316—2000）。

（2）用于做压碎值试验的压力机行程要大于 35 mm。

三、主要结构及工作原理

（一）结 构

该机由主机部分和测力计部分组成。

1．主机部分（见图 5.4 左半部分）

在刚性机架 12 上部装有螺母 11，螺杆 10 旋在螺母内，在螺杆末端装有球座 9 及上承压板 8。由于球座带有凹球面，上承压板带有凸球面，使得上承压板能略作自由倾斜移动，以补偿试件的形状及尺寸误差。因此，在试件受压时，可以自动调整上承压板与试件受压面接触吻合。根据试件尺寸，转动手轮 13，就可以调节上承压板与下承压板之间距离（即净距）。油缸 1 固定在机架的下部，在油缸的内壁上部嵌有复合圈 3 和橡胶密封圈 4，以防止在高压时活塞和油缸间过多的油液溢出；在油缸后左上侧装有一溢油管，可直接让溢出的油流回油箱，以保持机器四周的洁净。

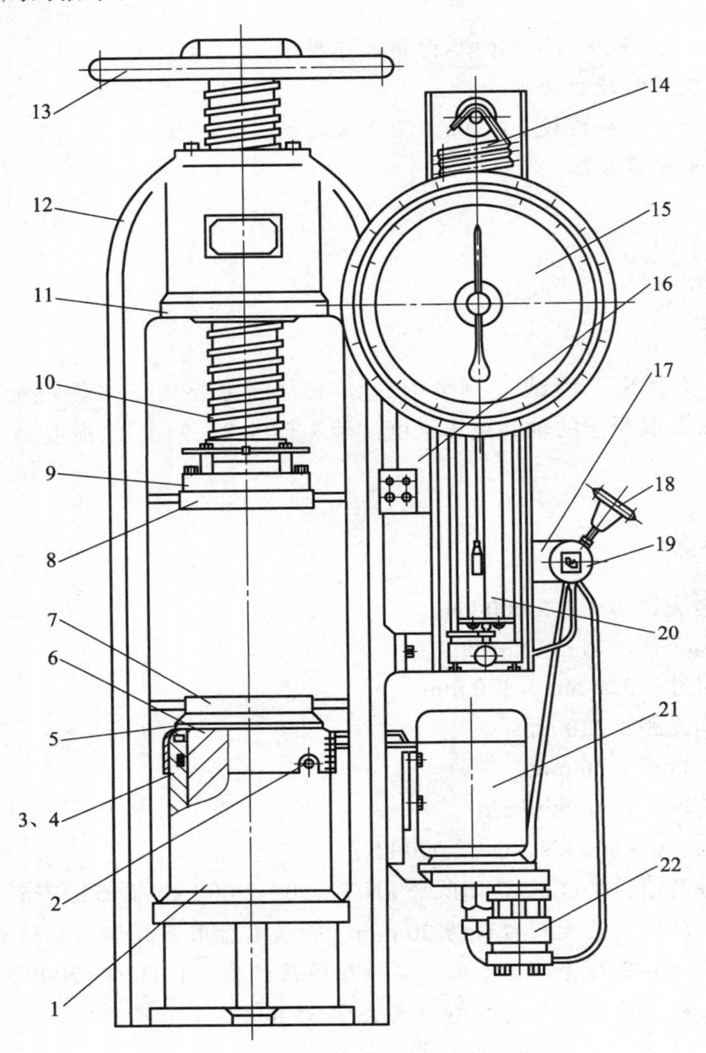

图 5.4　2 000 kN 压力机结构图

1—工作油缸；2—螺钉；3—复合圈；4—橡胶密封圈；5—遮屑板；6—油塞；7—下承压板；8—上承压板；9—球座；10—螺杆；11—螺母；12—机架；13—手轮；14—弹簧；15—测力体；16—电气箱；17—分油阀；18—回油阀；19—进油阀；20—测力油缸；21—电机；22—液压泵

2．测力计部分（见图 5.4 右半部分）

测力系统由荷载加载系统、测力机构、指示机构、操作部分等组成。

（1）加载系统

加载系统由液压泵 22、电机 21、测力油缸 20、分油阀 17 等组成，它们分别紧固在机架下部测力计的槽钢上。储油箱装在油泵后侧，底部装有放油螺塞，内部装有滤油器。

启动电机，液压泵开始工作，液压泵的吸油口从油箱吸油，出油口排出的压力油进入分流阀。打开进油阀 19（手轮反时针方向旋转为开，反之为关），关闭回油阀 18，油液经有关油管进入工作油缸，并推动油缸内的活塞和下承压板上升。把试件放在上、下承压板之间，因上承压板不动，故试件受压。同时工作油缸的油又流入测力油缸，以保证测力油缸的油压与工作油缸的油压相等。在通往测力油缸的通道上装有缓冲阀，以防试验完毕时，因打开回油阀后，回油速度过快，产生振动而损坏测力计。

（2）测力机构（见图 5.5）

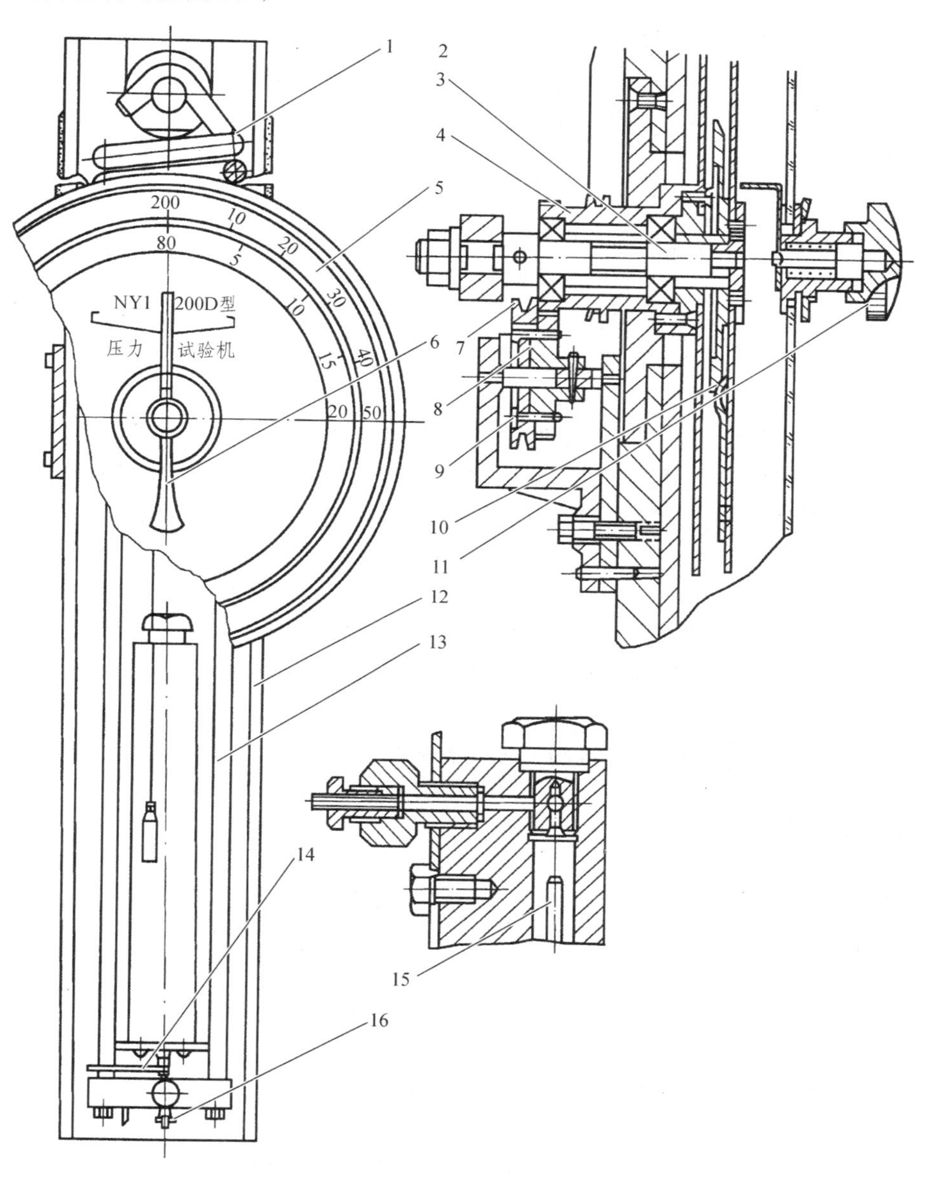

图 5.5　测力机构结构图

1—5 000 N 大弹簧；2—2 000 N 小弹簧；3—指针轴；4—从动齿轮；5—刻度盘；6—主动针；7—被动针；8—绕线轮；9—主动齿轮；10—弹片；11—把手；12—支架；13—吊杆；14—夹圈；15—测力杆；16—滚花螺母

弹簧 1、2 用来测活塞上所受压力的大小，仪器备有 5 000 N 弹簧及 2 000 N 弹簧，分别用于不同的测量范围。

油液自工作油缸通至测力油缸，测力杆 15 受力而向下移动，拉动两吊杆 13 将力传至弹簧 1 或 2。因此，测力杆的位移根据弹簧受力大小而定。

活塞受力时，测力杆的位移通过弦线及一系列传动机构使指针旋转。因此，活塞受力的大小经过测力杆、弹簧、绕线轮 8、主动齿轮 9、从动齿轮 4 等带动指针轴 3 和主动针 6 旋转，并由指针在刻度盘 5 上直接指出试件所受荷载大小。试件受力越大，工作油缸内的油压就越大，同时测力油缸的油压相应变大，测力杆向下移动的距离就大，测力杆末端的位移通过弦线传至绕线轮经一对齿轮带动主动指针旋转的角度就越大，从刻度盘上读出的数据也就越大。

测力杆末端装有夹圈 14，在测力杆刚开始向下运动时使之左右摆动，借以减少测力杆的呆滞现象。

（3）荷载指示机构

测力计的荷载指示机构是封闭在玻璃罩内的，两种测量范围均在一个度盘上。度盘上指示荷载数值的指针有两根，其中一根为主动针，另一根为被动针。当试验终了，卸掉荷载后，主动针开始退回到零点，被动针仍停留在主动针所达到最高荷载的位置，以便让试验人员有足够的时间来读出准确的荷载位置。按动玻璃罩外面的把手 11，可调节被动针位置。

（4）操作控制部分

在机架右侧的电器控制盒 16 上（见图 5.4），装有液压泵电动机开关控制按钮。分油阀的正前方装有送油阀，其作用是将液压泵输出的油送至工作油缸内，同时用于控制荷载速度的增减。分油阀的右侧面装有回油阀，其作用是卸除荷载及使工作油缸的油回到储油箱。

（二）工作原理

开动电机，液压泵内的柱塞做往复轴向运动。当泵内容积变大，油箱内的油在大气压力下进入液压泵的吸油腔；当泵内容积变小，从液压泵的压油腔排出的压力油进入分油阀 17。把试件放在下承压板 7 上，关闭回油阀，打开送油阀手轮，就能调节进入油缸的油量，进而达到控制活塞 8 推动下承压板向上运动的加荷速度，直至试件受压而破坏。

【专业操作】

一、仪器的使用方法

（一）试验前仪器的检查

（1）检查储油罐内的油是否加满、油管接头是否有松动，以防漏油。如油箱油太少，油泵会吸空，油泵内的空气会使油泵发出噪声。同时，油箱油太少，也不能满足活塞的工作行程。

（2）用手搬动上承压板，检查其是否能进行任意方向的微倾斜。

（3）度盘的选用。

该试验机有两个测量范围：0 ~ 800 kN 悬挂 2 000 N 小弹簧，0 ~ 2 000 kN 悬挂 5 000 N 大弹簧。刻度盘内外圈表示不同两弹簧所代表的牛顿值，与大小两弹簧相对应使用。

试验时，应预先估计试件破坏时的值，并根据破坏值选取量程。量程的选取应考虑测量精度。量程取得过大，必然导致精度下降；量程取得过小，可能会由于破坏时的值超出量程而导致试验失败。所以一般选取量程时，应满足破坏时的值在最大量程的 20%～80%。

（4）用毛刷清除下承压板表面的杂物。

（二）操作步骤

（1）指针调零：开动油泵，打开送油阀，使活塞上升 2～3 mm；关闭回油阀，转动滚花螺母 16 （见图 5.5），调节弦线长短，使主动针对准刻度盘零线，被动针与主动针重合。

（2）安放试件：将试件放在下承压板的中心位置，如压缩的是金属材料试件，在试件的上、下面要加经热处理磨平的垫板，以免上、下承压板表面被压出毛刺，影响正常使用。

（3）转动手轮，调节上承压板至试件顶面。

（4）打开送油阀，按需要的速度加载。如继续加压，主动针开始回退，从动针读数不再增加时，则表示试件已破坏，关闭送油阀，从动针所指位置就是试件破坏时的荷载读数。

（5）将回油阀缓缓打开，油缸内的油放回油箱，被动针拨至与主动针重合，并归零。

二、使用注意事项及维护

（一）注意事项

（1）一次要进行多个试件的压缩试验，不要压坏一个试件就关闭电机，压另一个试件，又重新启动电机。电机启动时，电流达到最大，在短时间内反复启动电机，将减少电机寿命。

（2）试验过程中如需暂时离开，应关掉电机，以减少油泵的磨损和油发热。

（3）新安装好的机器或电路经过维修接通电源后，此时启动电机使油泵运转，但必须观察油泵飞轮旋转方向是否与泵上所标指向一致。如不相符，一定要调换电源接头内的相线位置，使飞轮旋转方向与箭头指向一致。因为反转会损坏油泵。如果油泵或油路系统内有空气存在，将影响试验机的正常工作，并加快油泵内部零件的磨损。

（4）弦线折断，应重新更换弦体，并断开进线电源，以免发生触电事故。

注：如泵外壳没有箭头，当电机接电运转时，观察电机尾端，电机风扇叶片旋转应为逆时针方向。

（二）仪器维护

（1）上承压板球头与球座要涂抹润滑油。

（2）油箱内的油要保持干净，并有充足的油量。

（3）减少丝杆与螺母之间的摩擦，定期给它们加黄油。

（4）油泵使用的压力油：

① 当环境温度为（15 ± 5）°C 时，建议采用 GB 443—84 的 N68 号机械油；当环境温度为（25 ± 5）°C 时，建议采用 GB 443—84 的 N100 号机械油。所用各类油，不能含有杂质，以免油管油路及滤油器阻塞，或使油泵及活塞很快腐蚀。

② 压力机如经常使用，半年就需更换一次新油。更换新油时，从储油箱的底部旋开放油嘴塞，让旧油流尽，清洗与油泵吸油管相连的滤油器上的杂质，然后再加入新油。

（5）复合密封圈和橡胶密封圈的更换。因密封圈是易损零件，用久后，活塞与油缸间溢油情况严重，则必须更换。更换时首先将活塞上所有各零件如承压板、遮屑板等拆去，旋松油缸后侧的油管接头（使油缸内的气体排出），再将随机配给的两枚吊环螺钉旋进活塞中部的两起重吊螺孔内，将钢杆伸进吊环内，抬起活塞，吊至机架外进行拆换。

① 用弯形钩将复合圈拉出。

② 用弯形钩将橡胶密封圈拉出。

③ 将新的橡胶密封圈和复合密封圈装入压平，使各处稍凸出油缸壁，凸出应均匀，并保持与油缸边缘相平。防止活塞装入时切伤复合密封圈。

④ 装妥后，对油缸进行清洗，并用干净的细布擦拭（不能用带有毛线的纱头或布头，最好用丝绸布）。

⑤ 装入活塞，使活塞在油缸内上下移动自如。如活塞很难装入，说明密封圈与油缸上的密封槽贴合的不好，密封圈的局部地方有气泡，凸出油缸内壁较多。可在油缸密封槽的内侧涂少许黄油，这样很容易把密封圈与油缸槽之间的空气排出。

⑥ 根据拆卸步骤再装上各零件。试车时，可在活塞上不装承压板，以便观察油泵与活塞的溢出是否正常。

三、常见故障及排除（见表 5.3）

表 5.3　2 000 kN 压力试验机常见故障及排除

序号	现　象	原　因	排除方法
1	打不出油	1. 油箱滤油器堵塞； 2. 油泵内部有空气； 3. 进油球阀处有污物	1. 拆洗滤油器； 2. 松开油管接头排气； 3. 拆洗
2	油泵打不到最高压力	1. 液压系统内部有严重漏油处； 2. 回油阀与阀口不吻合； 3. 油缸内部密封圈不好或损坏	1. 进一步检查漏油部位； 2. 重新研磨阀口； 3. 使用观察一段时间或更换新密封圈
3	加荷过程中指针抖动	测力活塞表面粗糙度受损，导致在运动中产生呆滞	卸下测力活塞并稍加研磨
4	机器示值精度大幅度超差	1. 弦线脱落后未正确地安装就位； 2. 被动针的弹性垫圈紧松不当或有污物卡磨，产生阻力所致	1. 重新安装弦线； 2. 适当调节弹性垫圈或清洗，可用双针或单针运转对比方法确定松紧程度
5	指针工作后不能回零	1. 指针轴承有污物卡住； 2. 指针螺母松动	1. 清洗轴承； 2. 卸去外罩，拧紧螺母
6	正值误差（测值偏大）	1. 油缸、活塞部分有污物、毛刺； 2. 压力板靠销与机架摩擦	1. 清洗油缸、活塞，去毛刺； 2. 重新放好压力板位置
7	负值误差（测值偏小）	1. 测力杆拉毛； 2. 指针呆滞； 3. 弹簧或机架与其他零件有摩擦	1. 拆下测力杆进行抛光； 2. 调整弹簧片弹力； 3. 调整好各有关零件的位置

【成绩评价】

	检测项目	序号	检测内容及要求	配分	学员自评	学员互评	教师评分	得分
任务评价	职业修养	1	安全、纪律	10				
		2	文明、礼仪、行为习惯	5				
		3	工作态度	5				
	专业能力	4	能正确表述 2 000 kN 压力试验机的结构和工作原理	10				
		5	掌握仪器使用与维护的方法	10				
		6	正确使用、维护和检校 2 000 kN 压力试验机	40				
		7	使用仪器注意事项	10				
		8	排除简单试验检测仪器故障	10				
		9						
综合评价								

【知识拓展】

水泥混凝土抗压强度试验（GB/T 50081—2002）

一、概　述

水泥混凝土抗压强度，是指按标准方法制作的 150 mm × 150 mm × 150 mm 立方体试件，在温度为（20 ± 2）°C 及相对湿度为 95% 以上的标准养护室中养护，或在温度为（20 ± 2）°C 的不流动的 $Ca(OH)_2$ 饱和溶液中养护至 28 d 后，用标准试验方法测试，并按规定计算方法得到的强度值。

二、试验仪具

（1）压力试验机：除符合《液压式压力试验机》（GB/T 3722）及《试验机通用技术要求》（GB/T 2611）中的技术要求外，压力机的精确度（示值的相对误差）应在 ± 1%，试件破坏荷载应大于压力机全量程的 20% 且小于压力机全量程的 80%。应具有加荷速度指示装置或加荷速度控制装置，并应能均匀、连续地加荷。应具有有效期内的计量检定证书。

混凝土强度等级 ≥C60 时，试件周围应设防崩裂网罩。压力试验机上、下压板承压面的平面度公差为 0.04 mm，表面硬度不小于 55 HRC，硬化层厚度约为 5 mm，否则试验机上、下压板与试件之间应各垫以符合要求的钢垫板。

（2）钢尺：精度 1 mm。

（3）台秤：称量 100 kg，分度值为 1 kg。

三、试验方法

（1）试件从养护地点取出后应及时进行试验，并将试件表面与上下承压板面擦干净。

（2）将试件安放在试验机的下压板或垫板上，试件的承压面应与成型时的顶面垂直。试件的中心应与试验机下压板中心对准，开动试验机，当上压板与试件或钢垫板接近时，调整球座，使接触均衡。

（3）在试验过程中连续均匀地加荷。当混凝土强度等级＜C30 时，加荷速度取每秒钟 0.3～0.5 MPa；当混凝土强度等级≥C30 且＜C60 时，取每秒钟 0.5 ～0.8 MPa；当混凝土强度等级≥C60 时，取每秒钟 0.8～1.0 MPa。

（4）当试件接近破坏而开始急剧变形时，应停止调整试验机油门，直至破坏，然后记录破坏荷载。

【思考题】

1. 2 000 kN 压力机的工作行程规定值为 20 mm，能否用于做压碎值试验，为什么？

2. 简述用 2 000 kN 压力机做抗压试验的步骤。

3. 2 000 kN 压力机的主动针不在“0”位，从图 5.5 中看，调整哪个零件就可以将指针对“0”？

任务三　300 kN 压力机使用与维护

【任务目标】

1. 了解 300 kN 压力试验机的结构和工作原理。

2. 掌握仪器使用与维护的方法。

3. 会正确使用、维护和检校 300 kN 压力试验机。

4. 能排除简单试验检测仪器故障。

【相关知识】

一、用　途

该机主要测定水泥胶砂的抗压强度，最大载荷 300 kN，配上合适的抗折夹具后也可作水泥混凝土等材料的抗折强度试验，也可用于测定水泥混凝土用粗集料压碎值试验。

二、技术参数

（1）最大试验力：300 kN。
（2）测量范围：0 ~ 60 kN，0 ~ 150 kN，0 ~ 300 kN。
（3）度盘分度值：0 ~ 60 kN 时 0.2 kN/格，0 ~ 150 kN 时 0.5 kN/格，0 ~ 300 kN 时 1 kN/格。
（4）承压板间净距：280 mm。
（5）承压板直径：150 mm。
（6）活塞直径×最大行程：125 mm × 120 mm。
（7）油液最高压力：25 MPa。
（8）活塞的最大上升速度：62 mm/min。

三、主要结构及工作原理

（一）主要结构

该机由机架、测力、示值、油泵、送油及回油阀等部件组成，各部件均安装于一个座箱上构成一个整体。

1．主机部分（见图 5.6）

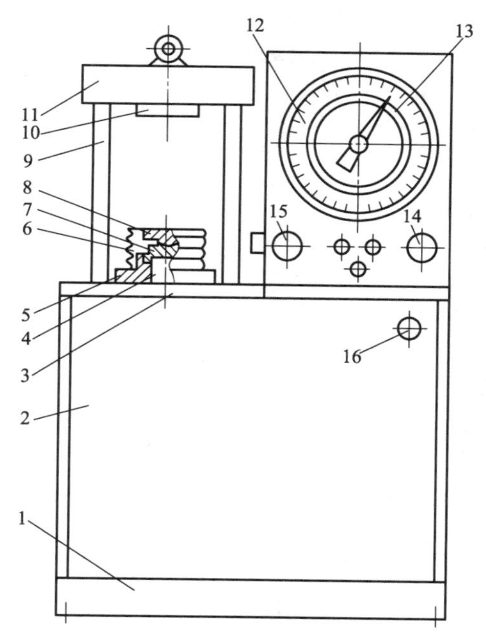

图 5.6 300 kN 压力机结构图

1—箱底座；2—箱座；3—底座；4—活塞；5—工作油缸；6—外罩；7—凹球座；8—下承压板；9—立柱；10—上承压板；11—横梁；12—示值机构；13—加载速度指示盘；14—送油阀；15—回油缓冲阀；16—指示盘调节器

在底座 3 上装有两根固定立柱 9，它们支承着横梁 11，组成一个不动的机架，横梁腹板装有上承压板 10，它不能进行上下调节。工作油缸 5 固定在底座上，油缸内的活塞 4 可上升 120 ~ 130 mm，当活塞上升时，为防止粉尘进入油缸而备有外罩 6。当试件通过抗压夹具放在下承压板 8 上时，下承压板底部的球面与凹球座 7 接触，可以自动调整上下承压板的平行，使试件受力均匀。

工作油缸与工作活塞是精密零件，在油缸的内壁上部嵌有复合密封圈（在有压力的情况下微量溢油是允许的，油缸壁上专门设有溢油通道），这种结构可以使工作油缸与活塞之间的摩擦减小到极小，从而保证了试验机的精度。

2．测力机构（见图 5.7）

该机采用的是压摆锤测力机构，它与示值机构一起组成测力系统，并通过测力油缸 11 和测力活塞 10 来进行测力。当工作油缸的压力油进入测力油缸时，推动测力活塞下移，此时顶块 12、承压轴 13 及连杆轴座 14 一起被推动而下移，再经两条拉板使摆杆轴座 3 产生顺时针转动，因而装在摆杆轴 2 上的摆杆 1 也被扬起产生转角。摆杆轴上产生的扭矩力将由摆杆末端的重砣（A、B、C）予以平衡，而当摆杆轴座顺时针转动的同时，通过弯板 4 推动螺杆 5 向右横行，这时螺杆带动示值机构的滚筒 8 顺时针旋转（主动针 6 和滚筒连在一起），便在度盘上指示出一定的数值。由于螺杆横行的距离与压力机的载荷成正比，所以刻度盘能准确地反映试件所受荷载的大小。

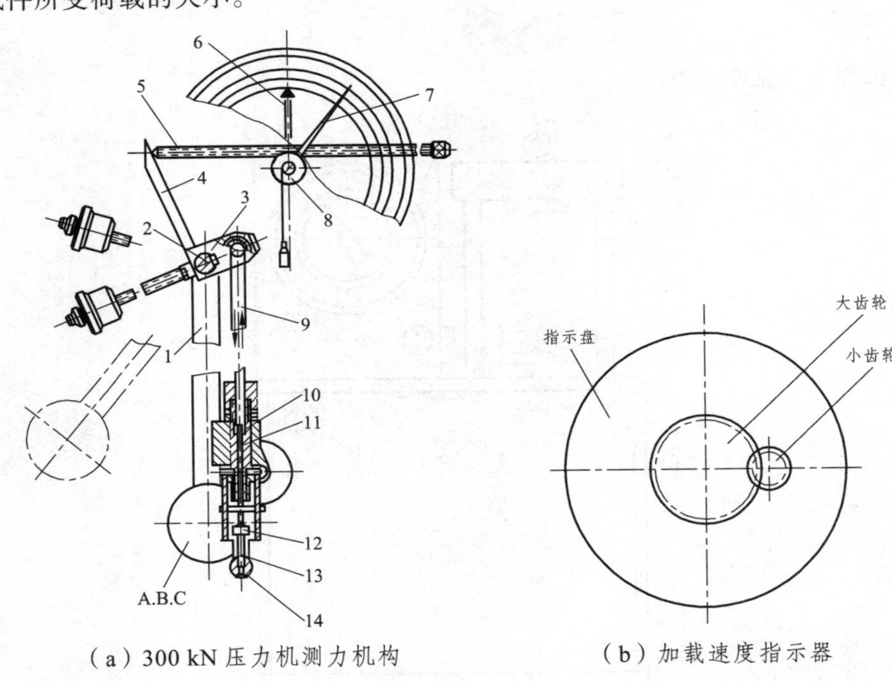

（a）300 kN 压力机测力机构　　（b）加载速度指示器

图 5.7　测力机构

1—摆杆；2—摆杆轴；3—摆杆轴座；4—弯板；5—螺杆；6—主动针；7—被动针；8—滚筒；9—拉板；10—测力活塞；11—测力油缸；12—顶块；13—承压轴；14—连杆轴座

示盘机构的度盘分三种量程，即 0 ~ 60 kN，0 ~ 150 kN 和 0 ~ 300 kN，并分别使用 A 砣，A + B 砣和 A + B + C 砣与之相匹配。在三种量程中，指针满度时，摆杆带动相匹配的重砣分别扬起转角，均为 400。

示值机构封闭在玻璃罩内，三种量程均刻在一个度盘上，分内、中、外三圈，并标有数字，刻线之间均有适当的距离，可以估计到最小格子的 1/5。度盘上有两根指针，一根为主动针 6，另一根为被动针 7，两根指针随着载荷的增加而顺时针方向转动。当试验负荷达最大值后卸载时，主动针随即回到零位，而被动针则停留在原负荷值上，以便试验人员读出准确的数值。被动针可以用玻璃罩外的手柄拨回零位。

示值机构内附有加载速度指示装置［见图 5.7（b）］，它由一个伺服电机带动一个指示盘，电机的转速可通过指示盘调节器的转盘使伺服电机改变转速，从而使指示盘获得不同的转速。例如：可调至 0.48 r/min、0.24 r/min 等各种稳定转速。当试验机在 300 kN 量程内，指示盘 0.48 r/min 时，加载时指针与指示盘同步，则表示加载速度为 2 400 N/s；指示盘 0.24 r/min 时，加载时指针与指示盘同步，则表明加载速度为 1 200 N/s，以此类推。若要求各种加载速度，均可将指示盘手轮调整到适当位置。

3．回油缓冲阀

回油缓冲阀由一个卸荷开关和一个回油节流阀组成，其目的有二：一是卸除载荷；二是使工作油缸的油回到油箱。而测力缸的回油必须经回油缓冲阀中的节流阀获得缓回。其用途是：当试件压碎后，工作油缸油压迅速下降，这就防止摆杆及重砣猛然回落造成强烈的冲击。缓冲阀的手柄露出在测力箱体的左侧，它可分别按 A、B、C 三种预先调整好。测量范围取 0 ~ 60 kN，将缓冲阀手柄设在 A 挡；测量范围取 0 ~ 150 kN，将缓冲阀手柄设在 B 挡；测量范围取 0 ~ 300 kN，将缓冲阀手柄设在 C 挡。

（二）液压传动系统工作原理（见图 5.8）

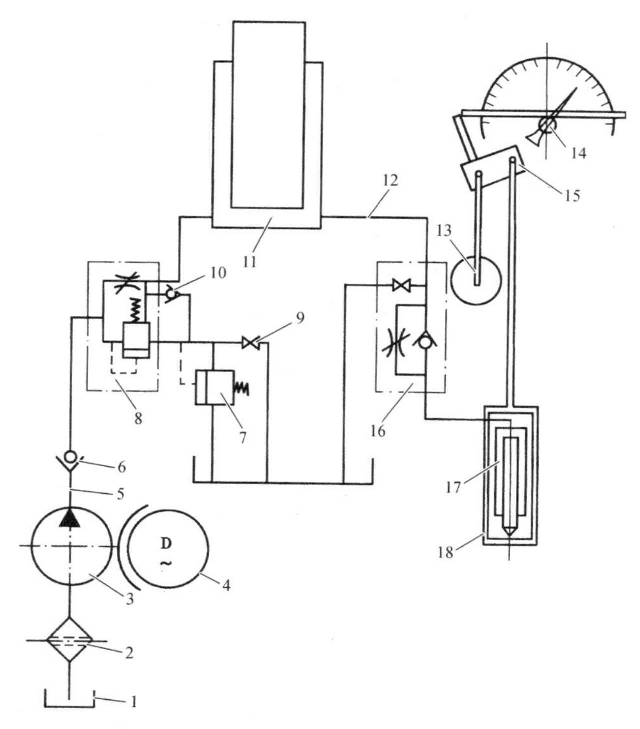

图 5.8　300 kN 压力机液压传动系统

1—油箱；2—滤油器；3—电机；4—油泵；5—出油管；6、10—单向阀；7—卸荷阀；8—送油阀；9—截止阀；11—工作油缸；12—油管；13—重砣；14—示值机构；15—摆杆轴座；16—回油缓冲阀；17—测力油缸；18—连杆轴座

启动电机 3，油箱 1 内的油经滤油器 2 被吸入油泵 4，再经油泵出油管 5 送至送油阀 8，当送油阀门完全关闭时，油压升高到能将定差减压阀推开。压力油有两个去向：一是当油压继续增大到一定值时，即通过卸荷阀 7 卸荷；也可直接开启截止阀 9，使之直接与油箱接通进行卸荷。当送油阀打开时，压力油送入工作油缸 11 内，可使柱塞式油缸内的活塞升起，油缸内腔通过油管 12 与回油缓冲阀 16 相连，油缸内的压力油单向地流向测力缸 17，从而带动拉板、摆杆轴等示值机构示值。当工作油缸负荷突然消失时，打开回油阀 16 开关，此时，工作油缸卸荷，而测力油缸的压力油必须流经缓冲阀中的具有阻尼作用的节流阀，以达到缓回油的目的。

【专业操作】

一、仪器的使用方法

（一）使用前的检查

1．选用度盘

试验前应对试件最大载荷有所估计，以便选用相应的测量范围，才能得到准确的数据。例如：某试件若估计最大载荷不超过 50 kN，就应选用 60 kN 的量程，而不用 150 kN 或 300 kN 的量程，这样可保证试验结果数据能更准确。一般选取的量程应超过最大荷载的 20% ~ 80%。

2．调整缓冲阀

选用某一个测量范围时，调整缓冲阀的手柄对准相应的测量范围的刻线，并将指示盘调整至适当速度。

3．悬挂摆锤

该试验机采用摆锤形式，根据测量范围的不同而悬挂不同的锤。该试验机有 3 个量程，按圆周等级挂在同一个度盘上。砣共有 3 个，分别刻 A、B、C 字样，A 砣固定在摆杆上，不用拆下。试验时，A 砣用于量程为 0 ~ 60 kN 的试验，A + B 砣用于量程为 0 ~ 150 kN 的试验，A + B + C 砣用于量程为 0 ~ 300 kN 的试验。

（二）操作步骤

（1）转动总开关接通电源（此时绿灯亮）。

（2）开动油缸电动机，即按下绿色指示灯按钮，此时红色指示灯按钮亮。

（3）指针零点的调整。

试验前一定要将指针对准“零”位，若不在“零”位，打开送油阀，使活塞上升 5 ~ 10 mm 后，关闭送油阀，调整对准零线。

（4）将试件放在下承压板上。

（5）在打开送油阀前先将加载速度指示装置开启，并迅速将调节器旋到适当位置，使指示盘保持一定的转速。

（6）打开送油阀，将送油阀手柄调到相应位置，并保持试件加载时指针与指示盘同步旋转，直至试件被压碎，关闭送油阀。

（7）记录试验数据。

（8）打开回油阀，拨回被动针。

（9）关闭加载速度指示器旋钮，关闭回油阀。

（10）清除被压碎的试件。

注：若试件破型时有严重爆裂声，可将附件垫块加于下压板上以减小活塞上升高度，爆裂声即可改善。

二、使用仪器注意事项及维护

（一）使用注意事项

（1）在新安装仪器或使用中，要检查油泵主轴的旋转方向是否与油泵外壳所标注的方向一致，否则应予纠正。

（2）送油阀与回油阀的操作。

为了使油泵输出的油很快地进入油缸，可快速升起活塞以减少辅助时间，开始时送油阀可以开得大一些。当试件开始加载时应注意操纵送油阀手柄，根据试件的加载速度调节送油阀，即指针运动应与指示盘保持同步，尤其是接近破碎吨位时更应保持严格同步，不应使加载速度大于或低于指示盘，以免影响试验的准确性。试件破碎后，关闭进油阀，慢慢地旋开回油阀，使油缸内的油回到油箱。此时摆锤徐徐落下，度盘的主动针回到零位。但应注意，不必将油缸内的液压油全部放完使工作活塞下落最低（当活塞下落最低，下一次试验补油需很多时间，打开送油阀不能使工作活塞立即上升）。

（3）摆杆垂直的调整方法。

在摆杆上挂上 A、B、C 砣，开动油泵电机运转 2 ~ 5 min 后，排除油管及油泵内残存气体，关闭回油阀，打开送油阀，使活塞上升 10 ~ 20 mm；关闭送油阀（油泵电机继续运转），并在打开上箱盖旋开送油阀下方截止阀 9（见图 5.8）的情况下，检查摆杆刻线是否与挡架对准板刻线对齐，否则可拧平衡砣进行调整。然后逐一挂砣，同时在对准板刻线对准情况下进行调整，反复多次至调好。调整完毕后将锁紧螺母锁住平衡锤，以防使用时失去平衡。

（二）仪器的维护

（1）当环境温度不同时，建议使用不同黏度的液压油，以减少压力油的泄漏。

（2）使用时，如发现油箱内的油液混浊，应予以更换，同时对油箱进行一次清洗。可以倒入煤油至油箱中然后放出，如此重复几次，并用毛巾擦净箱底。

（3）机体内外要经常保持清洁，对无保护表面应经常涂油防锈，不使用时应用机罩罩起来。

（4）维护保养时应切断电源，以防意外事故。

三、常见故障及排除

300 kN 压力机常见故障及排除方法见表 5.4 所示。

表 5.4　300 kN 压力机常见故障及排除

序号	现　象	故障原因	排除方法
1	油泵不出油	1. 油泵内有空气； 2. 滤油器阻塞； 3. 出油阀座不吻合，钢球及球座有划痕及毛刺	1. 打开油泵高压出油管接头进行排气； 2. 清洗，排出油泵内空气； 3. 更换或修复相应零件
2	油泵输油不稳定（指针可见停滞或往复抖动）	1. 油液黏度太小或油液太脏； 2. 油路内有空气； 3. 送油阀活塞与衬套间有脏物或已拉毛； 4. 有漏油处	1. 更换适宜黏度的清洁油； 2. 排除油路内空气，使活塞上升一段距离后，打开回油阀即可； 3. 清洗、研磨已拉毛零件； 4. 找出漏油处予以排除
3	油压脉动（送油阀的回油管回油断断续续，负荷示值检定时标准测力指针抖动）	1. 油泵内有空气； 2. 油液黏度太小； 3. 送油阀节流针间隙过大； 4. 油泵内有脏物； 5. 出油阀座不吻合，钢球及球座有毛刺	1. 排除空气； 2. 更换适合的油液； 3. 减小节流针间隙； 4. 清洗油泵； 5. 更换或修复相应零件
4	油压达不到最大负荷	1. 送油阀油塞与其套配合太紧，或有脏物； 2. 送油阀弹簧弹力太小； 3. 有大漏油处； 4. 送油阀活塞前端漏油； 5. 油管接头漏油； 6. 工作活塞间隙太大； 7. 回油阀针阀口不吻合	1. 清洗或研磨相应零件； 2. 在弹簧端面加垫圈或更换弹簧； 3. 消除漏油； 4. 拧紧螺母套； 5. 更换垫圈并拧紧； 6. 略加大油液黏度，或更换活塞； 7. 把回油阀加以研磨
5	卸荷后指针不回零	1. 齿条被卡死； 2. 摆杆回落太快使齿条从滚轮中跳出	1. 调整弹簧片； 2. 重新啃合齿条； 3. 旋转齿条调零
6	摆砣在试件破坏后回落太快造成冲击	1. 油黏度太小； 2. 缓冲阀锥面与阀口间隙太大	1. 更换黏度适宜的油液； 2. 重新调整间隙或修正缓冲阀及螺母螺纹
7	摆砣回落太慢	1. 油黏度太大； 2. 缓冲阀锥面与阀口间隙太小	1. 更换黏度适宜的油液； 2. 重新调整间隙
8	开动油泵，工作后指针来回摆动	测力活塞下端一顶块位置未对准	纠正位置
9	示值误差超差	测力油缸与测力活塞摩擦力过大，有污物、锈蚀拉毛，产生负值	清洗、除锈、研磨
10	度盘示值不稳定，在多次试压中误差方向多变	1. 立柱上下螺母未拧紧； 2. 球座吻合不良	1. 拧紧； 2. 对研球座
11	水泥试件受压后成单面	球座吻合不良	对研球座
12	试验破坏时，爆裂声太大	活塞上升过高	加垫块以减少工作活塞上升高度

【成绩评价】

	检测项目	序号	检测内容及要求	配分	学员自评	学员互评	教师评分	得分
任务评价	职业修养	1	安全、纪律	10				
		2	文明、礼仪、行为习惯	5				
		3	工作态度	5				
	专业能力	4	能正确表述 300 kN 压力试验机的结构和工作原理	10				
		5	掌握仪器使用与维护的方法	10				
		6	正确使用、维护和检校 300 kN 压力试验机	40				
		7	使用仪器注意事项	10				
		8	排除简单试验检测仪器故障	10				
		9						
综合评价								

【知识拓展】

水泥混凝土抗折强度试验（GB/T 50081—2002）

一、概　述

水泥混凝土抗折强度是水泥混凝土路面设计的重要参数。在水泥混凝土路面施工时，为了保证施工质量，必须按规定测定抗折强度。

水泥混凝土抗折强度是以 150 mm × 150 mm × 600 mm（或 550 mm）的棱柱体试件，在标准养护条件下达到规定龄期后，在净跨 450 mm、双支点荷载作用下弯拉破坏，并按规定的计算方法得到的强度值。

二、试验仪具

（1）试验机：压力试验机或万能试验机。

（2）抗折试验装置：试验机应能施加均匀、连续、速度可控的荷载，并带有能使 2 个相等荷载同时作用在试件跨度 3 分点处的抗折试验装置。如图 5.9 所示。

（3）试件的支座和加荷头应采用直径为 20 ~ 40 mm、长度不小于 b + 10 mm 的硬钢圆柱（b 为试件截面宽度），支座立脚点固定铰支，其他应为滚动支点。

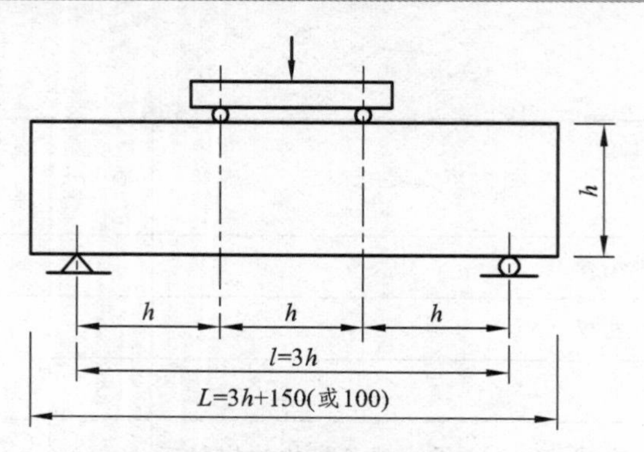

图 5.9　抗折试验装置（尺寸单位：mm）

三、试验方法

（1）试验前先检查试件，将试件表面擦干净。试件中部 1/3 长度内不得有表面直径超过 5 mm、深度超过 2 mm 的孔洞，否则该试件应作废。

（2）在试件中部量出其宽度和高度，精确至 1 mm。安装尺寸偏差不得大于 1 mm。试件的承压面应为试件成型时的侧面，支座及承压面与圆柱压面及圆柱的接触面应平稳、均匀，否则应垫平。

（3）施加荷载应均匀、连续。当混凝土强度等级＜C30 时，加荷速度取 0.02～0.05 MPa/s；当混凝土强度等级≥C30 且＜C60 时，加荷速度取 0.05～0.08 MPa/s；当混凝土强度等级≥C60 时，加荷速度取 0.08～0.10 MPa/s；当试件接近破坏时，应停止试验机油门，直至试件破坏。记录破坏荷载及试件下边缘断裂位置。

【思考题】

1. 叙述调整 300 kN 压力机摆杆垂直的方法。

2. 用 300 kN 压力机做水泥胶砂抗压试验，发现试件受压后成单面破坏，请分析产生故障的原因，如何排除？

3. 如何排除液压系统内存在的一小部分空气？如不及时将空气排除，会产生什么不良影响？

任务四　WE-1000 型液压万能试验机使用与维护

【任务目标】

1. 了解 WE-1000 型压力试验机的结构和工作原理。
2. 掌握仪器使用与维护的方法。
3. 会正确使用、维护和检校 WE-1000 型压力试验机。
4. 能排除简单试验检测仪器故障。

【相关知识】

一、用　途

该仪器主要用于钢材及其他金属材料的拉伸、弯曲、压缩、剪切试验，亦可做水泥混凝土抗折强度等试验。

二、主要技术参数

（1）最大负荷：1 000 kN。

（2）测力计度盘刻度分三挡：0 ~ 1 000 kN，2 kN/格；0 ~ 500 kN，1 kN/格；0 ~ 200 kN，400 N/格。

（3）工作活塞直径：230 mm；工作活塞行程：250 mm。

（4）拉伸试验时上下钳口座间距离（包括活塞行程）：150 ~ 750 mm。

（5）拉伸圆试样夹持范围 ：ϕ20 ~ 60 mm。

（6）拉伸扁试样最大可夹持厚度：40 mm。

（7）压缩试验时上下压板间距离：150 ~ 400 mm。

（8）弯曲试验时两支承点距离：100 ~ 1 200 mm。

三、结构及工作原理

（一）仪器结构

该机由主机部分和测力计部分组成，如图 5.10 所示。

1．主机部分

上机架 29、底座 16 及 2 根立柱 25 构成了固定不动的机架。在底座内部装有钳口升降电机、蜗轮、蜗杆、螺母、丝杆等零件。

下钳口座 18 安装在底座中心的丝杆上端，丝杆受底座内部的蜗轮螺母控制。当开动下钳口座升降机，可按试验要求把钳口座迅速升降到需要位置，下钳口座的最大升降距离由限位开关控制。下钳口座升降限位开关装设在立柱的背面，当下钳口升降至规定距离时，压动开关，切断电路，使下钳口座升降电动机停止工作。支架上装有刻度尺，可指示升降距离和试件变形长度。

上钳口座 19 安装在活动工作台 22 下部，当油泵 14 输入的油进入工作油缸 28 底部，使得活塞连同活动工作台上升。活塞行程限位开关装设在主机右立柱的侧面，当工作活塞上升最大高度时，活动工作台侧面定位板便压动开关切断电路，使油泵停止工作。活动工作台前后两侧装有刻度尺以指示弯曲支座间距离。上压头 24 有几种形状：平的用于做压缩试验，U 形的用于做弯曲试验，换上剪切压头可做剪切试验。

2．测力计部分

测力系统由荷载指示机构、自动描绘器、加载系统、缓冲阀、测力机构等组成。

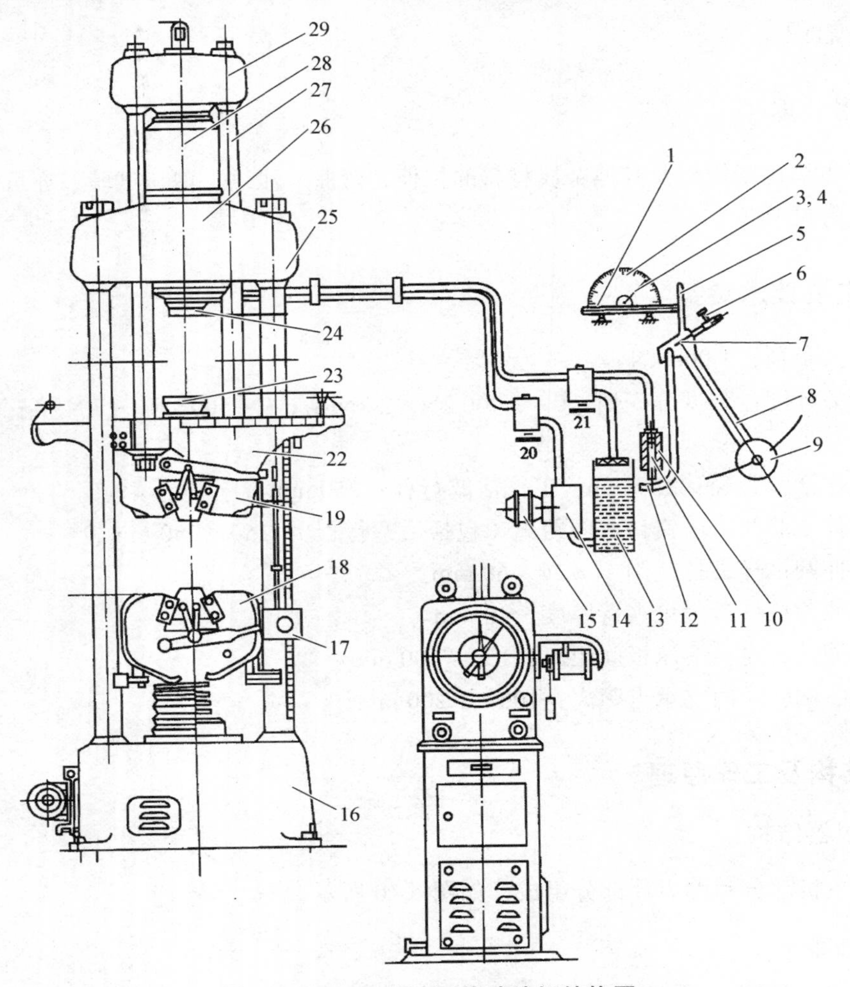

图 5.10 1 000 kN 万能试验机结构图

1—水平齿杆；2—测力度盘；3—指针；4—小齿轮；5—推杆；6—平衡砣；7—支点；8—摆杆；9—摆锤；10—测力油缸；11—测力活塞；12—拉杆；13—油箱；14—油泵；15—电动机；16—底座；17—变形放大机构；18—下钳口座；19—上钳口座；20—进油阀手轮；21—回油阀手轮；22—活动工作台；23—下压头；24—上压头；25—立柱；26—上机架；27—拉杆；28—工作油缸；29—上支架

（1）加载系统

启动电动机 15 带动油泵工作，油泵从油箱 13 吸油，打开进油阀手轮 20（逆时针方向旋转为开，反之为关），油液经油管进入工作油缸，并推动活塞上升，使活动工作台随之上升。如将试件装在上钳口与下钳口之间，因下钳口固定不动，活动工作台上升时试件产生拉伸变形而受拉力；如将试件置于上压头 24、下压头 23 之间，则受压缩、弯曲和剪切。进油阀开启的大小，能控制进入油量。为了使试件加力缓慢，应注意控制进油阀手轮，不要开得过大。卸载时，关闭进油阀，打开回油阀手轮 21，油液从油管流回油箱，活动工作台由于自重而下落，直至原始位置。

（2）测力机构

工作油缸通过油管与测力油缸 10 相连，于是压力油作用在测力活塞 11 上部使测力活塞向下移动，同时带动拉杆 12 也向下移动；摆杆 8 等组件绕支点 7 转动并扬起一个角度，通过推杆 5 推动水平齿杆 1 向左移动，使小齿轮 4 和指针 3 转动。因测力活塞与主机工作活塞的截面积之比在试验机检校后已成为固定值，因此，在测力度盘 2 上可直接读出试件受力的大小。

（3）操作部分

高压油泵电动机和下钳口座升降电动机的控制按钮带指示灯，均集中装设在测力计箱体的台面上。

送油阀装在测力计箱体台面的右上方，其作用为使高压油泵打出的脉冲高压油转变成稳定的高压油并送到试验机工作油缸内，同时控制载荷速度的增减。回油阀装设在测力计箱体台面的左上方，其作用为卸除载荷及使工作油缸内的油回到储油箱。

（4）缓冲阀（见图 5.11）

缓冲阀装设在测力油缸的衬套上端，其作用是当载荷逐渐增加时，高压油从上面孔口 E 顺利地通过缓冲阀锥面 1 而进入衬套孔口 H。当试件断裂时，压力骤然下降，摆杆迅速下落并通过拉板带动测力杆向上运动，使衬套的油重新产生压力而托起缓冲阀。此时高压油将缓冲阀锥面通路堵住，高压油必须从孔口 H 及缓冲阀锥面上的两条细缝 6 缓慢地流向孔口 E。这样，通过缓冲阀锥面，从而使摆杆及砣能慢慢地回到原来位置。

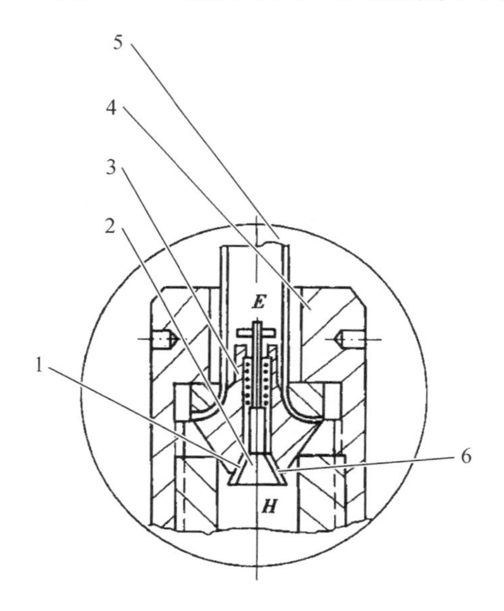

图 5.11　1 000 kN 万能试验机缓冲阀结构图

1—缓冲阀锥面；2—缓冲阀；3—阀套；4—螺母；5—管子；6—缓冲阀细缝

（5）载荷指示机构

测力计的载荷指示机构封闭在玻璃罩内，三种测量范围读数均在一个度盘上。度盘上指示载荷数值的指针有两根，其中一根为主动针，另一根为被动针，其尖端部分均涂以红色标记。试验时主动针带着被动针随荷载的增加按顺时针方向转动。当试验终了，卸掉荷载后主动针回到零点，而被动针仍留在原荷载数值的地方，以便试验人员有足够的时间读出准确的载荷数值。被动针的位置可按动玻璃罩外面的把手调节。

（6）加荷速度指示装置

根据《金属拉力试验》规定，材料屈服前应力增加速度为 10 N/mm^2·s。该装置的调速范围为 1 ~ 1.85 r/min。方法是在测力度盘中央有一个可变恒速的转盘，盘上有 60 个点。试验时控制流量调节阀，使指针认定转盘某点同步跟转，即为等加荷速度。其速度可由调压变压器调整伺服电机的转速。

（二）工作原理

1．主机部分（见图 5.10）

电动机带动液压泵旋转，将机械能转变为油液的压力能，油液输入工作油缸 28 底部，使活塞连同上支架 29 及活动工作台 22 向上运动。当试件放在上、下压头之间，通过转换不同的上压头 24，当工作台上升，可使试件受压、受弯、受剪、受折；当试件夹在上、下钳口之间，工作台上升，下钳口不动，试件受拉。

2．电气控制系统（见图 5.12）

该机使用三相交流电源，额定参数为 50 Hz、380 V。

测力计的油泵及下钳口座的升降机构分别由 2 个电动机 M1、M2 带动工作。加荷速度指示盘由一个电动机 SM 带动。

（1）揿 SB2 油泵“开”按钮。接触器 KM1 线圈得电，使其接触器的常开触头闭合，油泵电动机 M1 接通电源，开始工作。揿 SB1 油泵“关”按钮。接触器 KM1 线圈失电，油泵电动机控制回路断电，油泵电动机 M1 停止工作。SB1 按钮兼作紧停功能，使整个控制系统停止工作。

（2）揿 SB4 下钳口座“升”按钮，接触器 KM2 线圈得电，使其接触器的常开触头闭合，常闭触头打开。使升降电动机 M2 接通电源，电动机正转。下钳口座上升至规定距离时压动 SQ3 限位开关，常闭触头打开，下钳口座升降电动机正转控制回路断电，则下钳口不再继续上升。

揿 SB5 下钳口座“降”按钮，接触器 KM3 线圈得电，使其接触器的常开触头闭合，常闭触头打开。使升降电动机 M2 接通电源，电动机反转。下钳口座下降至规定距离是压动 SQ4 限位开关，常闭触头打开，下钳口座升降电动机反转控制回路断电，则下钳口座不再继续下降。

（3）揿 SB3 下钳口“停”按钮。接触器 KM2、KM3 线圈失电。使升降电动机 M2 的控制回路断电，导致 M2 升降电动机停止工作，即下钳口座不再上升或下降。

（4）揿 SA 加荷速度控制开关置“通”位置。按所需的速度，调节 E 调压器的电压输入至 SM 电动机。则加荷速度指示盘以相应的速度转动工作。

（5）FR1 热继电器用于油泵电动机的过载保护。FR2 热继电器用于下钳口座升降电动机的过载保护。SQ1 限位开关用于保证负荷不超过规定范围。SQ2 限位开关用于保证工作活塞上升不超过警戒线。

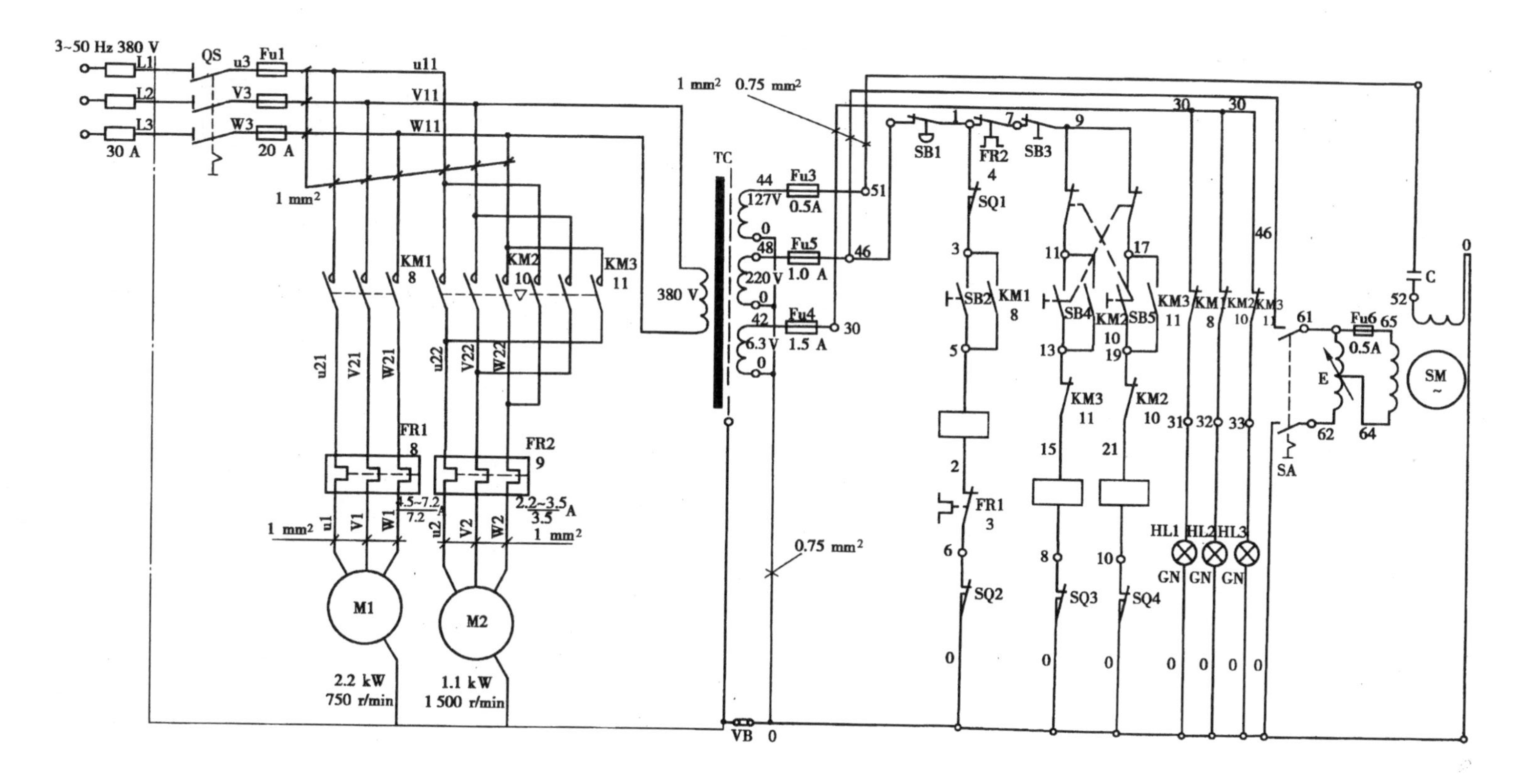

图 5.12　1 000 kN 万能试验机电气原理图

【专业操作】

一、仪器的使用方法

（一）试验前仪器的检查

1. 度盘的选用

做试验时，应预先估计试件破坏时的值，并根据破坏值选取量程，量程的选取应考虑测量的精度。量程取得过大必导致精度下降，取得过小，可能会由于破坏时的值超出测量范围而导致试验失败，所以一般选取量程为最大荷载的 20% ~ 80%。同时调整缓冲阀的手柄，以刻线对准相应的测量范围标线。

2. 摆锤的悬挂

一般试验机有 3 个量程，如表 5.5 所示。因此共有 3 个摆砣，分别刻有 A、B、C 字样，A 砣固定在摆锤上，试验时按规定加上其他摆砣即可。

表 5.5　WE-1000 型液压万能试验机量程

试验机	摆　砣		
	A	A + B	A + B + C
	量程/kN		
1 000 kN	0 ~ 200	0 ~ 500	0 ~ 1 000

3. 平衡锤的调节

试验时，先将需要的摆锤挂好，启动油泵，打开送油阀，调节平衡锤，使摆杆上的刻线与标定的刻线重合。

4. 指针零点的调整

打开送油阀，使工作活塞升起 5 ~ 10 mm，然后将指针调零（活塞上升一小段距离再调零，可去除油缸内密封圈与活塞间的摩擦力）。

（二）操作步骤

1. 拉伸试验

（1）在描绘器的筒上卷压好记录纸。

（2）根据试件的尺寸和形状，把相应的夹头装入上、下钳口座内（见图 5.13）。

（3）将试样一端夹于上钳口，开动下钳口电动机，将下钳口升降到适当高度后停机。再将试样另一端夹在下钳口中（需注意使试件垂直），将推杆上的描绘笔放下，进入描绘准备状态。

（4）开动油泵电机，按试验要求的加载速度缓慢打开送油阀门（或开动加荷速度指示装置），当测力盘指针

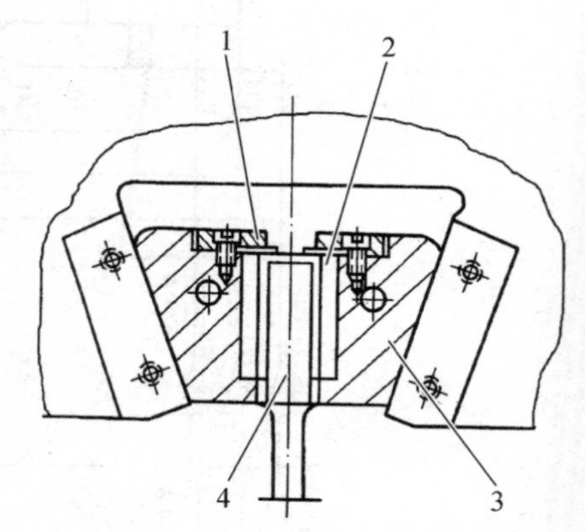

图 5.13　拉伸试验装置图

1—1 mm 厚橡皮；2—V 形槽夹头；3—楔形夹头体；4—试件

不动或来回摆动以及自动绘图装置所描绘的曲线出现水平或锯齿形曲线时，表明试件受力已达到屈服阶段。记下主动针第一次停滞或主动针来回摆动所指最小荷载，即为屈服荷载（铸铁试件没有屈服）。试件经过屈服后，试件抵抗变形的能力又增加了，此时主动针继续前进，当试件开始出现颈缩现象（铸铁试件无此现象）时，主动针开始后退，从动针不动。此后，试件出现缩颈，应将送油阀关小，很快试件被拉断，此时应立即关闭进油阀，从动针所指的荷载即是最大荷载。

（5）打开回油阀，使工作台下降，然后关闭回油阀。

2．压缩试验

（1）将试件放在工作台上的球面压力板 2 中间（见图 5.14）。

（2）开动油泵电机，打开送油阀，当上压头没有与试件接触之前，可适当提高工作台的上升速度；当试件快要与上压头接触时，应按试验要求的加载速度缓慢打开进油阀；当主动针退回，说明试件已破坏。从动针所指的荷载就是试件破坏时的最大荷载。

（3）关闭送油阀，打开回油阀使工作台下降，下降到一定位置后，关闭回油阀。

3．抗折试验

（1）将两支座 2（见图 5.15）根据试验需要的距离用螺钉 5 固定在工作台面上，支座间的距离可利用工作台两侧面上的刻线标尺进行定位。

（2）根据需要更换弯头 3。

以下步骤同压缩试验的（2）、（3）步。

4．冷弯试验

（1）根据试件直径或厚度选择不同直径的弯头。

（2）将两支座固定在工作台面上，并用两颗紧固螺栓 1（见图 5.15）拉紧支座，以防两支座向外位移。

（3）开动油泵电机，打开送油阀，当试件快要与上压头接触时，应减慢加荷速度；当试件冷弯成规定的角度后，关闭进油阀，打开回油阀，使工作台下降。

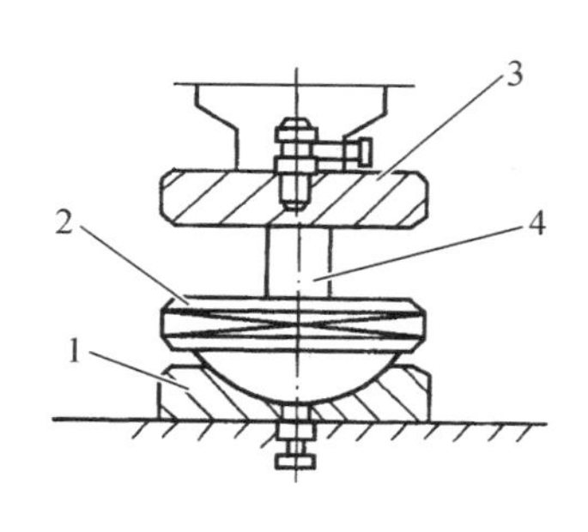

图 5.14　压缩试验装置图

1—球座；2—下压头；3—上压头；4—试件

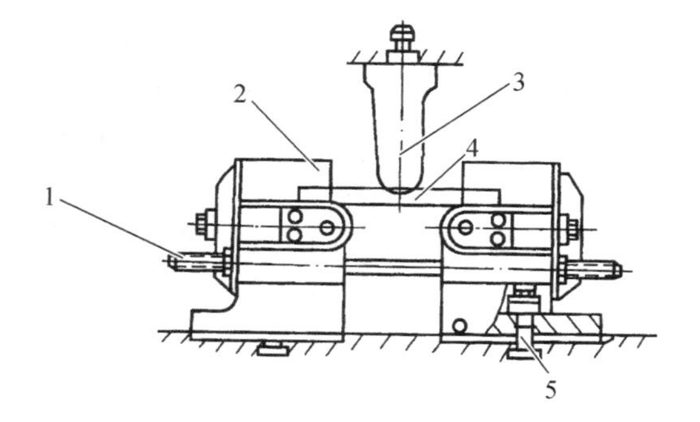

图 5.15　抗折及冷弯试验装置图

1—紧固螺栓；2—支座；3—弯头；4—试件；5—螺钉

二、使用仪器注意事项及维护

（一）使用注意事项

（1）如一次试验要做多个试件，不要一个试件做结束，就把油泵电机关掉，下一个试件又重新启动电机。电机在短时间内反复启动，易导致损坏，因为启动时电流最大。

（2）一个试件做完，只要关闭进油阀，打开回油阀，使活塞降到离工作油缸底部 5 ~ 10 mm 处（从立柱右侧的标尺上可看出），就关闭回油阀。下一个试验只要一打开送油阀，活塞就会推动工作台上升。如果将工作油缸的油全部放完（即工作台降到最低），做下一个试验，打开送油阀，活塞在短时间内很难推动工作台上升，而降低工作效率。

（3）在关闭送油阀时，不要拧得过紧，以免损伤阀芯。

（4）将试件夹紧后，快要受载荷时必须注意减慢工作台上升速度，以免荷载突然增加。

（5）如果试验进行过程中由于某种特殊或意外的原因，油泵突然停止工作，此时应打开回油阀，将所加荷载卸掉，检查修好后再重新开动油泵进行试验。

（6）做脆性材料拉伸或压缩试验时，试件破坏后的碎片会跳出很远。因此在试件前边应放适当的遮板，将试件围住，以防危险。

（7）在拉力试验过程中，必须注意试件硬度不应超过 HRC30（洛氏硬度），否则钳口的齿槽易磨损或损坏。

（8）在做压缩试验时，一定要检查下压头 23（见图 5.10）转动是否灵活，转动不灵活时，可在下压头与球座之间涂抹少许机油，以保证试件受压缩时，通过下压头的微量倾斜使试件垂直受力。

（9）新安装好的机器或电路经过维修，接通电源后，此时启动电机使油泵运转，但必须观察油泵飞轮旋转方向是否与油泵外壳箭头所指方向一致。如不相符，调换电源接头内的相线位置，使飞轮旋转方向与箭头指向一致，因为油泵旋转方向不正确会损坏油泵。

（二）仪器的维护

（1）液压设备总是有极少量油漏出，这属于正常现象。油箱内的油一旦低于油箱外部的油位指示器，就要加油，因为油位太低油泵易吸空。所用的液压油规格一定要符合仪器说明书的要求。灌油时，一定要倒入油箱上部的铜丝网滤油盒内，油经过过滤后才能使用，以保证油泵吸入洁净的油。

（2）油箱内的油如加入时间太久，油在空气及温度的影响下会改变其化学成分，过一段时间 （使用期限根据各地气候而定）要把油箱内的油全部换掉，加入新油。放油时，只要打开测力机箱体底部的油塞即可。

（3）为了保持测力机周围的清洁，要经常打开测力机后面的箱盖，检查漏入盛油盘的废油是否太多。如多了，要及时清除倒掉，以免流出来污染现场。

三、常见故障及排除方法

1．送油阀

操作时常见的故障现象之一是指针转动不平稳。

其主要原因是：使用日久，油里的油污粘住了阀口；或者是油路内带进了杂物损坏了精密零件和主要部位的表面光洁度，降低了应有的灵敏度。

调整方法：如控制阀表面光洁度拉毛，可拆下螺钉 2（见图 5.16），用 M5 螺纹起子（随机供给的专用工具）拧控制阀 1，从螺孔内取出控制阀，用氧化络抛光剂抛光即可。

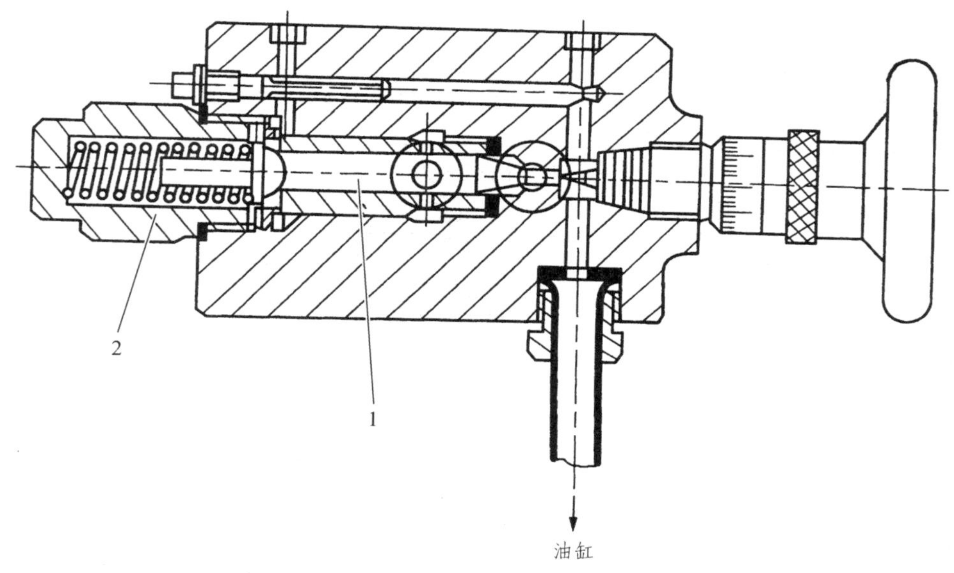

图 5.16　送油阀结构图

1—控制阀；2—螺钉

2．缓冲阀

操作时常见的有两种情况：一种是当卸荷时摆杆回落速度太快，有冲击现象；另一种是卸荷时摆杆迟迟不能落回到原来位置。

其主要原因是：使用时间长，油污黏住了阀口；或由于腐蚀及表面磨损，改变了原来的细缝大小。

调整方法：如摆杆回落速度太快，表示油流过大（这种情况一般是油里杂物黏住了阀门），可用扳手（随机供给的专用工具）拆除螺母 4（见图 5.11）清洗即可。如细缝过小，可将两条细缝适当刮深（此时如遇摆杆回落速度过快，则用细研磨剂和阀套对研锥面，使其细缝缩小）。

3．推杆不能回零位

主要原因是：运动部分有摩擦力（如导轨上部的轴承，载荷指示部分 2 个轴承有摩擦等）。
调整方法：拆下轴承清洗干净即可。注意：不能加厚的润滑油，以免影响灵敏度。

4．液压系统内存在一小部分空气

油路系统内存在一小部分空气不能排出，或在某种情况下有空气被吸入到油路系统中，使油液的输出出现断断续续的现象，从而使指针的移动产生间歇现象。

排除方法：开动油泵，关闭回油阀，打开送油阀使工作活塞上升一段距离；然后再打开回油阀，使油从油缸流回油箱，如此循环数次，就能将空气排除。

【成绩评价】

	检测项目	序号	检测内容及要求	配分	学员自评	学员互评	教师评分	得分
任务评价	职业修养	1	安全、纪律	10				
		2	文明、礼仪、行为习惯	5				
		3	工作态度	5				
	专业能力	4	能正确表述 1 000 kN 压力试验机的结构和工作原理	10				
		5	掌握仪器使用与维护的方法	10				
		6	正确使用、维护和检校 1 000 kN 压力试验机	40				
		7	使用仪器注意事项	10				
		8	排除简单试验检测仪器故障。	10				
		9						
综合评价								

【知识拓展】

钢筋的拉伸试验

GB/T 228.1—2010

GB 1499.1—2008

GB 1499.2—2007

一、试验目的

抗拉强度是钢筋的基本力学性质。为了测定钢筋的抗拉强度，将标准试样放在压力机上，逐渐加一个缓慢的拉力荷载，观察由于这个荷载的作用所产生的弹性和塑性变形，直至试样拉断为止，即可求得钢筋的屈服强度、抗拉强度、伸长率等指标。拉伸试验是评定钢筋质量是否合格的试验项目之一。

二、试验仪具

（1）万能材料试验机。

（2）游标卡尺。

（3）钢筋标距打点仪。

三、试验方法

（1）准备试样。

① 在每批钢筋中任取两根，在距钢筋端部 50 cm 处各取一根试样。

② 在试验前，先将材料制成一定形状的标准试样，如图 5.17 所示。试样一般应不经切削加工。受拉力机吨位的限制，直径为 22 ~ 40 mm 的钢筋可进行切削加工，制成直径（标距部分直径 d_0）为 20 mm 的标准试样。试样长度：拉伸试样分短试件（$5d_0$ + 200 mm），或长试件（$10d_0$ + 200 mm）。直径 d_0 = 10 mm 的试样，其标距长度 l_0 = 200 mm（长试样，δ10）或 100 mm（短试样，δ5）；标距部分到头部的过渡必须缓和，其圆弧尺寸 R 最小为 5 mm；l = 230 mm（长试样）或 130 mm（短试样）；h = 50 ~ 70 mm。

③ 标距部分直径 d_0 的允许偏差为不大于 ± 0.2 mm；标距部分长度 l_0 的允许偏差为不大于 ± 0.1 mm；试样标距长度内最大直径与最小直径的允许偏差为 0.05 mm。

（2）根据试样的横截面积确定试样的标距长度，然后在标距的两端用不深的冲眼刻画出标志，并按试样标距长度每隔 5 ~ 10 mm 作一分格标志，以便计算试样的伸长率时用。

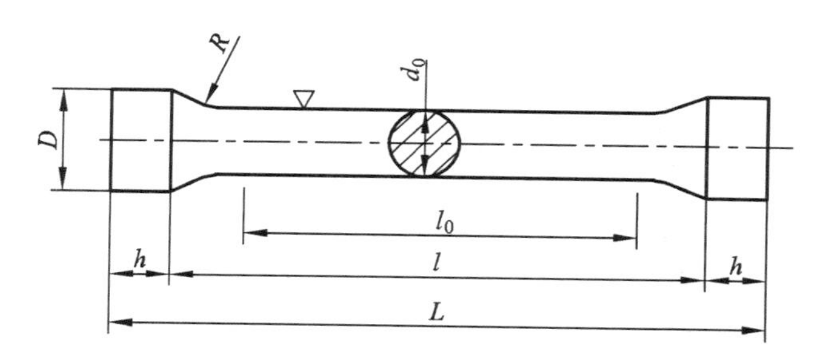

图 5.17　拉伸试验标准试件

（3）确定未经车削的试样截面面积 A_0（mm^2）。应按式（5.5）计算：

$$A_0 = \frac{1\,000\,Q}{7.85\,l} \tag{5.5}$$

式中　Q—— 钢筋的质量，g；

l—— 钢筋的长度，mm。

（4）将试样安置在万能试验机的夹头中。试样应对准夹头的中心，试样轴线应绝对垂直。然后进行拉伸试验，测定试样的屈服点（有明显屈服现象的材料）、屈服强度（没有明显屈服现象的材料）、抗拉强度和伸长率。

① 屈服点的测定。

a. 当测定屈服点时，在向试样连续而均匀地施加负荷的过程中，在液压式试验机上，当负荷指示器上的指针停止转动或开始回转（在杠杆式试验机上，杠杆平衡或开始明显下落）时，最大或最小负荷读数，即为屈服负荷 F_s 值。

b. 屈服点也可以从试验机自动记录的负荷-伸长曲线上确定。屈服负荷系位于曲线上的一点，该点相当于负荷不变而试验继续伸长时的平台［见图 5.18（a）］，或负荷开始下降而试样继续伸长的最高或最低点［见图 5.18（b）］，但此时曲线图纵坐标每 1 mm 长度所代表的应力不得大于 10 MPa。

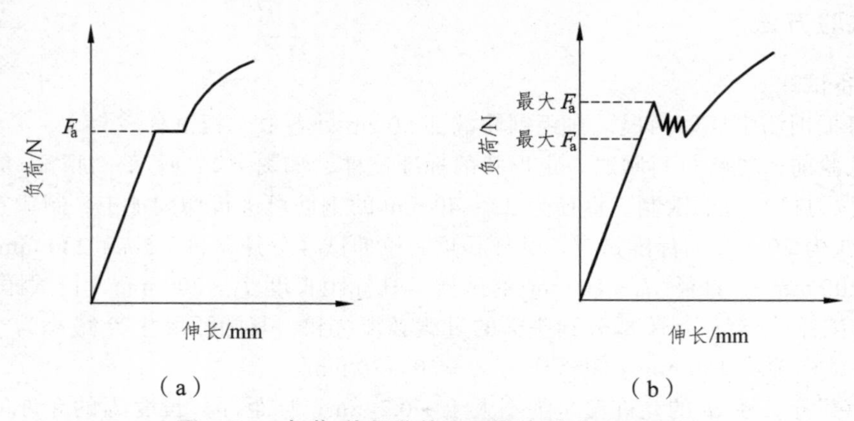

图 5.18　负荷-伸长曲线上屈服点的确定示意图

② 屈服强度的测定。

对拉伸曲线无明显屈服现象的材料（见图 5.19）必须测定其屈服强度。

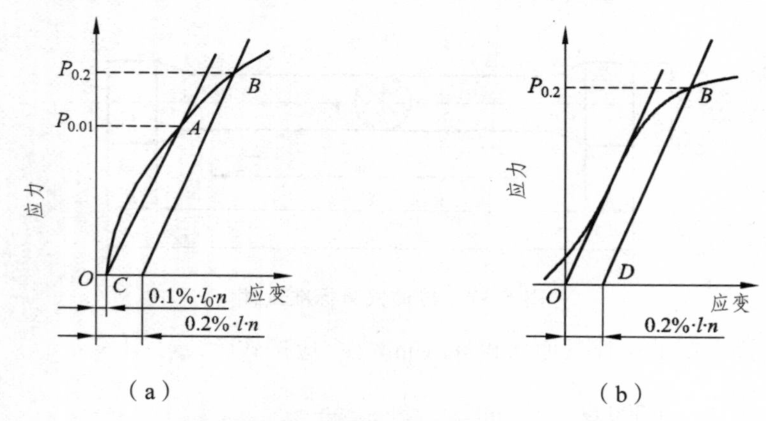

图 5.19　无屈服平台的应力-应变曲线

屈服强度 f_y（0.2）是指试样在拉伸过程中标距部分残余伸长达到原标距长的 0.2% 时的应力。

屈服强度可用图解法或引伸计法测定。

a. 图解法。

• 将制备好的试样安装于夹头中，试样标距部分不得夹入钳口中，试样被夹长部分不小于钳口的 2/3。

• 试样被夹紧后，把自动绘图装置或电子引伸计调整好，使其处于工作状态；然后向试样连续均匀而无冲击地施加荷载，此时自动记录装置或电子引伸计绘出拉伸曲线。达到规定即停止试验，卸去试样，关闭机器。

• 在自动记录装置（配合电子引伸计）绘出的，或根据在荷载下活动夹头移动距离，或根据从测力度盘与示值引伸计读得的荷载与伸长值而绘出的拉伸曲线图 5.20 上，自初始弹性直线段与横坐标轴的交点 O 起截取等于规定残余伸长的距离 OD，再从 D 点作平行于弹性直线段的 DB 线交拉伸曲线于 B 点，对应于此点的荷载即为所求规定残余伸长应力荷载 $P_{0.2}$。

此时对于上述两种曲线应分别在引伸计基础长度 l_0 及试件平行长度 l 上求得规定残余伸长。前一种曲线的伸长放大倍数应不低于 50 倍，后者的夹头位移放大倍数可适当放低。荷载坐标轴每毫米所代表的应力不大于 10 MPa。

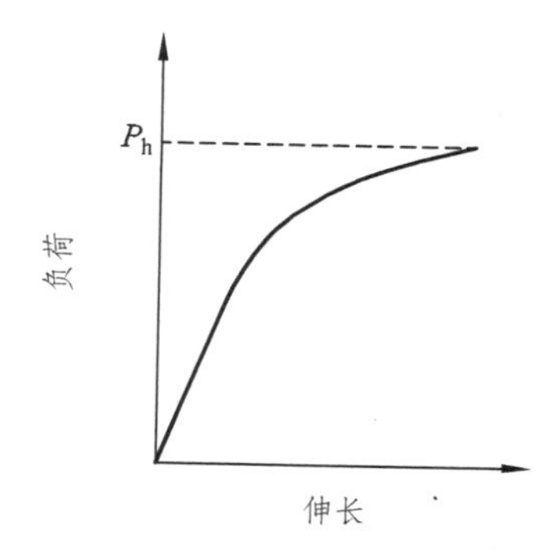

图 5.20　拉伸曲线

b. 引伸计法。

将试样固定在夹头内，施加约相当于屈服强度 10% 的初负荷 F_0，安装引伸计。继续施荷至 $2F_0$，保持 5 ~ 10 s 后再卸荷至 F_0，记下引伸计读数作为条件零点。以后按如下两种方法往复加、卸荷（卸荷至 F_0）或连续施荷，直至实测或计算的残余伸长等于或大于规定残余伸长为止。

• 卸荷法：从 F_0 起第一次负荷加至使试样在引伸计基础长度内的部分所产生的总伸长 $0.2\% \cdot l_e \cdot n =$（1 ~ 2）分格。式中第一项为规定残余伸长，第二项为弹性伸长。在引伸计上读出首次卸荷至 F_0 时的残余伸长，以后每次加荷应使试样产生的总伸长为：前一次总伸长加上规定残余伸长与该次残余伸长（卸荷至 F_0）之差，再加上 1 ~ 2 分格的弹性伸长增量。

• 直接加荷法：从 F_0 起按测定 f_{y0} 所述方法逐级施荷，求出弹性直线段相应于小等级负荷的平均伸长增量，由此计算出偏离直线段后的各级负荷的弹性伸长。总伸长减去弹性伸长即为残余伸长。

③ 抗拉强度的测定。

a. 将试样安置在拉力机上，连续施加负荷到拉断为止，此时从负荷指示器上读出的最大负荷即为抗拉强度的负荷 F_b。

b. 试样拉断后标距长度 l_1 的测量。将试样拉断后的两段在拉断处紧密对接起来，尽量使其轴线位于一条直线上。如接断处由于各种原因形成缝隙，则此缝隙应计入试样拉断后的标距部分长度内。l_1 用下述方法之一测定。

• 直测法：如拉断处到邻近标距端点的距离大于（1/3）l_0 时，可直接测量两端点间的距离。

• 移位法：如拉断处到邻近标距端点的距离小于或等于（1/3）l_0 时，则可按下法确定 l_1。

在较长段上从拉断处 O 取基本等于短端格数，得 B 点；接着取等于长段所余格数[偶数，见图 5.21（a）] 之半，得 C 点；或者取所余格数［奇数，见图 5.21（b）］减 1 或加 1 之半，得 C 或 C_1 点，移位后的 l_1 分别为 $AO + OB + 2BC$ 或者 $AO + OB + BC + BC_1$。

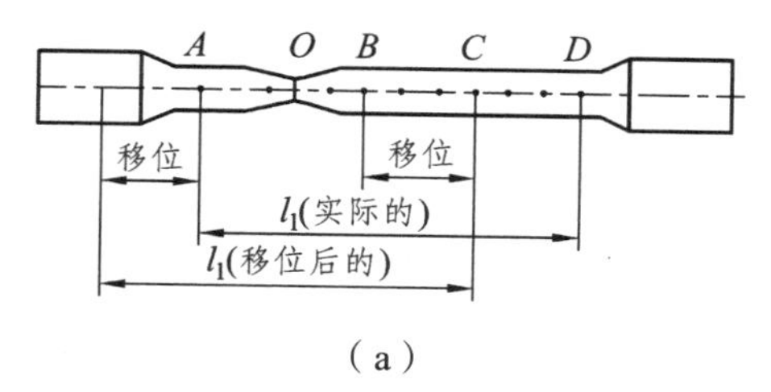

（a）

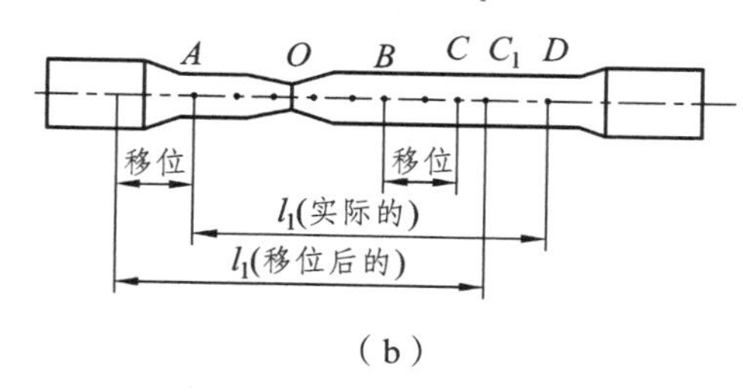

（b）

图 5.21　试样拉断后的标距长度测量

④ 如试样裂断处与其头部（或夹头处）的距离等于或小于试样直径的两倍，则试验无效。

【思考题】

1. 用压力机、万能试验机做压缩试验时，要求上压头或下压头必须有一处要转动灵活，否则不能进行试验，为什么？

2. 安装液压式万能试验机、压力机或在使用过程中，都特别强调电动机飞轮旋转方向一定要与油泵壳上所标注的剪头指向一致，为什么？如转向反了，如何重新改变转向？

3. 液压式万能压力机、压力机上都装有缓冲阀，缓冲阀起何作用？

4. 如一次试验要做多个试件，一个试件做结束就关闭油泵电机，然后再重新启动电机，在短时间内反复启动电机，这样操作是否合理，为什么？

5. 简述钢材拉伸试验的步骤。

项目六　水泥试验检测仪器使用与维护

任务一　水泥净浆标准稠度及凝结时间测定仪使用与维护

【任务目标】

1. 了解水泥净浆标准稠度及凝结时间测定仪的结构和工作原理。
2. 掌握仪器使用与维护的方法。
3. 会正确使用、维护和检校水泥净浆标准稠度及凝结时间测定仪。
4. 能排除简单试验检测仪器故障。

【相关知识】

一、用　途

该仪器适用于测定 GB/T 1346—2011 规定的《水泥标准稠度用水量、凝结时间、安定性检验方法》中的水泥净浆稠度和凝结时间。

二、主要技术参数

（1）滑动部分总质量：（300 ± 1）g。
（2）稠度试杆直径：（10 ± 0.05）mm；有效长度：（50 ± 1）mm。
（3）初凝针直径：（1.13 ± 0.05）mm；有效长度：（50 ± 1）mm。
（4）终凝针直径：（1.13 ± 0.05）mm；有效长度：（30 ± 1）mm。

三、主要结构及工作原理

（一）结构（见图 6.1）

仪器的主体由底座 1、支架 6、紧固螺钉 7 组成，支架上部有两个直径为 12 mm 的同轴光滑孔，以保证滑动部分在测试过程中能垂直下降。滑动部分的下降和固定由紧固螺钉 7 直接控制。

示值板 9 刻有两项刻度 S 和 P：S 项刻度每一格为 1 mm；P 项刻度为标准稠度用水量，以水泥质量百分数计。

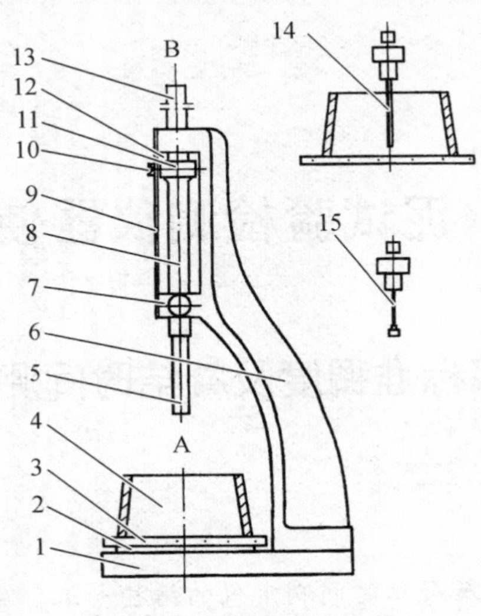

图 6.1　测定仪结构图

1—底座；2—胶木垫板；3—玻璃板；4—圆锥模；5—稠度试杆；6—支架；7—紧固螺钉；8—滑动杆；9—示值板；10—指针；11—固定圈；12—固定螺栓；13—连接杆；14—初凝针；15—终凝针

（二）工作原理

1．稠度测定

当测定标准稠度时，圆锥模 4 及玻璃板 3 放在胶木垫板 2 上面，滑动部分由滑动杆 8、固定圈 11、固定螺栓 12、指针 10、连接杆 13、稠度试杆 5 组装成一体，滑动部分总质量为（300 ± 1）g。拧紧紧固螺钉 7，然后再突然放松，滑动部分在重力作用下稠度试杆将沉入水泥净浆内。水泥净浆越稠，稠度试杆与水泥净浆的摩擦阻力就大，沉入深度就浅；反之沉入深度就深。

2．凝结时间测定

测定初凝时间时，将稠度试杆换成初凝针 14，滑动部分总质量仍为（300 ± 1）g；测定终凝时间时，则将稠度试杆换为终凝针 15，其滑动部分总质量不变。拧紧紧固螺钉，然后再突然放松，滑动部分在重力作用下将试针沉入试件。若沉入时间短，水泥浆刚开始失去塑性，沉入深度就深；若沉入时间长，水泥浆体几乎快要完全失去塑性，沉入深度就浅。

【专业操作】

一、仪器的使用方法

（一）使用前的检查

1．检查滑动部分的质量

将滑动杆、固定圈、固定螺栓、指针、连接杆、稠度试杆共 6 个零件放在感量为 1 g 的天平上，质量为 299 ~ 301 g 都是合格的。将稠度试杆分别换成初凝针 14 或终凝针 15 并称量，它们各自的质量仍应为 299 ~ 301 g。

2．检查滑动杆直径

滑动杆表面应光滑、无毛刺、无碰伤，用游标卡尺测量滑动杆的直径，数值为 ϕ11.9～12.02 mm 是合格的。

3．检查滑动杆的滑动效果

如图 6.1 所示，在保证 *A* 处约为 10～20 mm 情况下，拧紧紧固螺钉，在胶木垫板上放上软物件，然后及时拧松紧固螺钉，滑动杆靠重力自由下落，不应有紧涩现象。

拧松紧固螺钉，用手拿住 *B* 端，轻轻将滑动杆在孔中转动。不应有松动现象，如有松动说明滑动杆与孔的间隙太大。

滑动杆在孔中无紧涩、旷动现象，才符合标准。

4．检查初凝针

初凝针表面应光滑、无毛刺、母线直，用游标卡尺测量试针的直径，数值为ϕ1.18～1.08 mm 是合格的。

5．检查稠度杆直径

稠度杆表面应光滑，无毛刺、碰伤，用游标卡测量滑动杆的直径，数值为ϕ9.95～10.05 mm 是合格的。

（二）操作步骤

1．测定水泥标准稠度用水量

（1）将稠度试杆旋入滑动杆内，并旋紧。

（2）试模未装入净浆前，将与试模相配套的玻璃底板放在仪器底座上，轻轻降下试杆，当试杆端面与玻璃底板接触时，调节指针对准标尺零点，并拧紧固定螺栓 12。

（3）迅速将装入试件的试模和玻璃底板移到底座上，并将其中心定在试杆下，降低试杆直至端面与水泥净浆表面接触，拧紧紧固螺钉 1～2 s，然后再突然放松，使试杆垂直自由沉入水泥净浆中。在试杆停止沉入或释放试杆 30 s 时，记录试杆和玻璃底板之间的距离，以试杆沉入净浆并距玻璃底板（6 ± 1）mm 的水泥净浆为标准稠度净浆。

（4）升起试杆后，立即擦净。

2．测定初凝时间

（1）将初凝针旋入滑动杆内，并旋紧。

（2）轻轻调整试针与玻璃底板接触，指针应对准标尺零点，并拧紧固定螺栓。

（3）从湿气养护箱中取出试模，放在试针下，降低试针与水泥净浆表面接触。拧紧紧固螺钉 1～2 s，突然放松，试针垂直自由地沉入水泥净浆。记录试针停止沉入或释放试杆 30 s 时的读数。以试针沉至距玻璃底板（4 ± 1）mm 时，为水泥达到初凝状态的时刻。

3．测定终凝时间

（1）将终凝针旋入滑动杆内，并旋紧。

（2）在完成初凝时间测定后，立即将试模连同浆体以平移的方式从玻璃底板取下，翻转 180°，直径大端朝上、小端朝下放在玻璃底板上，放回湿气养护箱中养生。当试针沉入试体

0.5 mm 时，即环形附件开始不能在试体上留下痕迹时，为水泥达到终凝状态。

二、使用仪器注意事项及维护

1．注意事项

（1）每次测定前，应先将仪器垂直放稳，不宜在有明显振动的环境中操作。

（2）在测试过程中，不能用含有污物和水迹的手去拿试杆的 *B* 端，以防污物和水迹落在试杆上或支架孔中，而影响试杆自由下落。

（3）测定初凝时间，在最初测试操作时应轻轻扶持试杆，以防突然放松导致试针撞弯，但结果以自由下落为准。

（4）每次测试完毕均应将稠度试杆、初凝针、终凝针表面擦拭干净。

2．仪器的维护

每次做完试验，应将滑动杆、固定圈、固定螺栓、指针、连接杆、稠度试杆、初凝针及终凝针擦干净，并在其表面涂抹少许机油。将稠度试杆、初凝针及终凝针放入包装盒内。当试验室有多台该种仪器时，每台的配件不能混用，要分开保管，以免更换时出错而影响试验的精确度。

三、常见故障及排除

稠度试杆、初凝针、终凝针，在使用中稍不注意易碰出小毛刺，可用小锉慢慢修光，在不影响尺寸和质量的前提下也可继续使用。

【成绩评价】

	检测项目	序号	检测内容及要求	配分	学员自评	学员互评	教师评分	得分
任务评价	职业修养	1	安全、纪律	10				
		2	文明、礼仪、行为习惯	5				
		3	工作态度	5				
	专业能力	4	能正确表述水泥净浆标准稠度及凝结时间测定仪的结构和工作原理	10				
		5	掌握仪器使用与维护的方法	10				
		6	正确使用、维护和检校水泥净浆标准稠度及凝结时间测定仪	40				
		7	使用仪器注意事项	10				
		8	排除简单试验检测仪器故障	10				
		9						
综合评价								

【知识拓展】

拓展一 水泥标准稠度用水量试验
(GB/T 1346—2011)

一、试验目的

检验水泥的凝结时间与体积的安定性时，水泥净浆的稠度会影响试验结果，为使其测定结果具有可比性，必须采用标准稠度的水泥净浆进行试验。水泥净浆达到标准稠度时所需的拌和水量叫标准稠度用水量。

水泥标准稠度净浆对试杆的沉入具有一定阻力，通过试验不同含水量水泥净浆的穿透性，以确定水泥标准稠度净浆中所需加入的水量。

二、仪器设备

(1)标准法维卡仪：如图 6.2 所示，标准稠度测定用试杆［见图 6.2(c)］有效长度为(50 ± 1)mm，由直径为(10 ± 0.05)mm 的圆柱形耐腐蚀金属制成。

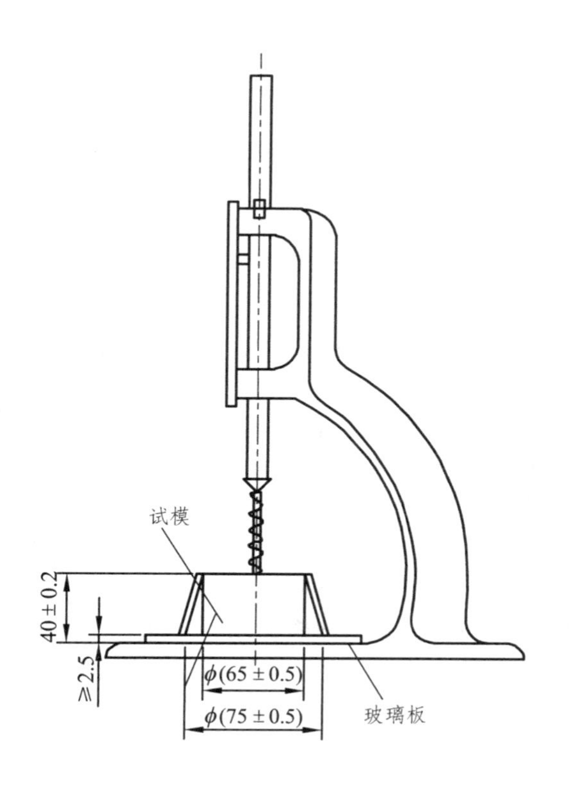

(a)初凝时间测定用立式试模侧视图

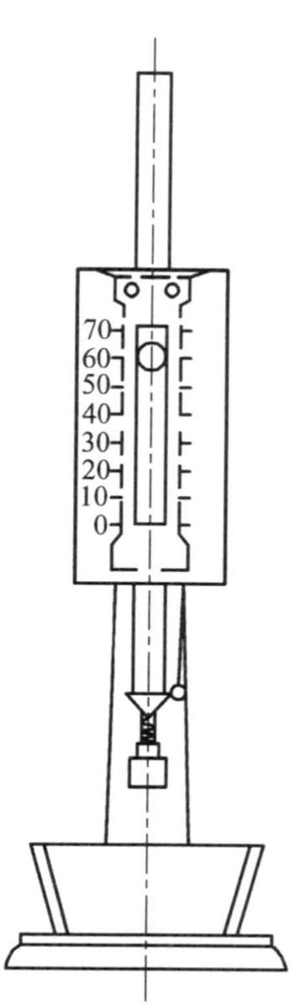

(b)终凝时间测定用反转试模前视图

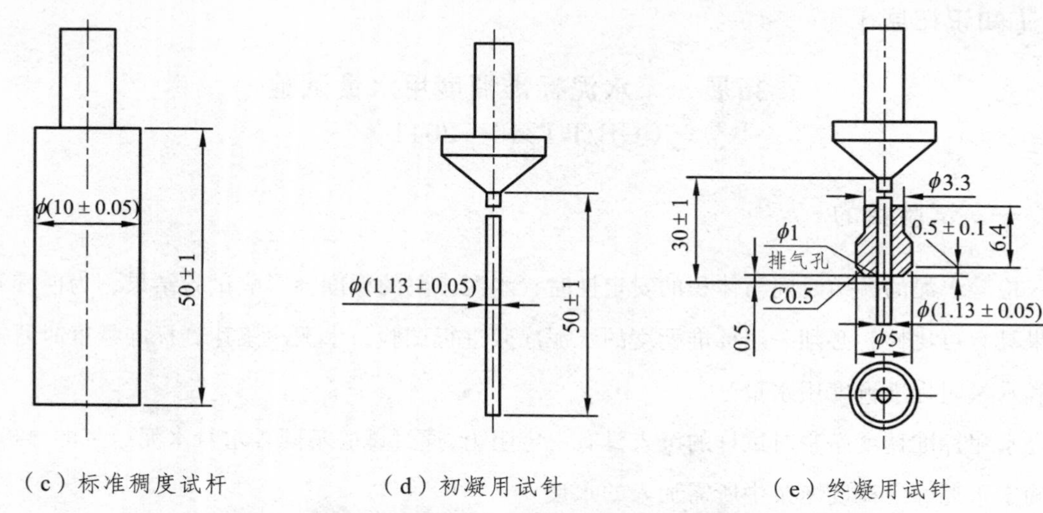

（c）标准稠度试杆　　（d）初凝用试针　　（e）终凝用试针

图 6.2　测定水泥标准稠度和凝结时间用的维卡仪（尺寸单位：mm）

盛装水泥净浆的试模［见图 6.2（a）］应由耐腐蚀的、有足够硬度的金属制成。试模为深（40 ± 0.2）mm、顶内径（65 ± 0.5）mm、底内径（75 ± 0.5）mm 的截顶圆锥体。每只试模应配备一个边长或直径约 100 mm、厚度 4 ~ 5 mm 的平板玻璃底板或金属底板。

（2）净浆搅拌机。

（3）湿气养护箱：应使温度控制在（20 ± 1）°C，相对湿度不低于 90%。

（4）天平：最大称量不小于 1 000 g，分度值不大于 1 g。

（5）量水器：精度 ± 0.5 mL。

三、试验步骤

（1）校核仪器，调整检查维卡仪的金属棒能否自由滑动，试模和玻璃底板用湿布擦拭，将试模放在底板上，在试杆接触玻璃板时将指针对准零点，检查搅拌机是否运行正常。

（2）水泥净浆的拌制用水泥净浆搅拌机进行，搅拌锅和搅拌叶片先用湿布擦过，将拌和水倒入搅拌锅内；然后在 5 ~ 10 s 内小心将称好的 500 g 水泥加入水中，防止水和水泥溅出。在拌和时，先将锅放在搅拌机的锅座上，升至搅拌位置，启动搅拌机，低速搅拌 120 s，停 15 s，同时将叶片和锅壁上的水泥浆刮入锅中间，接着高速搅拌 120 s 停机。

（3）标准稠度用水量的测定：拌和结束后，立即取适量水泥净浆一次性将其装入已置于玻璃底板上的试模中，浆体超过试模上端；用宽约 25 mm 的直边刀轻轻拍打超出试模部分的浆体 5 次以排除浆体中的孔隙；然后在试模上表面约 1/3 处，略倾斜于试模分别向外轻轻锯掉多余净浆，再从试模边沿轻抹顶部一次，使净浆表面光滑。在锯掉多余净浆和抹平的操作过程中，注意不要压实净浆，抹平后迅速将试模和底板移到维卡仪上，并将其中心定在试杆下，降低试杆直至与水泥净浆表面接触，拧紧螺丝 1 ~ 2 s 后，突然放松，使试杆垂直自由沉入水泥净浆中；在试杆停止沉入或释放试杆 30 s 时，记录试杆距底板之间的距离，升起试杆后，立即擦净。整个操作应在搅拌后 1.5 min 内完成，以试杆沉入净浆并距底板（6 ± 1）mm 的水泥净浆为标准稠度净浆，其拌和水量为该水泥的标准稠度用水量，按水泥质量的百分比计。

试验记录见后水泥物理力学性能试验表。

拓展二 凝结时间测定试验

一、试验目的

凝结时间对水泥混凝土的施工具有重要意义：初凝太快，给施工造成不便；终凝太慢，将影响施工进度。因此应选用标准稠度的水泥净浆测定凝结时间。从加水时起至试针沉入净浆距底板（4±1）mm时，为水泥达到初凝状态；从加水时起至试针沉入试体0.5 mm时，为水泥达到终凝状态。

凝结时间以试针沉入水泥标准稠度净浆至一定深度所需的时间表示。

二、仪器设备

（1）标准法维卡仪：如图6.2所示，测定凝结时间时取下试杆，用试针[见图6.2（d）、（e）]代替试杆。试针是钢制的圆柱体，其有效长度：初凝针为（50±1）mm，终凝针为（30±1）mm，直径为（1.13±0.05）mm。滑动部分的总质量为（300±1）g。与试杆、试针连接的滑动杆表面应光滑，能靠重力自由下落，不得有紧涩和晃动现象。

（2）其他仪器同前。

三、试验步骤

（1）测定前准备工作。测定前需要调整凝结时间，方法是在测定仪的试针接触玻璃板时，将指针对准零点。

（2）试件的制备。将标准稠度的水泥净浆一次装满试模，振动数次刮平，然后立即放入湿气养护箱中。记录水泥全部加入水中的时间作为凝结时间的起始时间。

（3）初凝时间的测定。试件在湿气养护箱中养护至加水后30 min时进行第一次测定。测定时，从湿气养护箱中取出试模放到试针下，降低试针与水泥净浆表面接触，拧紧螺丝1～2 s，突然放松，试针垂直自由地沉入水泥净浆。观察试针停止下沉或释放试针30 s时指针的读数。当试针沉至距底板（4±1）mm时，水泥达到初凝状态。达到初凝时应立即复测一次，当两次结论相同时才能定为初凝状态。由水泥全部加入水中至初凝状态所经历的时间为水泥的初凝时间，用“min”表示。

（4）终凝时间的测定。为了准确观测试针沉入的状况，在终凝针上安装了一个环形附件[见图6.2（e）]。在完成初凝时间测定后，立即将试模连同浆体以平移的方式从玻璃板取下，翻转180°，直径大端向上、小端向下放在玻璃板上，再放入湿气养护箱中继续养护，临近终凝时间每隔15 min测定一次；当试针沉入试体0.5 mm时，即环形附件开始不能在试体上留下痕迹时，水泥达到终凝状态。达到终凝时应立即复测一次，当两次结论相同时才能定为终凝状态。从水泥全部加入水中至终凝状态所经历的时间为水泥的终凝时间，用“min”表示。

（5）测定时应注意，在最初的测定操作时应用手轻轻扶持金属柱，使其徐徐下降，以防试针撞弯，但结果要以自由下落为准。在整个测试过程中，试针沉入的位置至少要距试模内壁 10 mm；临近初凝时，每隔 5 min 测定一次；临近终凝时，每隔 15 min 测定一次。到达初凝时应立即重复测一次，当两次结论相同时才能确定到达初凝状态；到达终凝时，需要在试体另外两个不同点测试，结论相同时才能确定到达终凝状态。每次测定不能让试针落入原针孔，每次测试完毕需将试针擦净并将试模放回湿气养护箱内，整个测试过程要防止试模受振。

注：可以使用能得出与标准中规定方法相同结果的凝结时间自动测定仪，使用时不必翻转试体。试验记录见后水泥物理力学性能试验表。

【思考题】

1. 水泥标准稠度及凝结时间测定仪的滑动部分总重是多少？
2. 如何检测水泥标准稠度及凝结时间测定仪滑动杆的滑动效果？
3. 叙述测定水泥初凝时间的步骤。

任务二　水泥净浆搅拌机、水泥胶砂搅拌机使用与维护

【任务目标】

1. 了解水泥净浆搅拌机、水泥胶砂搅拌机的结构和工作原理。
2. 掌握仪器使用与维护的方法。
3. 会正确使用、维护和检校水泥净浆搅拌机、水泥胶砂搅拌机。
4. 能排除简单仪器故障。

【相关知识】

知识点一　水泥净浆搅拌机

一、用　途

将按标准规定的水泥和水混合后搅拌成均匀水泥净浆，供测定水泥标准稠度、凝结时间及作安定性试件之用。

二、主要规格及技术参数

（1）搅拌时叶片转数及时间见表 6.1 所示。
（2）搅拌锅内径×最大深度：160 mm × 139 mm。
（3）搅拌锅壁厚：1 mm。
（4）搅拌叶片与搅拌锅之间工作间隙：（2 ± 1）mm。

表 6.1　搅拌时叶片转数及时间

搅拌速度	公转/（r/min）	自转/（r/min）	一次自动控制程序时间/s
慢	62 ± 54	140 ± 5	120 ± 3
停	Z	d	15
快	125 ± 10	285 ± 10	120 ± 3

三、主要结构及工作原理

1．结构（见图 6.3）

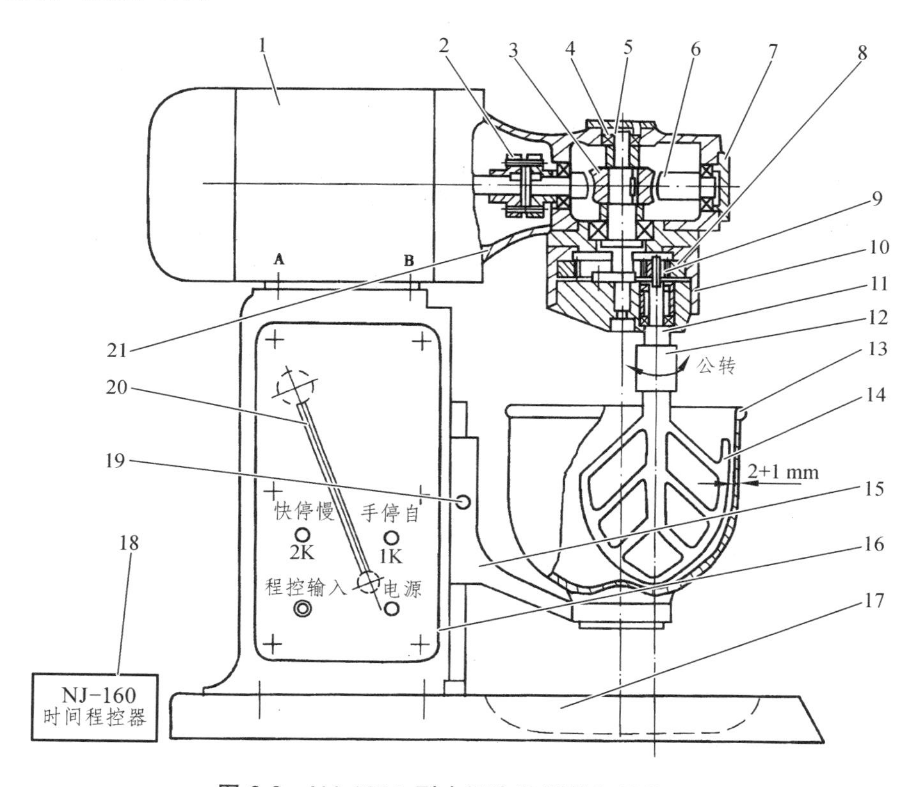

图 6.3　NJ-160A 型水泥净浆搅拌机结构图

1—双速电动机；2—联轴器；3—蜗轮；4、7—轴承盖；5—蜗轮轴；6—蜗杆轴；8—内齿圈；9—行星齿轮；10—行星定位套；11—叶片轴；12—调节螺母；13—搅拌锅；14—搅拌叶片；15—滑板；16—立柱；17—底座；18—时间控制器；19—定位螺钉（背面）；20—手柄（背面）；21—减速器

主要由底座 17、立柱 16、减速器 21、滑板 15、搅拌叶片 14、搅拌锅 13、双速电动机 1 及电器部分组成。

三位开关 1K 工作状态为：自动、手动、停。

三位开关 2K 工作状态为：高速、低速、停。

2．工作原理

（1）机械动力部分

该机由双速电动机 1 提供动力。双速电动机的转速，通过蜗轮蜗杆减速、行星轮系的转换，将主轴的转动转换为叶片绕着减速箱主轴公转和绕着叶片轴自转的运动，从而对搅拌锅内的水泥净浆进行搅拌。

双速电动机可通过改变三相电源的接法使电动机输出不同的转速。在工作中可使搅拌机得到快、慢转两种不同的工作状态。

蜗轮蜗杆用来传递空间互相垂直而不相交的两轴间的运动和动力，它具有传动比大而结构紧凑等优点。其传动比可达 8 ~ 60。在搅拌机中使用该蜗轮蜗杆传动机构可使双速电动机的转速大幅降低。

行星轮系传动具有传动比大、传动功率大等优点，可实现运动的合成和分解。该机主要是运用行星齿轮的特殊运动轨迹，即公转和自转运动来达到叶片搅拌的特殊要求。该机的行星轮系由行星定位套、行星齿轮和内齿圈组成。

其传动路线（见图 6.3）为：双速电动机通过联轴器 2 与减速器 21 内蜗杆轴 6 连接，经蜗轮副减速使蜗轮轴 5 带动行星定位套 10 同步旋转，从而使固定在行星定位套上偏心位置的叶片轴 11 带动搅拌叶片 14 公转。固定在叶片轴上端的行星齿轮 9 在公转的过程中由于与固定的内齿圈 8 相啮合，形成其本身的自转运动，并带动叶片的转动。

搅拌锅 13 与滑板 15 用偏心槽旋转锁紧。

（2）电气部分（见图 6.4）

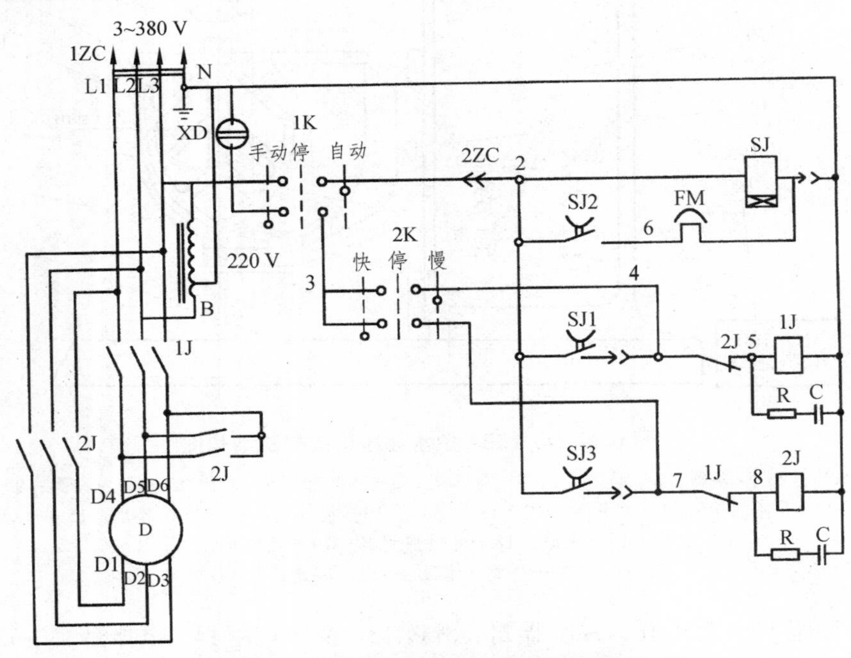

图 6.4 NJ-160A 型水泥净浆搅拌机电气原理图

当三位开关 1K 拨至自动挡时，时间程控器 SJ 接通，双速电机经时间程控器控制自动完成一次慢—停—快转的规定工作程序。首先开关 SJ1 导通，中间继电器 1J 工作，使三相电源接到双速电机的 D4、D5、D6 时，双速电机慢转。120 s 后，SJ1 跳开，中间继电器 1J 断开，双速电机停止转动。10 s 后，SJ2 导通，报警器报警。5 s 后，SJ2 跳开，SJ3 导通，报警器停止报警，中间继电器 2J 工作，使三相电源接到双速电机的 D1、D2、D3，双速电机快转。120 s 后，SJ3 跳开，中间继电器 2J 断开，双速电机停止转动。

当三位开关 1K 拨至手动挡，三位开关 2K 拨至慢速时，中间继电器 1J 工作，使三相电源接到双速电机的 D4、D5、D6，双速电机慢转。三位开关 2K 拨至停时，中间继电器 1J 断开，双速电机停止转动。三位开关 2K 拨至快速时，中间继电器 2J 工作，使三相电源接到双速电机的 D1、D2、D3，双速电机快转。

图 6.4 中各种电气元件的符号如表 6.2 所示。

表 6.2　NJ-I60A 型水泥净浆搅拌机电气元件型号表

代　号	名　称	型　号
B	自耦变压器	BK-10
C	电　容	CJ41-2-0.47 μ F63/V
R	金属膜电阻	RJ-2-100 Ω
1ZC	四芯插头	380V 20A
2ZC	插头座	XS12K4Y 插座、XS12J4P
XD	氖泡指示器	NXD9-0.5/220V、红
SJ	时间程控器	NJ-160、AC220V
1J、2J	中间继电器	凰 JDZ2-62、AC220V
1K、2K	三位开关	KN3-212
D	双速三相异步电机	A07124/8

知识点二　水泥胶砂搅拌机

一、用　途

水泥胶砂搅拌机是我国执行国际强度试验方法［ISO679—1989（E）］的统一标准设备，用它搅拌出的水泥胶砂，制作成标准水泥胶砂试件，通过检测其强度来评定水泥的质量。

二、技术参数

（1）搅拌时叶片转数如表 6.3 所示。

表 6.3　JJ-5 型水泥胶砂搅拌机叶片转数

速度档	公转/（r/min）	自转/（r/min）
低　速	62 ± 5	140 ± 5
高　速	125 ± 10	285 ± 10

（2）搅拌锅容积 5 L；壁厚：1.5 mm。

（3）搅拌叶片与搅拌锅之间的工作间隙：（3 ± 1）mm。

三、主要结构及工作原理

1．结构（见图 6.5）

主要由双速电机、砂罐、传动箱、主轴、偏心座、搅拌叶片、搅拌锅、底座、支柱、支座、程控器等组成。

三位开关 1K 工作状态为：自动、手动、停。

三位开关 2K 工作状态为：高速、低速、停。

三位开关 3K 工作状态为：加砂、停。

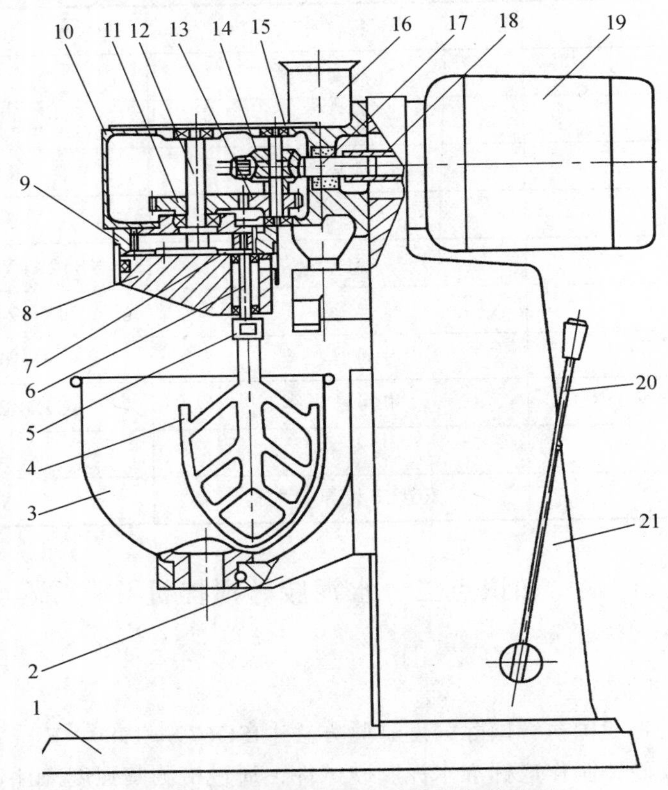

图 6.5　JJ-5 型水泥胶砂搅拌机结构图

1—底座；2—支座；3—搅拌锅；4—搅拌叶片；5—调节螺母；6—搅拌叶轴；7—行星齿轮；8—偏心座；9—内齿轮；10—传动箱；11—大齿轮；12—主轴；13—小齿轮；14—蜗轮；15—传动箱盖；16—砂罐；17—蜗杆；18—联轴器；19—电机；20—手柄；21—立柱

2．工作原理

双速电动机通过蜗轮蜗杆和一对齿轮减速；行星轮系将主轴的转动转换为叶片绕着减速箱主轴公转和绕着叶片轴自转，从而对搅拌锅内的水泥胶砂进行搅拌。

双速电动机 19 通过联轴器 18 将动力传给传动箱 10 内的蜗杆 17 和蜗轮 14 及一对齿轮 11 和 13，再传给主轴 12 并减速。主轴带动偏心座 8 同步旋转，使固定在偏心座上的搅拌叶轴 6 带动搅拌叶片 4 进行公转。同时搅拌叶片通过搅拌叶轴上端的行星齿轮 7 围绕固定的内齿轮 9 完成自转。当砂罐内有砂，可在规定时间向锅内自动加砂或手动加砂，手柄 20 用于升降和定位搅拌锅位置用。

【专业操作】

操作一　水泥净浆搅拌机的使用

一、仪器的使用方法

1．使用前检查

（1）先把三位开关（1K、2K）都拨至停位置，再将时间程控器插头插入面板的“程控输入”插座。

（2）检查相线和零线：通电源之前，必须检查相线和零线无误才能通电。机身需用不小于 1 mm^2 的多股塑料铜芯线可靠接地。

（3）检查叶片转向。

接通电源，将开关 1K 拨至自动挡，开关 2K 拨至低速挡，按下控制器的启动按钮，检查叶片转向是否与搅拌机上所标志的箭头一致，即从上方往下方看叶片旋转方向应为逆时针。如不符合以上旋转方向，应拆开电源插头，调换电源插头的相线位置，就可使叶片旋转方向符合要求。

（4）检查工作程序。

将开关 1K 拨至自动挡，开关 2K 拨至任意挡，按下控制器的启动按钮，检查净浆搅拌机的工作程序：低速搅拌 120 s；停 10 s 后报警 5 s，共停 15 s；快速搅拌（120 ± 3）s。

（5）检查叶片与搅拌锅之间的间隙。

使用厂家为客户配备的间隙测量杆，检查搅拌叶片与搅拌锅之间的工作间隙。用 A 端检查间隙通不过，用 B 端检查间隙通过，说明搅拌锅与搅拌叶片间的间隙满足（2 ± 1）mm。

（6）检查搅拌机运转时声音是否正常。

2．操作步骤

（1）将电源插头插入电源插座，红色指示灯亮表示电源已接通，此时数码管显示为 0。

（2）安装搅拌锅（见图 6.3）：搅拌锅装入滑板 15 底部孔中，顺时针转动锅至锁紧，再扳动手柄 20 通过滑板 15 带动搅拌锅 13 沿立柱 16 的导轨向上移动，移动到手柄上定位销插入定位孔即可。将搅拌锅和搅拌叶片先用湿布擦净，再将拌和水倒入搅拌锅内，然后在 5 ~ 10 s 内小心将称好的 500 g 水泥加入水中。

（3）搅拌。

自动搅拌操作：把 1K 开关拨至自动挡，轻轻按下时间程控器启动按钮，搅拌机便自动完成整个搅拌程序：慢搅 120 s、停 10 s 后报警 5 s，共停 15 s；快搅 120 s，而后自动停止，即搅拌结束，将 1K 开关拨至停位置。

注：当一次自动程序结束后，再将 1K 开关拨至自动挡，又开始执行下一次自动搅拌程序。

手动搅拌操作：将 1K 开关拨至自动挡，再将三位开关 2K 按规定的时间分别置慢速、停、快速，人工记时，搅拌结束，把 1K 开关拨至停位置。

（4）卸搅拌锅。

扳动手柄，使滑板带动搅拌锅沿立柱的导轨下移，逆时针方向转动搅拌锅并卸下。

（五）使用仪器注意事项及维护

1．注意事项

（1）每次做完试验，一定要把搅拌锅内外清洗干净，并将锅倒置，让锅内水流尽，以免生锈。

（2）使用搅拌锅时要轻拿轻放，不可随意碰撞，以免变形或表面出现凹凸，影响搅拌锅与叶片的间隙。

（3）叶片上的净浆一定要用湿布擦净，千万不能用水洗。因为水一旦沾到立柱的导轨上，易使导轨生锈，影响正常使用。

（4）每一次自动程序结束后，一定要将 1K 开关拨至停位置，以防程控器误动作，而使搅拌叶片突然旋转。

（5）在停搅的 10 s 内，要用橡胶刮板把叶片上的水泥净浆刮入锅内。切记手不能伸进锅内，以防报警器失灵或因声音噪杂，听不到报警声。

2．仪器的维护

（1）搅拌锅与叶片间隙的调整。

水泥净浆搅拌的质量除了与工作程序有关外，搅拌锅与叶片的间隙大小对水泥净浆的质量影响也很大。间隙过小，叶片会碰撞搅拌锅，搅拌锅在支座孔的连接就会松动；间隙偏大，靠近锅壁的水泥净浆搅不透。要定期检查搅拌叶片与搅拌锅之间的间隙，特别是机器运转时，遇到有金属撞击噪声，应首先检查搅拌叶片与搅拌锅之间的间隙是否正常。

（2）调整方法。

① 底部间隙调整：使用厂家为用户所配的间隙量针检测搅拌叶片与搅拌锅之间的间隙，若不符合要求，可松开调节螺母，旋转叶片，合格后再拧紧调节螺母。

② 周边内隙调整：把电机与立柱连接的 A、B 处螺钉松掉，使连为一体的电机、传动箱及叶片一同稍稍向左或向右、向前或向后移动，待周边间隙调整好了，再把 A、B 处的螺钉拧紧。

（六）保　养

（1）每次使用后应彻底清除搅拌叶片与搅拌锅内外残余净浆（剩余净浆一旦凝固在叶片和锅内，会影响叶片与搅拌锅的间隙，重新启动仪器就会发生故障），并清除散落和飞溅在机器上的净浆及脏物，擦干后套上护罩，防止落入灰尘。

（2）该仪器无外部加油孔，减速箱内蜗轮副、齿轮副及轴承等运动部件应每季加二硫化铝润滑脂一次，加油时可打开轴承盖。滑板与立柱导轨及各相对运动零件的表面之间应经常滴入机油润滑。每年应将机器全部清洗一次，加注润滑剂。

（3）当更换新的搅拌锅或叶片时，均应按前述方法调整间隙。

（4）应经常检查电气绝缘情况。在（20 ± 5）°C，相对湿度 50% ~ 70% 时的冷态绝缘电阻 ≥ 5 MΩ。

（七）常见故障及排除（见表 6.4）

表 6.4　NJ-I60A 型水泥净浆搅拌机常见故障及排除

故障现象	故障原因	排除方法
仪器没电	1. 电源插头有相线脱落； 2. 电线内部有断路	1. 把插头内相线重新接好； 2. 重新换电线
叶片轴不转	行星齿轮的齿磨平	重新更换行星齿轮
叶片轴转、搅拌叶片不转	叶片轴外螺纹或搅拌叶片内螺纹拉毛	重新更换叶片轴或搅拌叶片

操作二　水泥胶砂搅拌机的使用

一、仪器的使用

1. 使用前的检查

（1）先把三位开关（1K、2K、3K）都拨至停，再将时间程控器插头插入面板的“程控输入”插座。

（2)检查相线和零线：安装时，必须检查相线和零线无误才能通电，机身需用不小于 1 mm^2 截面的多股塑料铜芯线可靠接地。

（3）检查叶片转向：接通电源，把开关 1K 拨至手动挡，开关 2K 拨至低速挡，按下控制器的启动按钮，检查叶片转向是否与搅拌机上所标志的箭头一致，即从上方往下方看叶片旋转方向应为逆时针。如不符合以上旋转方向，应拆开电源、插头，调换电源、插头的相线位置，就可使叶片旋转方向符合要求。

（4）检查工作程序。

把开关 1K 拨至自动挡，开关 2K 拨至停，按下控制器的启动按钮，检查胶砂搅拌机的工作程序：自动完成一次低速搅拌 30 s→再低速搅拌 30 s、同时自动加砂结束→高速搅拌 30 s→停 90 s→高速搅拌 60 s→停止转动。

（5）检查叶片与搅拌锅之间的间隙。

用厂家为客户配备的间隙测量杆，检查搅拌叶片与搅拌锅之间工作间隙，用 A 端检查间隙通不过，用 B 端检查间隙应通过，说明搅拌锅与叶片间的间隙满足（3 ± 1）mm。

（6）检查搅拌机运转时声音是否正常。

将电源插头插入电源插座，红色指示灯亮表示电源已接通，此时数码管显示为 0。

2. 操作步骤

（1）装搅拌锅

向砂罐内装入 1 350 g 标准砂，将搅拌锅和搅拌叶片先用湿布擦拭，再将搅拌锅内装入水 225 g、水泥 450 g，并将搅拌锅装入支座定位孔中，顺时针转动锅至锁紧，再扳动手柄使支座带动搅拌锅沿立柱的导轨向上移动，移动到手柄上定位销插入定位孔即可。

（2）搅　拌

自动搅拌操作：把 1K 开关拨至自动挡，按下程控器启动按钮，即自动完成一次低速搅拌 30 s→再低速搅拌 30 s，同时自动加砂结束→高速搅拌 30 s→停 90 s→高速搅拌 60 s 的动作。整个过程 240 s，而后自动停止，将 1K 开关拨至停位置。

注：当一次自动程序结束后，再将 1K 开关拨至自动挡，又开始执行下一次自动搅拌程序。

手动搅拌操作：把 1K 开关拨至手动位置，再将三位开关 2K 按规定的时间分别拨至慢速、停、快速，人工记时，搅拌结束，将 1K 开关拨至停位置。

（3）卸搅拌锅

扳动手柄使支座带动搅拌锅沿立柱的导轨下移，逆时针转动搅拌锅至松开位置，取下搅拌锅。

二、使用仪器注意事项及维护

1. 注意事项

（1）每次做完试验，一定要把搅拌锅内外清洗干净，并将锅倒置，让锅内水流尽，以免生锈。

（2）使用搅拌锅时要轻拿轻放，不可随意碰撞，以免变形或表面出现凹凸，而影响搅拌锅与叶片的间隙。

（3）叶片上的胶砂一定要用湿布擦净，千万不能用水洗。因为水一旦沾到立柱的导轨上，易使导轨生锈，影响正常使用。

（4）每两次自动程序结束后，一定要将 1K 开关置于停，以防程控器误动作，而使搅拌器突然旋转。

（5）在停搅的 90 s 时间内，要用橡胶刮板把水泥胶砂刮入锅内。切记手不能伸进锅内，以防搅拌叶片突然快速旋转而发生事故。

2. 仪器的维护

（1）搅拌锅与叶片间隙的调整

水泥胶砂的搅拌质量，除了与工作程序有关，搅拌锅与叶片间隙的大小，对水泥胶砂的质量影响也很大。间隙太小，叶片会碰撞搅拌锅，搅拌锅在滑板底板上就会松动；间隙太大，水泥就搅拌不透。

（2）间隙调整

① 底部间隙调整。

叶片与搅拌锅之间的工作空隙应使用厂家为用户所配间隙测量杆测量，若超过（3±1）mm，可松开调节螺母，转动叶片使之上下移动到正确间隙，再旋紧调节螺母即可。

② 周边内隙调整。

把电机与立柱连接的 *A*、*B* 处螺钉松掉，使连为一体的电机、传动箱及叶片一同稍稍向左、向右、向前或向后移动，待周边间隙调整好了，再将 *A*、*B* 处螺钉拧紧。

三、仪器保养

同水泥净浆搅拌机。

四、常见故障及排除

同水泥净浆搅拌机。

【成绩评价】

	检测项目	序号	检测内容及要求	配分	学员自评	学员互评	教师评分	得分
任务评价	职业修养	1	安全、纪律	10				
		2	文明、礼仪、行为习惯	5				
		3	工作态度	5				
	专业能力	4	能正确表述水泥净浆搅拌机、水泥胶砂搅拌机的结构和工作原理	10				
		5	掌握仪器使用与维护的方法	10				
		6	正确使用、维护和检校水泥净浆搅拌机、水泥胶砂搅拌机	40				
		7	使用仪器注意事项	10				
		8	排除简单试验检测仪器故障	10				
		9						
合 评价								

【知识拓展】

水泥胶砂强度试验（胶砂制备）
（GB/T 17671—1999）

一、试验目的

本试验的目的是测定水泥的抗折强度和抗压强度，从而确定水泥的强度等级。首先以 1 份水泥、3 份中国 ISO 标准砂，用 0.5 水灰比拌制塑性水泥胶砂，制成 40 mm × 40 mm × 160 mm 的标准试件，连模一起在湿气中养护 24 h，然后脱模在水中养护至规定龄期。测定其抗折强度和抗压强度，根据 28 d 的抗折强度和抗压强度确定水泥的强度等级。

二、仪器设备

水泥胶砂搅拌机：由胶砂搅拌锅和搅拌叶片及相应的机构组成，属行星式搅拌机。

三、试验步骤

1．试件成型

成型前将试模擦净，用黄干油等密封材料涂覆试模的外接缝，试模的内表面则涂上一薄层机油。

2．胶砂组成

（1）基准砂：ISO 基准砂由德国标准砂公司制备的 SiO_2 含量不低于 98% 的天然的圆形硅质砂组成，其颗粒分布在表 6.5 规定的范围内。

表 6.5 ISO 基准砂颗粒分布

方孔边长/mm	累计筛余/%	方孔边长/mm	累计筛余/%
2.0	0	0.50	67 ± 5
1.6	7 ± 5	0.16	87 ± 5
1.0	33 ± 5	0.08	99 ± 1

砂的筛析试验应采用代表性的样品来进行，每个筛子的筛析试验应进行至每分钟通过量小于 0.5 g 为止。砂的湿含量是在 105 ~ 110 °C 下用代表性砂样烘 2 h 的质量损失来测定，以干砂的质量百分数表示。砂的含水量应小于 0.2%。

（2）中国 ISO 标准砂：中国 ISO 标准砂完全符合 ISO 基准砂颗粒分布和含水量的规定。

（3）水泥：试验用水泥从取样到试验要保持 24 h 以上时，应把它储存在基本装满和气密的容器里，这个容器应不与水泥起反应。

（4）水：试验或其他重要试验用蒸馏水，其他试验可用饮用水。

3．胶砂制备

胶砂的质量配合比应为 1 份水泥、3 份标准砂和 1 份水（水灰比 0.5），一锅成型 3 条。

（1）每成型 3 条试体各种材料用量如表 6.6 所示。

（2）水泥、砂、水和试验用具的温度与试验室相同，称量用的天平精度为 ± 1 g。当用自动滴管加 225 mL 水时，滴管精度应达到 ± 1 mL。

（3）每锅胶砂用搅拌机进行机械搅拌。先使搅拌机处于待工作状态，然后按下面的程序进行操作：先把水倒入锅内，再加入水泥，把锅放在固定架上，上升至固定位置后立即开动机器，低速搅拌 30 s 后，在第二个 30 s 开始的同时均匀地将砂子加入，当各级砂分装时，从最粗粒级开始，依次将所需的每级砂倒入锅内，再高速拌和 30 s，停拌 90 s，在第一个 15 s 内用一胶皮刮具将叶片和锅壁上的胶砂刮入锅中间，再高速继续搅拌 60 s。各个搅拌阶段，时间误差应在 1 s 以内。

表 6.6　每锅胶砂的材料数量

水泥品种＼材料量	水泥/g	标准砂/g	水/mL
硅酸盐水泥	450±2	1 350±2	225±1
普通硅酸盐水泥			
矿渣硅酸盐水泥			
粉煤灰硅酸盐水泥			
复合硅酸盐水泥			
石灰石硅酸盐水泥			

【思考题】

1. 水泥净浆搅拌机的搅拌叶片与搅拌锅的工件间隙是多少？如何检查该间隙？如何调整该间隙？

2. 水泥净浆搅拌机的搅拌叶片旋转方向有何要求？如果错了，如何调整？

3. 水泥净浆搅拌机的工作程序总共需多少时间？各阶段分别是多少时间？

4. 为何强调水泥净浆搅拌机在停搅的 10 s 内，手不能伸入锅内把叶片上的水泥净浆刮入锅内？

5. 水泥胶砂搅拌机的搅拌叶轴旋转，而叶片不旋转，试分析产生故障的原因，如何排除？

任务三　水泥胶砂振实台、水泥胶砂抗折试验机使用与维护

【任务目标】

1. 了解水泥胶砂振实台、水泥胶砂抗折试验机的结构和工作原理。
2. 掌握仪器使用与维护的方法。
3. 会正确使用、维护和检校水泥胶砂振实台、水泥胶砂抗折试验机。
4. 能排除简单仪器故障。

【相关知识】

知识点一　水泥胶砂振实台

一、用　途

水泥胶砂振实台是用于按 ISO679—1989 水泥强度试验方法，制作水泥胶砂强度试件的专用设备。

二、主要技术参数

（1）振幅：（15±3）mm。

（2）振动频率：60次/（60±1）s。

（3）振动部分总质量：（20±0.5）kg。

三、主要结构与工作原理

1．结　构

如图6.6所示，水泥胶砂振实台主要由前机座、后机座、支承杆、臂杆、台盘、突头、锁紧机构、同步电机、凸轮、从动轮等零部件组成。

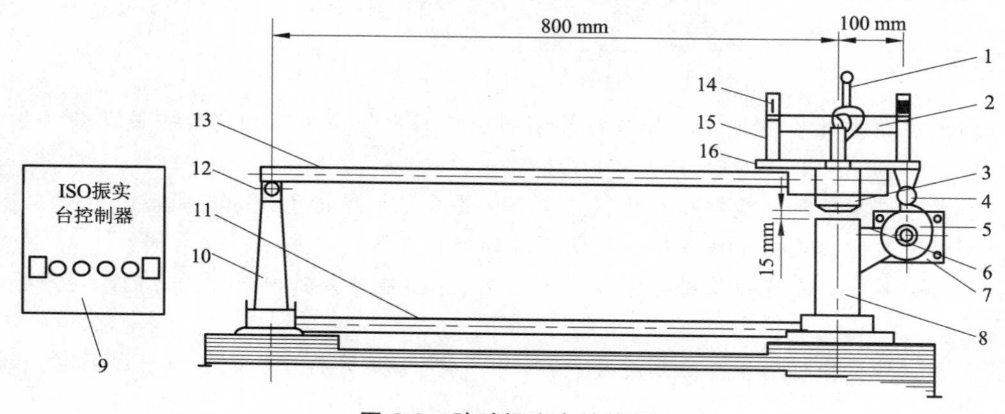

图6.6　胶砂振实台结构图

1—锁紧机构；2—模套；3—突头；4—从动轮；5—凸轮；6—止动器；7—同步电机；8—前机座；9—控制器；10—后机座；11—支承杆；12—转轴；13—臂杆；14—螺母；15—浮动支承；16—台盘

前机座、后机座与支承杆组成一个固定支架，后机座与臂杆之间装有转轴，使臂杆能绕后机座转动。在臂杆上装有台盘，台盘上装有偏心锁紧试模装置、模套和浮动支承。同步电机的输出轴上装有凸轮5。

2．工作原理

当同步电机转动时，将带动凸轮旋转，当从动轮与凸轮的最高点接触时，臂杆、台盘、模套及试模等均被抬到最高处。当从动轮突然降下与凸轮的最低点接触时，装在台盘上试模内的水泥胶砂在重力的作用下，就会受到振动，从而达到密实效果。

凸轮每转一圈，装在台座下面的远红外计数装置就计数一次。当凸轮转动60次，即装在试模内的水泥胶砂受60次振动后，控制器将自动发出信号，使同步电机自动关机。

知识点二　电动抗折试验机

（一）用　途

该试验机主要适用于水泥胶砂强度检验方法（ISO法）的抗折强度试验，以确定水泥的质量，也可用作其他非金属脆性材料的抗折强度检验。

（二）技术参数

（1）单杠杆出力比（上梁臂距比）（最大）：10∶1。

（2）双杠杆出力比（下梁臂距比）（最大）：50∶1。

（3）最大出力：单杠杆 1 000 N；双杠杆 5 000 N。

（4）加荷速度：单杠杆 10 N/s；双杠杆 50 N/s。

使用单杠杆时最大抗力为 1 000 N，使用双杠杆时最大抗力为 5 000 N。试验机标尺有水泥胶砂抗折强度与抗力的换算刻度，最大抗力为 1 000 N 时，读数精度为 4 N 及 0.002 MPa；最大抗力为 5 000 N 时，读数精度为 10 N 及 0.01 MPa。

（三）主要结构和工作原理

1．最大抗力 5 000 N 时（使用双杠杆）结构（见图 6.7）

试验机由底座、立柱、上梁、长短拉杆、大杠杆（大杠杆右端刻有力及抗折强度标尺）、小杠杆、扬角指示板、抗折夹具、游动砝码、大小平衡砣、传动电机、传动丝杆及电器控制箱等零部件组成。

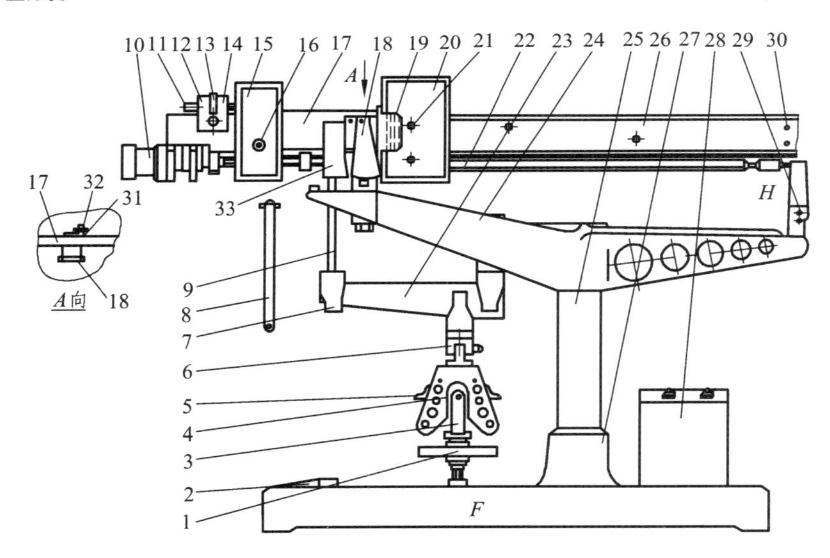

图 6.7　最大抗力 5 000 N 时（使用双杠杆）结构图

1—手轮；2—螺母；3—下拉架；4—加荷轴；5—对准板；6—抗折夹具；7—下力承座；8—长拉杆；9—短拉杆；10—传动电机；11—小调节丝杆；12—小平衡砣；13—螺帽；14、16—锁紧螺钉；15—大平衡砣；17—大杠杆；18—扬角指示板；19—游标；20—游动砝码；21—游动砝码按钮；22—传动丝杆；23—小杠杆；24—上梁；25—立柱；26—标尺；27—底座；28—电器控制箱；29—行程开关触头；30—开关撞板；31—置零触头螺丝；32—螺母；33—上力承座

如做抗折力 1 000 N 范围内的试验时（见图 6.8）：卸下短拉杆、下力承座及小杠杆，从底座的 F 处旋出抗折夹具（包括抗折夹具支座、手轮、下拉杆，再将夹具上部用长拉杆联结于上力承座，夹具下半部旋入底座上的螺母中。

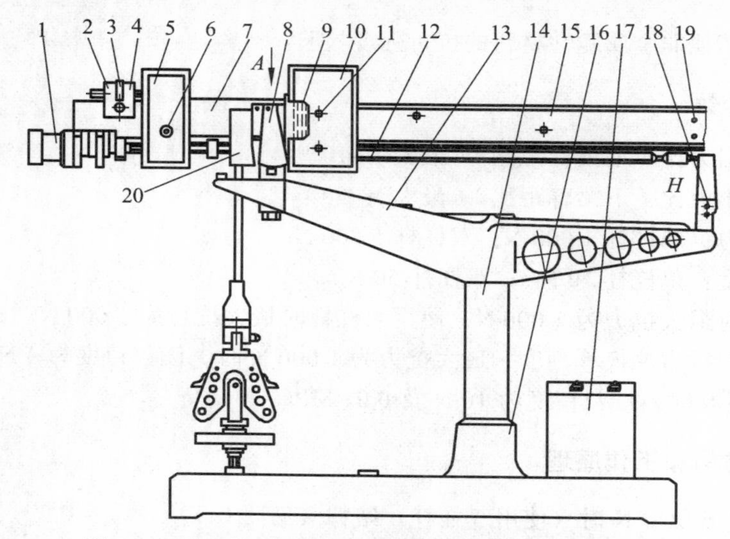

图 6.8　最大抗力 1 000 N 时（使用单杠杆）结构图

1—传动电机；2—小平衡砣；3—螺帽；4、6—锁紧螺钉；5—大平衡砣；7—大杠杆；8—扬角指示板；9—游标；10—游动砝码；11—游动砝码按钮；12—传动丝杆；13—上梁；14—立柱；15—标尺；16—底座；17—电器控制箱；18—行程开关触头；19—开关撞板

2．工作原理

当试件没放入仪器的抗折夹具中，大杠杆、传动丝杆、传动电机、游动砝码及大、小平衡砣等零件均支承在零点的刀刃上，通过调节大小平衡砣可使大杠杆保持水平。

当试件放入抗折夹具内，顺时针转动手轮，试件将被夹紧，*B* 点将受到一个向下的拉力，使大杠杆失去平衡，右端要扬起一个角度。按下电器控制箱上的启动按钮，电动机带动传动丝杆转动而推动游动砝码右移，大杠杆逐渐下沉，当游动砝码在大杠杆产生的力矩大于试件所能承受的力矩时，试件断裂，大杠杆下落，此时装在大杠杆上的游动砝码上的标尺将显示试件断裂时的抗力和抗折强度。

【专业操作】

操作一　水泥胶砂振实台的使用

一、仪器的使用方法

1．使用前的检查

（1）检查输入电源，必须可靠接地，切勿将地线与零线相连接。

（2）检查振实台与水泥混凝土基座连接的地脚螺栓是否牢固。

（3）用手抬起台盘绕后支座转动，检查其运转是否灵活。

（4）检查凸轮旋向：

① 拿掉放在前支座上的定位套（每次使用前必须拿掉定位套）；

② 接通电源，用手抬起台盘，抬起高度应保证凸轮转动不触及随动轮；

③ 按下控制器启动开关，凸轮应逆时针方向旋转，如旋向正确，放下台盘，台盘开始上下跳动。

（5）检查台盘振动次数：每振动 60 次后应自动停机，控制器显示屏显示振动次数。

（6）检查振幅：抬起台盘，将厂家随机所配 14.7 mm 厚垫块放入突头与止动器之间，凸轮能自由转动，不触及从动轮；将 15.3 mm 厚垫块放入突头与止动器之间，凸轮会碰到从动轮，即为合格。

2．操作步骤

（1）将胶砂空试模放在台盘上，放下模套，从上往下看，模套壁与试模内壁应该重叠，然后转动手柄，使试模夹紧。如试模夹不紧，可转动螺母，调节浮动支座的高度，使试模夹紧。

（2）用一个适当的勺子直接从搅拌锅内将胶砂分 2 层装入试模。装第一层时，每个槽里约放 300 g 胶砂，将大播料器［见图 6.9（a）］垂直架在模套顶部沿每个模槽来回一次将料层播平。

（3）按启动按钮，振动 60 次自动停机。

（4）第一次振动结束后，再装入第二层胶砂，用小播料器将料播平，再振实 60 次。

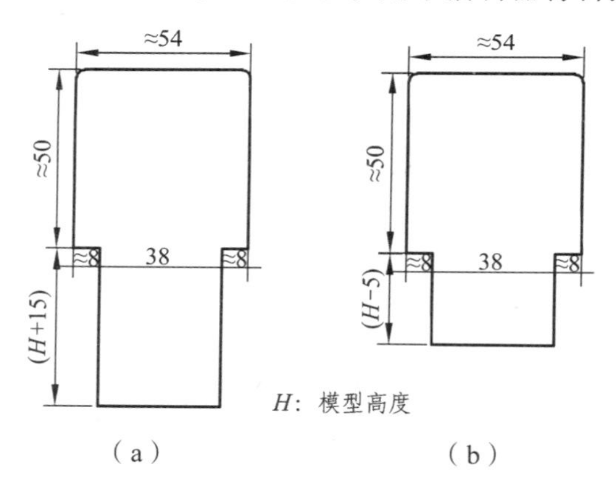

图 6.9　播料器结构图（尺寸单位：mm）

（5）振实结束，转动手柄，使试件松开，从振实台上取下试模。

（6）从振实台上取下试模，用一金属直尺以近似 90°的角度架在试模模顶的一端，然后沿试模长度方向以横向锯割动作慢慢向另一端移动，一次将超过试模部分的胶砂刮去，并用同一直尺在近水平的情况下将试件表面抹平修模。

（7）在试模上作标记或加字条，标明试件编号和试件相对于振实台的位置。

（8）放入水泥标准养护箱养生。

二、使用仪器注意事项及维护

1．使用注意事项

（1）安装振实台，台盘与臂杆应呈水平状。在调整水平时，应将突头的护套取下，使突头与止动器完全接触。

（2）全部试验结束后要将定位套放在止动器上，保护凸轮的尖头部分。

（3）试验时不要用手触摸远红外记数触头。

2．仪器的维护

（1）有油杯的地方要加注润滑油，凸轮表面要涂薄机油以减少磨损。

（2）仪器使用一段时间后，如振幅变大超差，可用随机所附垫圈进行调整。具体方法是：将止动器上固定螺钉松开，取下止动器，将垫圈放入下面，重新将固定螺钉旋紧。

三、常见故障及排除

1．台盘抬不起来

检查凸轮转向是否正确，如转向不对，可将电源的相线重新换个位置，至凸轮转向正确为止。

2．振动台突然无电

（1）检查控制箱内的保险丝是否被烧坏，如是，换上一只完好的即可。

（2）检查电源插头内部是否有电线接头脱落，如有接头脱落，应将接头重新接好。

（3）用万用表的欧姆挡，检查电线内部是否有断点，如有需重新换一根新电线。

操作二　水泥胶砂抗折试验机的使用

一、仪器的使用方法

1．使用前的检查

（1）检查输入电源，必须可靠接地，切勿将地线与零线相通。

（2）检查游动砝码上游标的“零”线与标尺上的“零”线是否重合：

按下游动砝码上的按钮，用手推动游动砝码左移，使游动砝码上游标的“零”线对准标尺的“零”线，放开按钮后对准的“零”线可能会有所移动，此时可用手在丝杆右端的滚花部分（H处）转动丝杆，移动游动砝码，使两根“零”线重合。

（3）检查游动砝码与置“零”触头螺丝刚好接触时，游标与标尺的“零”线是否重合。调整处于扬角指示板后边位置的置“零”触头螺丝，一旦与游动砝码接触，就用螺母锁紧置“零”触头螺丝；校对游标与标尺的“零”线是否重合，如不重合，应重新调节置“零”触头螺丝。重复上述调整，直至游动砝码与置“零”触头螺丝刚好接触时，游标与标尺的“零”线重合为止（置“零”触头螺丝也起到限制游动砝码向左的作用）。

（4）检查左端行程开关的工作状态。按动启动按钮，传动电机带动丝杆转动，然后用手轻轻按下大杠杆至行程开关触头，电机应立即停转。电机如不停转，首先用一只手托住大杠杆，另一只手按下行程开关触头，如丝杆停转，再检查装在大杠杆右侧面的撞板位置是否没调好。撞板撞不上行程开关触头，此时可重新调整撞块的位置，以保证大杠杆落下时，丝杆不转（大杠杆落下时，丝杆仍在转，会使游标码指示的数据偏大）。

2．操作步骤

（1）将大杠杆调平衡：按下游动砝码上的按钮，将游动砝码推向最左端（此时游动砝码上游标的“零”线对准标尺的“零”线），松开锁紧螺钉，移动大小平衡砣，使大杠杆尽量趋于平衡，然后拧紧锁紧螺钉，将大平衡砣锁紧于大杠杆上；移动小平衡砣上的螺帽，使小平衡砣移动，直至大杠杆完全平衡为止，然后用锁紧螺钉将小平衡砣锁紧在大杠杆上。

（2）将试件侧面朝上放入抗折夹具内，试件的轴向位置用夹具上的对准板对准。转动夹具下面的手轮，使下拉架上的加荷轴与试件接触，并继续转动一定角度，使大杠杆有一定扬角。数值根据试体断裂时的变形量决定，一般由经验估计。原则是：试体在断裂时应使大杠杆尽可能处于水平位置，扬角的数值可在扬角指示板上读出。

（3）启动按钮，电动机立即转动丝杆推动游动砝码右移，机器开始加荷，大杠杆逐渐下沉，在大杠杆接近水平时，试体断裂，大杠杆下落，处于大杠杆右后面的限位开关撞板推动限位开关，断开电动机电源，电动机立即停转，此时便可以从游标的刻线与标尺读出试件抗力或抗折强度值。至此一次试验结束。

（4）逆时针转动手轮，取出折断的试件。

（5）按下游动砝码按钮，即可推动游动砝码左移，游动砝码复位后，接着便可做第二次试验。

二、仪器使用注意事项及维护

1．使用注意事项

（1）在试验过程中，大小平衡砣的锁紧必须可靠，以免在使用过程中由于试件断裂，大小杠杆下落时受振动而破坏了调好的平衡。

（2）仪器在使用过程中必须保持清洁、干燥，特别是各刀刃及刀刃承要防止生锈，以免降低灵敏度与正确度。

（3）刀刃及刀刃承间不得有任何润滑油，以免粘住灰尘，阻滞杠杆运动，影响灵敏度，使用完毕应将仪器罩上防尘罩。

（4）大杠杆右端限位开关撞板必须调整到大杠杆下落到底时，限位开关刚刚动作；切忌调整在过早使限位开关动作的位置，以免撞坏限位开关。

2．仪器的维护

（1）加载用的游动砝码在杠杆上使用久了，未按下按钮时游动砝码在丝杆上有明显颤动现象时，可向厂家购买新半螺母，把游动砝码内的旧半螺母换下即可。

（2）当游动砝码有窜动时，有两种方法可以解决：

① 只要在丝杆头右端轴承盖上垫些青壳纸即可。

② 由于滑销磨损使丝杆间隙增大，这时只要松开螺丝将滑销拿出，然后转过 120° 再装入即可。

三、常见故障及排除（见表 6.7）

表 6.7　DkJ-5000 侧型电动抗折试验机常见故障及排除

故障现象	故障原因	排除方法
试件断裂后不能自动停止加荷	1. 右端行程开关损坏； 2. 左端挡块未压下行程开关	1. 更换行程开关； 2. 调整挡块位置
试件断裂后游动砝码前冲一段距离	游动砝码内半螺母损坏	更换半螺母
大杠杆失去平衡	1. 平衡砣位置走动； 2. 游动砝码未回到原有零位	1. 重新调整后锁紧； 2. 转动丝杆，调整到零位
游动砝码上按钮不恢复	1. 按钮孔内有脏物或毛刺； 2. 复位弹簧失效	1. 清洗，去毛刺； 2. 更换弹簧
游动砝码移动时出现停滞	丝杆和大杠杆上平面或砝码内滚动轴承有脏物	清洗丝杆和大杠杆及砝码内轴承
电机不能启动	1. 丝杆转动部分卡死； 2. 电机及电器元件损坏	1. 清洗，去毛刺； 2. 更换元件
大杠杆摆动一下即停	1. 大杠杆支承刀刃损坏； 2. 刀刃承间有脏物卡住	1. 更换修理刀刃； 2. 清理刀刃承

【成绩评价】

	检测项目	序号	检测内容及要求	配分	学员自评	学员互评	教师评分	得分
任务评价	职业修养	1	安全、纪律	10				
		2	文明、礼仪、行为习惯	5				
		3	工作态度	5				
	专业能力	4	能正确表述水泥胶砂振实台、水泥胶砂抗折试验机的结构和工作原理	10				
		5	掌握仪器使用与维护的方法	10				
		6	正确使用、维护和检校水泥胶砂振实台、水泥胶砂抗折试验机	40				
		7	使用仪器注意事项	10				
		8	排除简单试验检测仪器故障	10				
		9						
综合评价								

【知识拓展】

水泥胶砂强度试验（试件制备与抗折强度测定）（GB/T 17671—1999）

一、试验目的

本试验的目的是测定水泥的抗折强度和抗压强度，从而确定水泥的强度等级。首先以 1 份水泥、3 份中国 ISO 标准砂，用 0.5 水灰比拌制塑性水泥胶砂，制成 40 mm × 40 mm × 160 mm 的标准试件，连模一起在湿气中养护 24 h，然后脱模在水中养护至规定龄期。测定其抗折强度和抗压强度，并根据 28 d 的抗折强度和抗压强度确定水泥的强度等级。

二、仪器设备

（1）水泥胶砂搅拌机：水泥胶砂搅拌机由胶砂搅拌锅和搅拌叶片及相应的机构组成，属行星式搅拌机。

（2）振实台：胶砂试件成型振实台（见图 6.10）由可以跳动的台盘和使其跳动的轮等组成。台盘上有固定试模用的卡具，并连有两根起稳定作用的臂，轮由电机带动，通过控制器控制，按一定的要求转动并保证使台盘平衡上升至一定高度后自由下落，其中心恰好与止动器撞击。振实台应安装在高度约 400 mm 的混凝土基座上。

（3）试模：试模由 3 个水平的模槽组成，可同时成型三条截面为 40 mm × 40 mm × 160 mm 的棱形试体。成型操作时，应在试模上面加有一个壁高 20 mm 的金属模套，当从上往下看时，模套壁与模型内壁应该重叠，且超出内壁不应大于 1 mm。

（4）抗折强度试验机：通过 3 根圆柱轴的 3 个竖向平面应该平行，并在试验时继续保持平行和等距离垂直试体的方向。其中一根支撑圆柱和加荷圆柱能轻微倾斜使圆柱与试体完全接触，以便荷载沿试体宽度方向均匀分布，同时不产生任何扭转应力。

（5）抗压强度试验机：抗压强度试验机，在较大的量程范围内使用时，记录的荷载应满足 ± 1% 的精度要求，并能按（2 400 ± 200）N/s 的速率加荷。人工操纵的试验机应配有一个速度动态装置，以便于控制荷载增加。

压力机的活塞竖向轴应与压力机的竖向轴重合，活塞作用的合力要通过试件中心。压力机的下压板表面应与压力机的轴线垂直并在加荷过程中一直保持不变。

（6）抗压强度试验机用夹具：当需要使用夹具时，应把它放在压力机的上下压板之间并与压力机处于同一轴线，以便将压力机的荷载传递至胶砂件表面。夹具应符合 JC/T683 的要求，受压面积为 40 mm × 40 mm。夹具要保持清洁，球座应能转动，上压板从一开始就能适应试体的形状并在试验中保持不变。

（7）刮平直尺和播料器：控制料层厚度和刮平胶砂的专用工具。

（8）试验筛、天平、量筒等。

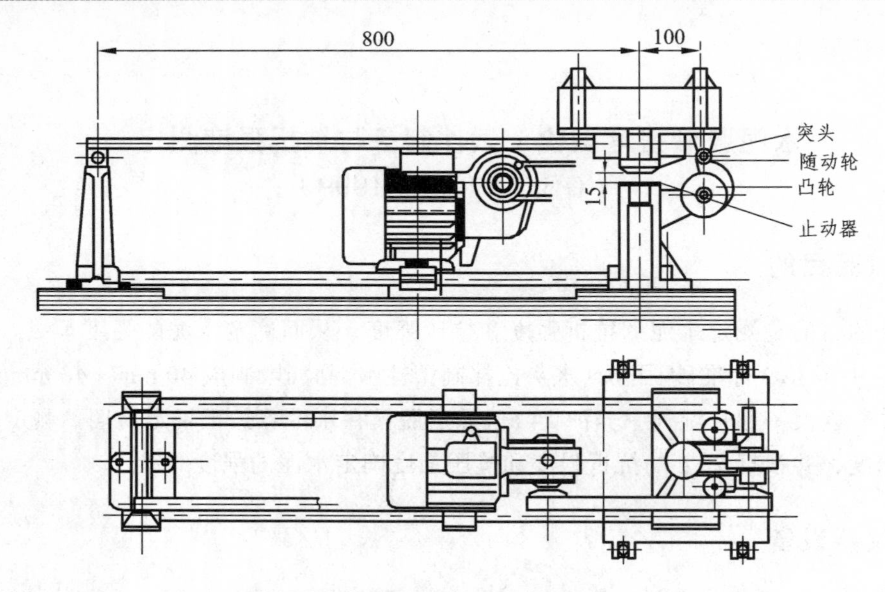

图 6.10　胶砂试件成型振实台（尺寸单位：mm）

三、试验步骤

1. 配　料

用 0.9 mm 方孔筛称取 450 g 水泥，量取 225 mL 水；用湿布润湿搅拌锅后，将称量好的水倒入搅拌锅内；倒入称取好的水泥；将搅拌锅放在胶砂搅拌机的固定架上升至固定位置；将标准砂（ISO）倒入漏斗内。

注：（1）火山灰质硅酸盐水泥、粉煤灰硅酸盐水泥、复合硅酸盐水泥和掺火山灰质混合材料的普通硅酸盐水泥进行胶砂强度检验的用水量按 0.50 水灰比和胶砂流动度不小于 180 mm 来确定。当流动度小于 180 mm 时，须以 0.01 的整倍数递增的方法，将水灰比调整至胶砂流动度不小于 180 mm。

（2）砌筑水泥进行胶砂强度检验的用水量需先测定胶砂流动度，其步骤参照胶砂流动度作业指导书。

2. 搅　拌

开动胶砂搅拌机，低速搅拌 30 s 后，在第二个 30 s 开始的同时将砂子均匀地加入，完毕后机器转至高速，再拌 30 s，停拌 90 s。在第一个 15 s 内用一胶皮刮具将叶片和锅边的胶砂，刮入锅中间，在高速下再继续搅拌 60 s。

3. 成　型

（1）胶砂制备后立即成型。将空试模和模套固定在振实台上，用小勺从搅拌锅里把胶砂分两层装入试模，装第一层时，每个槽里约放 300 g 胶砂，用大播料器垂直架在模套顶部沿每个模槽来回一次将料层播平，接着振实 60 次。再装入第二层胶砂，用小播料器播平，再振实 60 次，移走模套，从振实台上取下试模，用一金属直尺以近似 90° 的角度架在试模模顶的一端，然后沿试模长度方向以横向锯割动作慢慢向另一端移动，一次将超过试模部分的胶砂刮去，并用同一直尺在近乎水平的情况下将试体表面抹平。在试模上做标记或加字条对试件编号。

（2）当使用代用振动台成型时，操作如下：在搅拌胶砂的同时将试模和下料漏斗卡紧在振动台的中心。将搅拌好的全部胶砂均匀地装入下料漏斗中，开动振动台，胶砂通过漏斗流入试模。振动（120 ± 5）s 停止。振动完毕，取下试模，用刮平尺以规定的刮平手法刮去其高出试模的胶砂并抹平，接着在试模上做标记或用字条标明试件编号。

4．试件的养护

（1）脱模前的处理和养护。去掉留在试模四周的胶砂，立即将做好标记的试模放入雾室或湿箱的水平架子上养护，湿空气应能与试模各边接触。在养护时不应将试模放在其他试模上，一直养护到规定的脱模时间取出脱模。脱模前，用防水墨汁或颜料笔对试体进行编号或做其他标记，对两个龄期以上的试体，在编号时应将同一试模中的三条试体分在两个以上龄期内。

（2）脱模。脱模应非常小心。对于 24 h 龄期的，应在破型试验前 20 min 内脱模；对于 24 h 以上龄期的，应在成型后 20 ~ 24 h 脱模。

注：如经 24 h 养护，会因脱模对强度造成损害的，可以延迟至 24 h 以后脱模，但在试验报告中应予说明。

已确定作为 24 h 龄期试验（或其他不下水直接做试验）的已脱模试体，应用湿布覆盖至做试验时为止。

（3）水中养护。将做好标记的试件立即水平或竖直放在（20 ± 1）°C 水中养护，水平放置时刮平面应朝上，试件放在不易腐烂的篦子上（不宜用木篦子），并彼此间保持一定间距，以让水与试件的六个面接触。养护期间试件之间间隔或试体上表面的水深不得小于 5 mm。

每个养护池只养护同类型的水泥试件。最初用自来水装满养护池（或容器），随后随时加水保持适当的恒定水位。不允许在养护期间全部换水，除 24 h 龄期或延迟至 48 h 脱模的试体外，任何到龄期的试体应在试验（破型）前 15 min 从水中取出，揩去试体表面沉积物，并用湿布覆盖到试验为止。

（4）试体龄期从水泥加水搅拌开始试验时算起，不同龄期强度试验在下列时间里进行：

24 h ± 15 min；

48 h ± 30 min；

72 h ± 45 min；

7 d ± 2 h；

28 d ± 8 h。

5．强度测定（抗折强度测定）

将试体一个侧面放在试验机支撑圆柱上，试体长轴垂直于支撑圆柱，通过加荷圆柱以（50 ± 10）N/s 的速率均匀地将荷载垂直地加在棱柱体相对侧面上，直至折断。

【思考题】

1. 如何调整电动抗折机游动砝码上游标的“零”线与大杠杆标尺上“零”线相重合？

2. 如何将电动抗折机的大杠杆调平衡？

3. 在做水泥胶砂抗折试验时，对大杠杆扬起的角度有何要求？如果扬角偏大，实测的数据偏大还是偏小？

4. 当试件被折断后不能自动停止加荷，试分析产生故障的原因，如何排除？

任务四　负压筛析仪、煮沸箱使用与维护

【任务目标】

1. 了解负压筛析仪、煮沸箱的结构和工作原理。
2. 掌握仪器使用与维护的方法。
3. 会正确使用、维护和检校负压筛析仪、煮沸箱。
4. 能排除简单仪器故障。

【相关知识】

知识点一　负压筛析仪

一、用　途

负压筛析仪是进行《公路工程水泥混凝土试验规程》中水泥细度检测方法 80 μm 筛筛析法（T051—94）试验的专用仪器。

二、技术参数

（1）筛析测试细度：80 μm。

（2）筛析自控时间：2 min。

（3）工作负压可调范围：4 ~ 6 kPa。

（4）喷嘴转速：（30 ± 2）r/min。

（5）喷嘴口与筛网距离：2 ~ 8 mm。

（6）加入水泥试样：25 g。

三、结构与工作原理

1．主要结构

负压筛析仪主要由筛座、试验筛、吸尘器、旋风收尘装置组成，其中筛座由转速为（30 ± 2）r/min 的喷气嘴、负压表、数显时间控制器、同步电机等零部件构成（见图 6.11）。

筛座内装有同步电机、喷气嘴、硬管等，上面安放试验筛及筛盖。硬管下端以软管与旋风筒进口相接，小口用软管接在负压表上。

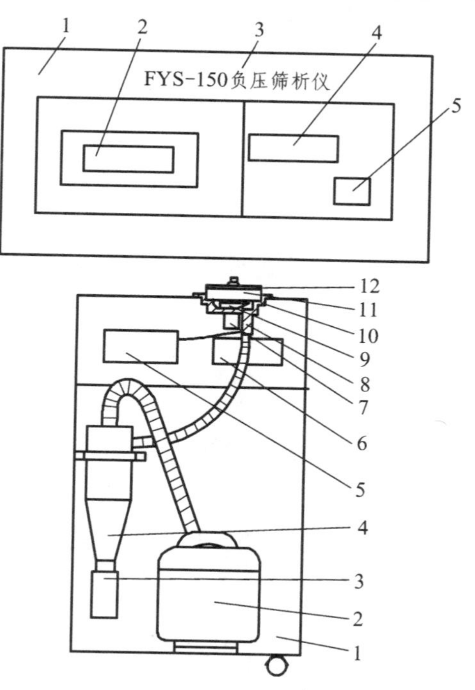

图 6.11　负压筛析仪结构简图

1—箱体；2—吸尘器；3—收尘瓶；4—旋风筒；5—负压表；6—数显时间控制器；7—同步电机；8—硬管；9—喷嘴；10—筛座；11—试验筛；12—筛盖

吸尘器作为负压源，吸口接在旋风筒出气口上，其电机可经面板上的调压旋钮进行无级调速，以便随时改变仪器的工作负压。

旋风收尘装置由旋风筒和收尘瓶组成，旋风筒大大提高了收尘效率，使 95% 的水泥粉尘落入收尘瓶内，从而减少了吸尘器的清灰次数。

时间控制器由数字显示屏和定时器构成，一方面将工作时间显示出来，另一方面使仪器能在工作 2 r/min 后自动停下来。

2．工作原理

负压筛析仪启动后，吸尘器和同步电机开始工作，使得筛座内保持在负压状态，试验筛上面的待测水泥细粉在喷出的气流的作用下变为动态，其中粒径小于筛网孔径的细粉在负压吸引下通过试验筛被吸走，而粒径大于筛网孔径的细粉则留存在试验筛上，从而完成了筛分。

知识点二　煮沸箱

一、用　途

本仪器是行业标准 JC/T955—2005《水泥标准稠度用水量、凝结时间、安定性检验方法》规定使用的配套设备，能自动控制箱体内水升温至沸腾和保持沸腾的时间，以检验水泥硬化后体积变化的均匀性（雷式夹法和试饼法）。

二、技术规格

（1）最高沸煮温度：100 °C。

（2）沸煮箱名义容积：31 L。

（3）升温时间：（20 °C 升至 100 °C）（20 ± 5）min。

（4）恒沸时间：3 h ± 5 min。

（5）管状加热器功率：4 kW/220 V（共两组各为 1 kW 和 3 kW）。

三、结构与工作原理

1．主要结构

如图 6.12 所示，主要由箱盖、内外箱体、箱篚、管加热器、罩壳、电气控制箱等零件构成。

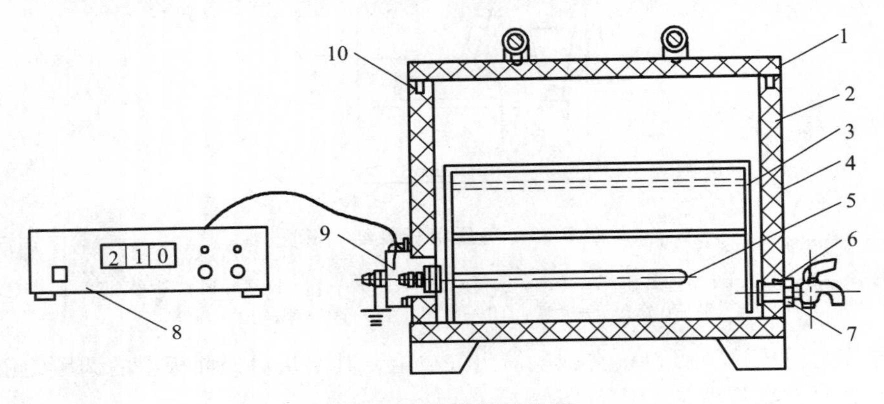

图 6.12　沸煮箱结构图

1—箱盖；2—内外箱体；3—箱篚；4—保护层；5—管加热器（两组）；6—管接头；7—铜热水嘴边；8—电气控制箱；9—罩壳；10—水封槽

2．工作原理

该煮沸箱有两组各为 1 kW 和 3 kW 的加热管。一开机，两根加热管同时加热，以保证在 30 min 的时间内升温至沸腾。一旦超过 30 min，不论水提前沸腾还是没沸腾，时间到，单片机控制继电器断开，让一根 1 kW 的加热器继续加热，以保持恒沸 3 h 之后全部断电。

【专业操作】

操作一　负压筛析仪的使用

一、仪器的使用方法

1．使用前的检查

（1）检查试验筛下部的密封圈是否完好。

（2）在筛座内安放试验筛（用手晃动试验筛应感觉与筛座的配合较紧，不能有间隙）并加筛盖，筛盖与筛上口应有良好的密封性。

（3）打开后门，检查各连接管口是否保持紧密状态。

（4）将电源插头插入 220 V 交流电源插座内，并有可靠接地。

2．操作步骤

（1）称取水泥试样 25 g，置于洁净的负压筛中，盖上筛盖，放在筛座上。

（2）打开电源开关，慢慢将负压调至 4 ~ 6 kPa。

（3）开动筛析仪连续筛析 2 min。在此期间如有试样附在筛盖上，可轻轻地敲击，使试样落下。仪器开始工作，直到显示屏上的时间显示到“0：00”时仪器自动停止工作。

（4）待停机后取下试验筛，将筛余物件倒入天平称量，得到筛析结果。

（5）试验结束关闭电源。

二、使用注意事项及维护

1．注意事项

（1）当工作负压小于 4 000 Pa 时，应清理吸尘器内水泥，使负压恢复正常。

（2）如果工作负压超出了 4 ~ 6 kPa，应旋动调压旋钮将负压调节在标准规定的范围之内。

（3）每次使用后，应用刷子从试验筛筛网两面轻轻刷清，并把筛网对着阳光或灯光检查合格，然后把试验筛保存在干燥的容器或者塑料袋内。

（4）仪器连续使用时间过长时，需停机散热以延长吸尘器电机寿命。

（5）试验筛堵筛时，可将其反置在筛座上，盖上筛盖进行反吸，再用刷子刷清。必要时也可把吸尘器吸管从旋风筒上拔下来，直接对着筛网进行抽吸，同时再用刷子刷清。若筛网堵塞严重，可先把试验筛放在水中浸泡一段时间再刷洗。

2．仪器的维护

（1）吸尘器应注意定期清灰，以保持收尘袋清洁，确保负压值达到标准。

（2）发现收尘瓶中的水泥细粉快满时，应将收尘瓶从旋风筒上拔下来（顺时针方向拔下），倒掉后再装上去（逆时针方向装上）。

（3）仪器使用完毕后关闭电源开关，并用抹布将仪器表面擦净。

3．常见故障及排除

（1）工作负压调不到 4 ~ 6 kPa。

原因：各密封部位漏气。

排除措施：没加密封圈的要加密封圈；排气管坏的要重新换上好的；排气管口部位松了要重新绑扎；检查吸尘器上盖与下部是否密封。

（2）试验时转动调压旋钮，负压表不动。

原因：负压表损坏。

排除措施：按仪表上的规格型号，在当地的电器仪表商店购买新的换上，或与厂家联系。

操作二　煮沸箱的使用

一、仪器的使用方法

1．使用前的检查

（1）检查输入电源是否有良好的接地，以保证箱体外壳可靠接地。

（2）当输入电源满足要求，给煮沸箱电气控制箱接入电源。

（3）给煮沸箱加水，深 180 mm（从内箱体底部算起）。

（4）给水封槽加水。

（5）测量水温，并做好记录。

（6）启动“自动”开关，打开秒表，察看两个指示灯是否全部发亮，数码显示管是否开始显示时间，并记录水沸腾的时间。

（7）当秒表和数码管均显示 30 min 时，此时有一个显示灯灭，说明一组 3 kW 的加热管停止加热。观察水提前沸腾还是没有沸腾，如果 30 min 时正好水开始沸腾，说明初始时的水温满足要求；如果提前沸腾，可把初始时的水温降低；如果推迟沸腾，可通过仪器的“手动”开关，把初始水温作适当提高。

（8）当恒沸 3 h，仪器显示 210 min 时，另一只显示灯应熄灭，此时煮沸箱另一组 1 kW 电热器停止加热，说明仪器工作正常，把箱中水全部放掉。

2．操作步骤

（1）把篦板或试饼架放入箱内。

（2）给煮沸箱冲水，深度满足 180 mm，并检查水温（如不满足要求可按相关规定调整）。

（3）给水封槽盛满水，以保证试验沸腾时起水封作用。

（4）把按规定方法制取并经过标准养生的试饼或装有试件的雷氏夹放入箱内架上（雷氏夹两指针朝上），接通电气控制器电源，启动“自动”开关，当显示器显示 210 min 时，电气控制器内蜂鸣器发出响声，表示试件加热完毕。

（5）切断电源，把热水嘴打开，将热水放出，打开箱盖。待箱体及试件冷却至室温，取出试件进行检查。

二、使用仪器注意事项及维护

1．注意事项

（1）煮沸箱内必须用洁净淡水。

（2）加热管加热前必须给箱内预加水 180 mm 高度，以防止加热管过热烧坏。

（3）箱体外壳必须可靠接地，以保证安全。

（4）搬动煮沸箱时，切忌在水封槽柜处用力（因该处壁较薄，易变形）。

（5）电气控制箱与煮沸箱体连接用插头座，需认准 1、2、3 接线编号。编号 1 为 1 kW 加热管，编号 2 为零线，编号 3 为 3 kW 加热管。

2．仪器的维护

（1）箱内如积有水垢，应定期清洗。

（2）加热管表面应经常洗刷去除积垢，以保证加热器的效率。

（3）加热管使用时间久了，易损坏，可使用同功率、外形和接头尺寸相同的加热管换上即可。

（4）当煮沸箱的显示灯不亮时，首先要检查保险丝是否完好。

（5）当启动“自动”开关，30 min 后 3 kW 加热管不能自动停止加热，要检查继电器和单片机。

【成绩评价】

	检测项目	序号	检测内容及要求	配分	学员自评	学员互评	教师评分	得分
任务评价	职业修养	1	安全、纪律	10				
		2	文明、礼仪、行为习惯	5				
		3	工作态度	5				
	专业能力	4	能正确表述负压筛析仪、煮沸箱的结构和工作原理	10				
		5	掌握仪器使用与维护的方法	10				
		6	正确使用、维护和检校负压筛析仪、煮沸箱	40				
		7	使用仪器注意事项	10				
		8	排除简单试验检测仪器故障	10				
		9						
综合评价								

【知识拓展】

水泥细度试验（负压筛法）

细度指水泥颗粒的粗细程度。水泥颗粒愈细，水化反应速度愈快，早期强度愈高。但水泥颗粒太细，在空气中的硬化收缩较大，容易出现干缩裂缝。另外，太细的水泥不宜存放且增加生产成本。为充分发挥水泥熟料的活性，改善水泥性能，同时考虑能耗的合理分配，应合理控制水泥细度。细度可用筛析法和比表面积法表示。现行国家标准规定：硅酸盐水泥、普通硅酸盐水泥比表面积大于 300 m^2/kg，矿渣硅酸盐水泥、火山灰质硅酸盐水泥、粉煤灰硅酸盐水泥、复合硅酸盐水泥 80 μm 方孔筛筛余不得超过 10.0%。

一、仪器设备

（1）负压筛。

① 负压筛由圆形筛框和筛网组成，筛网为金属丝编织方孔筛，方孔边长 80 μm，负压筛

应附有透明筛盖，筛盖与筛上口应有良好的密封性。

② 筛网应紧绷在筛框上，筛网和筛框接触处应用防水胶密封，以防止水泥嵌入。

（2）负压筛析仪。

① 负压筛析仪由筛座、负压筛、负压源及收尘器组成，其中筛座由转速为（30 ± 2）r/min 的喷气嘴、负压表、控制板、微电机及壳体等部分构成。

② 负压源和收尘器，由功率 600 W 的工业吸尘器和小型旋风收尘筒或由其他具有相当功能的设备组成。

（3）天平。最大称量 100 g，感量不大于 0.05 g。

二、试验步骤

（1）水泥样品应充分拌匀，通过 0.9 mm 方孔筛，记录筛余物情况，要防止过筛时混进其他水泥。

（2）筛析试验前，应把负压筛放在筛座上，盖上筛盖，接通电源，检查控制系统，调节负压至 4 ~ 6 kPa。

（3）称取试样 25 g，置于洁净的负压筛中，盖上筛盖，放在筛座上，开动筛析仪连续筛析 2 min。在此期间如有试样附着在筛盖上，可轻轻地敲击，使试样落下；筛毕，用天平称取筛余物。

（4）当工作负压小于 4 kPa 时，应清理吸尘器内水泥，使负压恢复正常。

【思考题】

1. 负压筛的工作原理是什么？
2. 工作负压调不到 4 ~ 6 kPa，试分析产生故障的原因，如何排除？
3. 煮沸箱在 30 min 断电后，煮沸箱内的水还没达到 100 °C，该怎么办？

项目七　沥青材料试验仪器使用与维护

任务一　数显式沥青针入度仪使用与维护

【任务目标】

1. 了解数显式沥青针入度仪的结构和工作原理。
2. 掌握仪器使用与维护的方法。
3. 会正确使用、维护和检校数显式沥青针入度仪。
4. 能排除简单仪器故障。

【相关知识】

一、用　途

沥青针入度仪满足了《公路工程沥青及沥青混合料试验规程》中 T0604—2011 的技术要求，可用于测定道路石油沥青、改性沥青的针入度以及液体石油沥青蒸馏或乳化沥青蒸发后残留物的针入度。其标准试验条件为温度 25 °C，荷重 100 g，贯入时间 5 s，针入度以 0.1 mm 计。

二、技术参数

（1）计时范围：1 ~ 99 s；
（2）计时精度：0.1 s；
（3）针入范围：0 ~ 50 mm；
（4）示值分辨率：0.1 mm；
（5）电源：（220 ± 10%）V，50 Hz，20 W。

三、主要结构及工作原理

（一）结　构

仪器由针入度装置和定时器两大部分组成。其中针入度装置部分包括：底座、水准泡、标准针、紧固螺丝、释放钮、支架、滑杆、触头、位移表、表测杆、慢手轮、快手轮、立柱、调水平支脚等。仪器结构如图 7.1 所示，针入度标准针结构如图 7.2 所示。

（二）工作原理

所谓“针入度”是指试样在规定的试验条件下，用规定尺寸和质量的标准针，在规定的重力作用下，在给定时间内沉入试样的深度，其单位为 0.1 mm。

该仪器在使用时，首先将标准针装入滑杆上，并用螺丝紧固。平时滑杆靠释放钮内的弹簧卡住。当按下释放钮时，滑杆连同标准针自由降落。针入度仪释放钮通常靠电磁铁的吸力而动作，其降落时间即针入时间，由定时器控制。而针入深度则由数显式位移表测量。利用齿轮、齿条传动机构使支架沿立柱上下移动，其移动速度取决于转动快轮还是慢轮。测量时，先将滑杆的上平台与位移表的触头相接触，这时位移表指示为“0”。通过转动快、慢手轮，使支架移动到标准针的尖端与试样表面刚刚接触。按下定时器的“启动”按钮，则电磁铁吸动释放钮，使滑杆和标准针依靠重力作用开始沉入试样中；当计时停止时，电磁铁断电，滑杆被卡住，沉入停止。按下位移表的测杆，使触头重新接触滑杆上端面，此位移值即为针入度值。

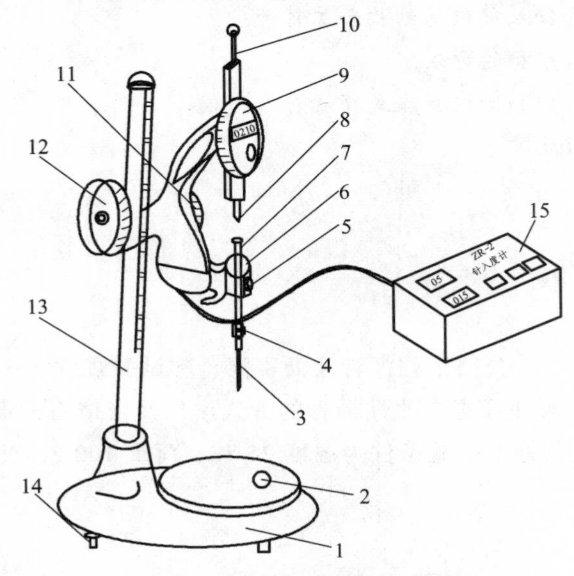

图 7.1　针入度仪结构示意图

1—底座；2—水准泡；3—标准针；4—紧固螺丝；5—释放钮；6—支架；7—滑杆；8—触头；9—位移表；10—表测杆；11—慢手轮；12—快手轮；13—立柱；14—调水平支脚；15—定时器

【专业操作】

一、仪器的使用方法

（一）使用前的检查

（1）仪器应安放在稳定、牢固的试验台上，调节底座下的支脚螺丝，使工作台面处于水平状态，这时水准泡的气泡应处于中心位置。

（2）仪器滑杆应与试验平台相垂直，按下释放钮，滑杆应能自由下落，无滞磨现象。

（3）将仪器的电缆插头与定时器输出端连好，插上电源，即可以开始工作。定时器后面板结构如图 7.3 所示。

（4）按规范要求制备好试样，并恒温至试验规定的温度。

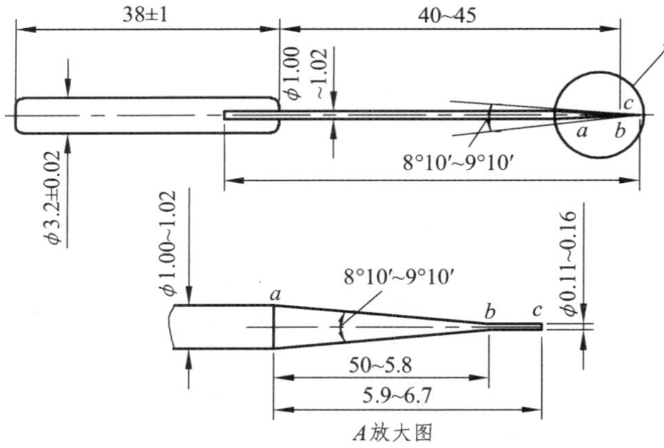

图 7.2 针入度仪标准针（尺寸单位：mm）

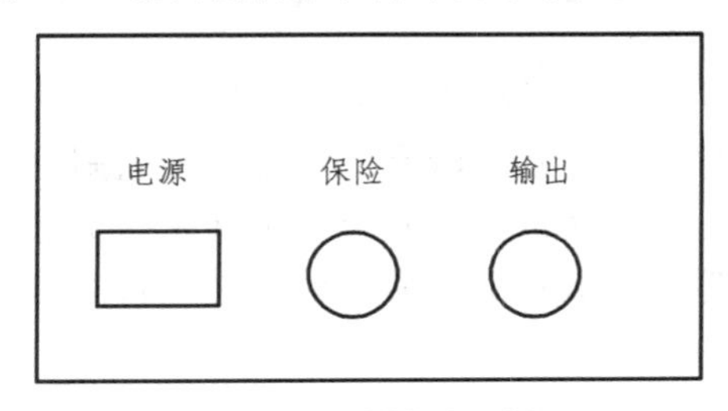

图 7.3 定时器后面板图

（二）操作步骤

（1）将沥青标准针清洗后装在滑杆上，按下预备钮，调节滑杆使其上端面与位移表的触头相接触，这时位移表的指示为“0”。

（2）将制备好的试样，移入水温控制在规定试验温度 ± 0.1 °C 的平底玻璃皿中的三脚架上，试样表面以上的水层深度不少于 10 mm。将放有试样的平底玻璃皿放在工作台中央。

（3）通过转动快、慢手轮，调节滑杆的上下位置，使标准针的针头尖端与试样表面刚刚接触。可借助照明灯及放大镜完成这一工作。

（4）根据试验规范，通过计时器的拨码盘选好预置时间（秒）。按下“启动”钮，电磁铁工作，放开滑杆，测头开始沉入试样，当到达预置时间时，沉入停止。

（5）轻轻按下位移表的测杆，至触头与滑杆上端面相接触。记下位移表的指示，单位为 0.1 mm，然后轻轻将表杆放回原位置，即“0”位置。如果不回零，需按一下表上的清零钮，则表头回零。

（6）当重复上述试验时，按下计时器的“预备”钮，这时计时电路清零，同时电磁铁吸动。用手将滑杆推到最高位置（即零位置），松开预备钮即可重复上述测试。

二、使用仪器注意事项及维护

（一）使用注意事项

（1）针入度仪既可以测定沥青材料的针入度，又可以测定石蜡针入度、润滑油锥入度，同时还可以用来测定某些食品、化妆品的锥入度。因此试验前应根据测试目的，选择正确的测头及其相匹配的滑杆。

（2）针入度仪所用数显式位移表为自动启动仪表，仪表不用时自行断电。工作时，只要按下表杆，则仪器自动开始工作，显示数据。

（3）位移表用电极省，通常一节电池可使用一年以上。当电池电压降至下限值时，显示的数字频频闪烁，以示需要更换电池。

（4）更换位移表电池时，将位移表左上方的扣盖取下，用镊子取出电池，再换上新电池，扣上盖子即可重新工作。注意选择正确的电池型号及电池电压。

（5）当更换电池或遇有意外情况，表头显示单位可能变成英寸（in），这时可用一牙签或细铁丝插入表头左下方小孔内，并按动一下，单位即可恢复成“毫米（mm）”设置。

（6）检查仪器时，在没有试件的情况下，不能使装有试针的滑杆下落，以免针尖损坏。

（7）按动操作按钮要到位，否则易引起试验误差。

（二）仪器的维护

（1）每次试验完毕必须及时清洗并擦干仪器。

（2）仪器的清洁：积灰与污迹应及时清除，灰尘可用软刷刷除或用干净软抹布抹去。

（3）标准针使用完毕后，应洗净擦干，并装入试针套内保管，以防变形。

（4）滑杆不用时应擦油防锈，但在下次使用前，必须将滑杆表面的油擦净，否则易引起试验误差。

三、仪器的校准

（一）检验条件

（1）环境温度：15 ~ 35 °C。

（2）相对湿度：< 85%。

（3）电压：（220 ± 10%）V；频率：50 Hz。

（4）校验应在无腐蚀性气体的室内进行。

（二）校验用标准仪器

（1）量块：（10 ± 0.05）mm，（20 ± 0.10）mm，（40 ± 0.5）mm 的二等量块一组。

（2）测量投影仪：投影尺寸 ϕ= 300 mm；旋转范围 0° ~ 360°；旋转分划值 1；游标分划值 1；放大倍数 × 10、× 20、× 50、× 100。

（3）天平：称量范围 0 ~ 200 g，分度值 0.01 g。

（4）外径千分尺：测量范围 1 ~ 100 mm，分度值 0.02 g。

（5）游标卡尺：测量范围 1 ~ 300 mm，分度值 0.02 g。

（6）秒表：分度值 0.1 s。

（7）温度计：测量范围 1 ~ 50 °C，分度值 0.1 °C。

（8）粗糙度样板。

（9）光学洛氏硬度计。

（10）兆欧表：耐压 500 V。

（三）技术要求

1．外观及常规要求

（1）沥青针入度仪应有清晰、能永久保持的产品铭牌，铭牌上应标明仪器名称、型号、制造厂名、出厂日期和出厂编号。

（2）仪器表面涂层应均匀光亮，不得有划痕、斑点、剥落等明显缺陷，标准针表面应光滑无锈蚀斑点，切平的圆锥面周边应锋利没有毛刺，刻度盘的刻字应清晰可辨，刻度指针能方便对零，数字式显示应稳定可靠。

（3）仪器各部件应齐全完好，工作稳定可靠；仪器应设有放置平底玻璃器的平台，并配有可调水平机构；针连杆应与平台垂直，支架部件在立杆上应上下运动自如，无卡滞现象；各开关按钮功能应正常，按释放按钮，针连杆应下落灵活，无滞磨现象。

2．刻度盘或数字显示仪

（1）刻度盘最小刻度值为 1 个单位，即 0.1 mm 针的位移精度 0.5 个针入度，即 0.05 mm，刻度的准确度应符合表 7.1 规定。

表 7.1 针入度刻盘示值要求

针入度	100	200	400
刻度盘指示值（针入度）	100 ± 0.5	200 ± 1	400 ± 1.5

（2）数字显示仪应包括针入度值（最小值 0.1 mm，即 1 个针入度单位）、控制时间等内容。

3．标准针

（1）常规试验时，标准针、针连杆和附加砝码的总质量为（100 ± 0.1）g，其中标准针（针与金属箍组件）总质量（2.5 ± 0.05）g，针连杆质量（47.5 ± 0.05）g，标准针和针连杆的总质量（50 ± 0.05）g。针入度仪附带砝码质量为（50 ± 0.05）g，附带砝码应具有可调整质量的装置。

（2）标准针应用硬化回火的不锈钢制造，洛氏硬度为 54 ~ 60 HRC，圆锥表面粗糙度的算术平均值应为 0.2 ~ 0.3 μm。其尺寸为：直径 1.00 ~ 1.02 mm，标准针的长度约为 50 mm，针露在外面的长度应为 40 ~ 45 mm。

（3）金属箍直径为（3.2 ± 0.05）mm，金属箍长（38 ± 1）mm。

（4）针的锥体角度为 8°40′ ~ 9°40′，针尖为平面，其直径为 0.14 ~ 0.16 mm。

（5）针与仪器底座平面应保持垂直状态，在针与底座平面接触情况下，针偏离其中心的最大允许值为 2.0 mm。

4．温控器

刻度范围 0 ~ 50 °C，分度值为 0.1 °C，测量准确度达到 ± 0.1 °C。

5．时控器

分度值为 0.1 s 或小于 0.1 s，60 s 内的准确度达到 ± 0.1 s。

用标准量块检定时，示值误差允许为 0.2 mm，重复性允许误差不超过 0.2 mm，仪器电源线对外壳接地点的绝缘电阻应不低于 2 MΩ。

（四）校验项目和校验方法

1．外观及常规检查

先用目测和手感进行检查，然后用显微镜观察标准针外观，其结果应符合外观及常规要求。

2．标准针硬度、表面粗糙度校验

用光学洛氏硬度计测量标准针的硬度，将标准针与粗糙度样板进行对比，其结果应符合相关技术要求。

3．标准针尺寸校验

用投影仪测量金属箍长度、金属箍直径、标准针外露长度、标准针直径、截面圆锥角度、针尖长度及针尖直径。重复进行 3 次，分别取平均值，其结果应符合相关技术要求。

4．标准针、针连杆及附加砝码质量

用天平测定标准针、针连杆及附加砝码质量，重复测量 3 次，且各部分质量的 3 次平均值应符合相关技术要求。

5．针偏离中心值

将仪器放置平稳，调节仪器水平，把标准针插入针连杆下端并紧固，在底座上放一玻璃片，取两张白纸，中间夹一张复印纸，一并放在玻璃片上。将针连杆放下，使针尖与纸刚好接触，然后用手轻轻转动试杆一周，此时针头在纸上划出一个圆圈。测量圆圈的直径，其直径一半即为针偏离中心值。重复测量 3 次，取平均值，其结果应符合相关技术要求。

6．时控器校验

（1）当采用自动式针入度仪时，落针按钮是通过时控器开关来控制的。校验时，接通电源，选择 5 s 和 60 s 两个检定点，同时按下电子秒表和时控器开关，读取落针锁住时秒表数值。重复测量 3 次，取平均值其结果应符合相关技术要求。

（2）如果是手动针入度仪，时控器一般为秒表，应按有关规程进行校验。

7．温控器校验

（1）当采用自动式针入度仪时，温度控制是通过温度传感器传送到仪器的温控器上显示的。校验时，将标准温度计插入到温度传感器同一位置，选择 5 °C、15 °C、25 °C、30 °C 四个校验点，分别读取各校准点的标准温度计和温控器的读数。重复测量 3 次，其任一次读数差均应符合相关技术要求。

（2）如果是手动针入度仪，温控器一般是玻璃液体温度计，应按相关规程进行校验。

8．刻度盘示值的校验

将标准针杆锁定在适当位置，在针连杆顶端放上量块，拉下刻度盘的拉杆，使其与量块顶端轻轻接触；调节刻度盘指示为零，移去量块，使拉杆与针连杆接触，记下此时刻度盘上指针所在位置。连续测量 3 次，取平均值，其准确度应符合相关技术要求。

9．重复性误差校验

重复性误差校验在示值误差校验的同时进行，相同检定点的 3 次示值的最大差值允许误差为 0.2 mm，重复性允许误差不超过 0.2 mm。

10. 绝缘电阻测定

仪器处于非工作状态，将兆欧表的一个插线端接到电源插头上，另一接线端接到仪器的接地端上。持续 5 s 后，测量仪器的绝缘电阻，其结果应不低于 2 MΩ。

11. 针入度仪的校验周期

针入度仪的校验周期一般为一年。

【成绩评价】

<table>
<tr><td rowspan="10">任务评价</td><td>检测项目</td><td>序号</td><td>检测内容及要求</td><td>配分</td><td>学员自评</td><td>学员互评</td><td>教师评分</td><td>得分</td></tr>
<tr><td rowspan="3">职业修养</td><td>1</td><td>安全、纪律</td><td>10</td><td></td><td></td><td></td><td></td></tr>
<tr><td>2</td><td>文明、礼仪、行为习惯</td><td>5</td><td></td><td></td><td></td><td></td></tr>
<tr><td>3</td><td>工作态度</td><td>5</td><td></td><td></td><td></td><td></td></tr>
<tr><td rowspan="6">专业能力</td><td>4</td><td>能正确表述数显式沥青针入度仪的结构和工作原理</td><td>10</td><td></td><td></td><td></td><td></td></tr>
<tr><td>5</td><td>掌握仪器使用与维护的方法</td><td>10</td><td></td><td></td><td></td><td></td></tr>
<tr><td>6</td><td>正确使用、维护和检校数显式沥青针入度仪</td><td>40</td><td></td><td></td><td></td><td></td></tr>
<tr><td>7</td><td>使用仪器注意事项</td><td>10</td><td></td><td></td><td></td><td></td></tr>
<tr><td>8</td><td>排除简单试验检测仪器故障</td><td>10</td><td></td><td></td><td></td><td></td></tr>
<tr><td>9</td><td></td><td></td><td></td><td></td><td></td><td></td></tr>
<tr><td colspan="3">综合评价</td><td colspan="6"></td></tr>
</table>

【知识拓展】

沥青针入度试验

（T 0604—2011）

一、试验目的及适用范围

（1）沥青的针入度是在规定温度和时间内，附加一定质量的标准针垂直穿入试样的深度，单位为 1/10 mm。

针入度指数用以描述沥青的温度敏感性，宜在 15 °C、25 °C、30 °C 等 3 个或 3 个以上温度条件下测定。若 30 °C 的针入度值过大，可采用 5 °C 代替。当量软化点 $T800$ 是相当于沥青针入度为 800 时的温度，用以评价沥青的高温稳定性。当量脆点 $T1.2$ 是相当于沥青针入度为 1.2 时的温度，用以评价沥青的低温抗裂性能。

（2）本方法适用于测定道路石油沥青、改性沥青针入度以及液体石油馏化或乳化沥青蒸发后残留物的针入度。用本方法评定聚合物改性沥青的改性效果时，仅适用于融混均匀的样品。

二、仪器设备

（1）针入度仪：凡能保证针和针连杆在无明显摩擦下垂直运动，并能使指示针贯入深度精确至 0.1 mm 的仪器均可使用。针和针连杆组合件总质量为（50 ± 0.05）g，另附（50 ± 0.05）g 砝码 1 只，试验时总质量为（100 ± 0.05）g。当采用其他试验条件时，应在试验结果中注明。仪器设有放置平底玻璃保温皿的平台，并有调节水平的装置，针连杆应与平台相垂直。仪器设有针连杆制动按钮，使针连杆可自由下落。针连杆易于装拆，以便检查其质量。仪器还设有可自由转动与调节距离的悬臂，其端部有一面小镜或聚光灯泡，借以观察针尖与试样表面接触情况。当为自动针入度仪时，各项要求与此项相同，温度采用温度传感器测定，针入度值采用位移计测定，并能自动显示或记录，且应对自动装置的准确性经常校验。为提高测试精密度，不同温度的针入度试验宜采用自动针入度仪进行。

（2）标准针：由硬化回火的不锈钢制成，洛氏硬度为 54 ~ 60 HRC，表面粗糙度 *Ra* 为 0.2 ~ 0.3 μm，针及针杆总质量为（2.5 ± 0.05）g。针杆上应打印有号码标志；针应设有固定用装置盒（筒），以免碰撞针尖；每根针必须附有计量部门的检验单，并定期进行检验。其尺寸及针头如图 7.2 所示。

（3）盛样皿：金属制，圆柱形平底。小盛样皿的内径 55 mm，深 35 mm（适用于针入度小于 200 的试样）；大盛样皿内径 70 mm，深 45 mm（适用于针入度为 200 ~ 350 的试样）；对针入度大于 350 的试样须使用特殊盛样皿，其深度不小于 60 mm，试样体积不少于 125 mL。

（4）恒温水槽：容量不小于 10 L，控温的精确度为 0.1 °C。水槽中应设有一带孔的搁架，位于水面下不得少于 100 mm、距水槽底不得少于 50 mm 处。

（5）平底玻璃皿：容量不少于 1 L，深度不少于 80 mm，内设有一不锈钢三脚支架，能使盛样皿稳定。

（6）温度计或温度传感器：精度为 0.1 °C。

（7）计时器：精度为 0.1 s。

（8）盛样皿盖：平板玻璃，直径不小于盛样皿开口尺寸。

（9）溶剂：三氯乙烯等。

（10）位移计或位移传感器：精度为 0.1 mm。

（11）其他：电炉或砂浴、石棉网、金属锅或瓷把坩埚等。

三、试验准备

（1）按规定的方法准备试样。

（2）按试验要求将恒温水槽调节到要求的试验温度（25 °C、15 °C、30 °C 或 5 °C），并保持稳定。

（3）将试样注入盛样皿中，试样高度应超过预计针入度值 10 mm，并盖上盛样皿盖，以防落入灰尘。盛有试样的盛样皿在 15 ~ 30 °C 室温中冷却不少于 1.5 h（小盛样皿）、2 h（大盛样皿）或 3 h（特殊盛样皿）后，再移入保持规定试验温度 ± 0.1 °C 的恒温水槽中，并应保温不少于 1.5 h（小盛样皿）、2 h（大盛样皿）或 2.5 h（特殊盛样皿）。

（4）调整针入度仪使之水平。检查针连杆和导轨，以确认无水和其他外来物，无明显摩擦。用三氯乙烯或其他溶剂清洗标准针，并拭干。将标准针插入针连杆，用螺丝紧固。按试验条件加上附加砝码。

四、试验步骤

（1）取出达到恒温的盛样皿，并移入水温控制在试验温度 ± 0.1 °C（可用恒温水槽中的水）的平底玻璃皿中的三脚支架上。试样表面以上的水层深度不少于 10 mm。

（2）将盛有试样的平底玻璃皿置于针入度仪的平台上，慢慢放下针连杆，用适当位置的反光镜或灯光反射观察，使针尖恰好与试样表面接触。将位移计复位为零。

（3）开始试验，按下释放键，从计时与标准针落下贯入试样同时开始，至 5 s 时自动停止。

（4）读取刻度盘指针或位移指示器的读数，精确至 0.1 mm。

（5）同一试样平行试验至少 3 次，各测试点之间及与盛样皿边缘的距离不应少于 10 mm。每次试验后应将盛样皿的平底玻璃皿放入恒温水槽，使平底玻璃皿中水温保持试验温度。每次试验应换一根干净标准针或将标准针取下用蘸有三氯乙烯溶剂的棉花或布揩净，再用干棉花或布擦干。

（6）测定针入度大于 200 的沥青试样时，至少用 3 支标准针，每次试验后将针留在试样中，直到 3 次平行试验完成后，才能将标准针取出。

（7）测定针入度指数 PI 时，按同样的方法在 15 °C、25 °C、30 °C（或 5 °C）中 3 个或 3 个以上（必要时增加 10 °C、20 °C 等）温度条件下分别测定沥青的针入度，但用于仲裁试验的温度条件应为 5 个。

【思考题】

1. 测定针入度时，如何保证标准针的针头尖端与试样表面刚刚接触？
2. 沥青针入度仪的检校项目有哪些？

任务二　数显沥青延度仪使用与维护

【任务目标】

1. 了解数显沥青延度仪的结构和工作原理。
2. 掌握使用与维护的方法。
3. 会正确使用、维护和检校数显沥青延度仪。
4. 能排除简单仪器故障。

【相关知识】

一、用　途

延度是衡量沥青特性的三大指标之一，通常评价沥青材料的塑性时用沥青的延度表示。即将一定几何形状和尺寸的沥青试样置于规定的水介质中，以恒速拉伸，测得拉断时的长度，称为沥青的延度，以 em 表示。

低温双数显沥青延度仪满足了《公路工程沥青及沥青混合料试验规程》中 T 0605-2 试验的技术要求，适用于测试各种规格型号的沥青，如液体沥青蒸馏残留物和乳化沥青蒸发残留物及改性沥青等。

二、技术参数

（1）工作电压：（220 ± 10%）V，（50 ± 0.5）Hz。

（2）使用环境温度：0 ~ 30 °C。

（3）温控精度：± 0.5 °C。

（4）相对湿度：（25 °C 时）< 80%。

（5）制冷功率：1.2 kW。

（6）最大延度：150 cm、200 cm。

（7）加热功率：1.5 kW（1 kW）。

（8）延伸速度：（5 ± 0.25）cm/min 和（1.00 ± 0.05）cm/min。

（9）延伸度测量示值误差：± 0.5%。

（10）外形尺寸：1.5 型 2 310 mm × 355 mm × 1 050 mm，2.0 型 2 810 mm × 355 mm × 1 050 mm。

三、主要结构与工作原理

（一）结　构

沥青延度仪主要由拉伸装置、试模、恒温水箱、测量装置、温度控制系统、速度控制装置等组成。其结构如图 7.4 所示，操作面板结构如图 7.5 所示。

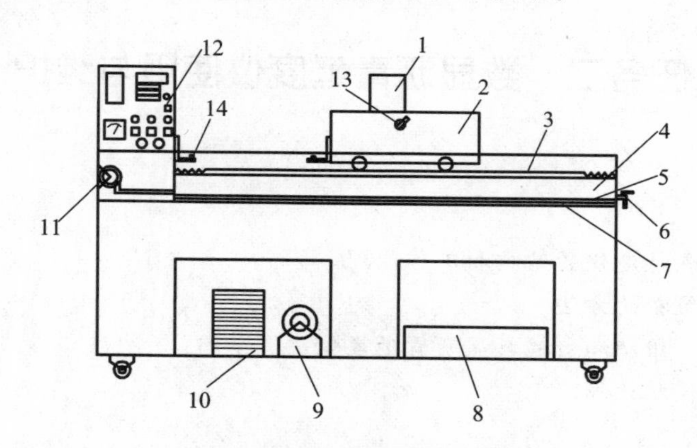

图 7.4　沥青延度仪结构示意图

1—电机；2—变速箱；3—齿条；4—水箱；5—加热管；6—放水阀；7—制冷管；8—电控柜；9—压缩机；10—冷凝器；11—水泵；12—操作面板；13—离合手柄；14—试模架

（二）工作原理

延度仪内箱一般采用不锈钢折弯制成，内胆上装有电热管一根，制冷管一套。采用封闭式永磁同步电机，带动变速箱齿轮，可沿齿条一端向另一端以每分钟 5 cm 的速度进行恒速移动。将试模中的标准试件在水槽内恒速拉断，以获得该试件的延度值。

仪器由两个数字显示器部分组成，数显温控仪可直接控制加热和制冷系统。

水槽内的水温在 1 ~ 50 °C 范围内恒温可调，并附有导流式循环水系统，能有效地使水温全部均衡。延度计值数显器能显示延伸长度，并能自动计算 3 个试样同时进行延度试验的平均值。

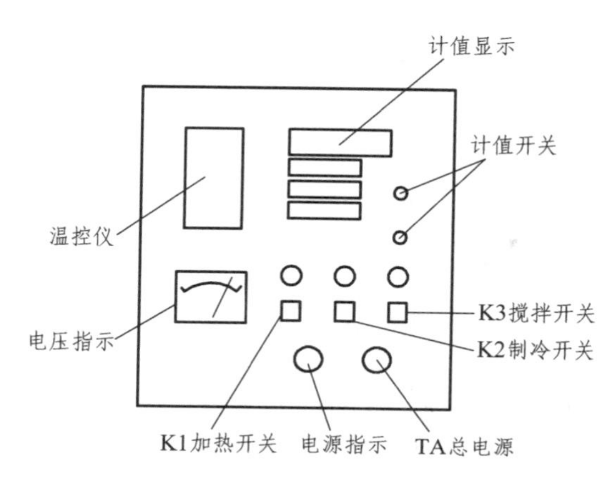

图 7.5　操作面板结构示意图

【专业操作】

一、仪器的使用方法

（一）试验前的检查

（1）仪器应水平置于室内地面上，室温 0 ~ 30 °C，相对湿度 < 80%，无振动、无腐蚀性气体，并应有良好的接地保护。

（2）使用前检查水槽内的水位，应符合测试操作规程的要求。在关闭所有功能开关的情况下，接通电源，并检查搅拌马达、延伸动力马达是否运转良好。

（3）调节温控仪到需要的温度，启动制冷或加热系统功能开关，同时启动搅拌马达（注：试验开始应关闭搅拌马达，停止水循环）。

（4）严格按规范规定制作试模（8 字模），并将试样连同试模底板一起，放置于水温保持在规定试验温度 ± 0.1 °C 的恒温水槽中 1 ~ 1.5 h。

（二）操作步骤

（1）检查试模及水槽内水温是否达到要求。

（2）拉出离合手柄旋转一角置空档，再移动变速箱，将装满试样的试模从底板上取下，放置在仪器延伸端的圆柱销内，并取下侧模，推入离合手柄使齿轮啃合，进入工作位置。

（3）接通变速箱上数显装置电源，打开启动开关，仪器开始工作，显示器将显示延伸长度。在试验过程中，如发现沥青细丝浮于水面（说明水的密度比试样大），或沉入槽底时（说明水的密度比试样小），则加入酒精或食盐，调整水的密度至与试样相近，再进行试验。

（4）待沥青试样拉断或达到试验要求时，按一下计值开关，仪器自动计入该试样的延伸度，第二根试样拉断后，再按一下计值开关，此时仪器也将自动计入该试样的延伸度。第三根试样拉断后，再按一下计值开关，此时仪器将自动计算并显示三根试样的延度平均值。

（5）工作结束后，关上电源，取出试模，拉出离合手柄置于空挡，将变速箱推回。

（6）打开放水阀，将水槽内水放干净，并将水擦干，各传动部位及齿轮加入适量机油，以防生锈。

二、仪器使用注意事项及维护

（一）使用注意事项

（1）仪器必须使用有良好接地保护的标准插座。

（2）仪器的电压应保证在规定的电压范围内［220 V ± 10%，（50 ± 0.5）Hz］，电压不稳需安装稳压器。

（3）仪器开机时有时间延时保护装置，不是故障。

（4）长时间未用或首次使用制冷机，应检查冷凝器风机是否正常工作，否则将可能导致压缩机故障。

（5）使用完毕，应把水放尽后再开启一次搅拌水泵，以便排尽水泵内的积水。水槽中的积水若不放净，易引起水槽腐蚀，产生锈斑而损坏仪器。

（6）仪器使用完毕，首先关闭所有功能开关，然后关闭总电源开关。

（7）当水循环系统不工作，无法保证水槽中的水温均匀时，不能进行试验。

（8）8 字试模应对号使用，否则端模与侧模之间可能产生较大间隙。

（二）仪器的维护

（1）延度仪禁止在水槽内无水情况下通电工作。使用完毕后，必须将水槽中的水放干净，并加以清理。

（2）如不使用超过六个月，应打开电机上的 4 个螺栓，把变速箱内所有部件涂抹上黄油；长期不用时，必须用防尘罩盖上，以防尘。

（3）制冷机组在通风不良或环境温度高于 35 °C 时，制冷效率将明显降低，甚至自动停机。当发生自动停机时，应查明原因或排除故障后才能重新启动制冷机，且制冷机不能在短时间内频繁启动。

三、仪器的校准

（一）校验条件

（1）环境温度：15 ~ 35 °C。

（2）相对湿度：< 85%。

（3）电压：220 V ± 10%；频率 50 Hz。

（4）校验应在无腐蚀气体的室内进行。

（二）校验用标准仪器

（1）秒表：分度值 0.1 s。

（2）钢直尺：分度值 1 mm，量程 0 ~ 2 m。

（3）百分表：分度值 0.01 mm。

（4）钢卷尺：分度值 1 mm。

（5）标准温度计：精确度为 0.1 °C，量程 0 ~ 100 °C。

（6）游标卡尺：分度值 0.02 mm，量程 0 ~ 120 mm。

（7）兆欧表：耐压 500 V。

（三）技术要求

（1）仪器应有产品铭牌（铭牌应清晰，永久保持），铭牌上应标明仪器名称、规格、型号、出厂日期、出厂编号、制造厂商等；外部无明显损伤和缺陷。

（2）延度仪开机时不得有明显噪声，各部件应工作正常，运转部件不得有阻滞和颤抖现象，标尺刻度清楚，数字显示应清晰稳定。

（3）拉伸装置拉伸速度：（1.00 ± 0.05）cm/min 和（5.00 ± 0.25）cm/min。

（4）拉伸装置在工作时，摆动量不大于 0.5 mm。

（5）水浴控制温度范围：0 ~ 30 °C；控温误差：0.5 °C。

（6）水浴应无渗漏现象。

（7）全程示值误差允许值：± 5 mm；重复性误差不超过 1%。

（8）试模：由黄铜制造，其尺寸应符合图 7.6 的要求。试模内壁及底板上表面应整洁光滑，无锈蚀。应在适当位置设置编号，内侧表面粗糙度 *Ra* 应小于等于 0.2 μm。

（9）绝缘电阻：仪器电源线对外壳接地点的绝缘电阻应大于 2 MΩ。

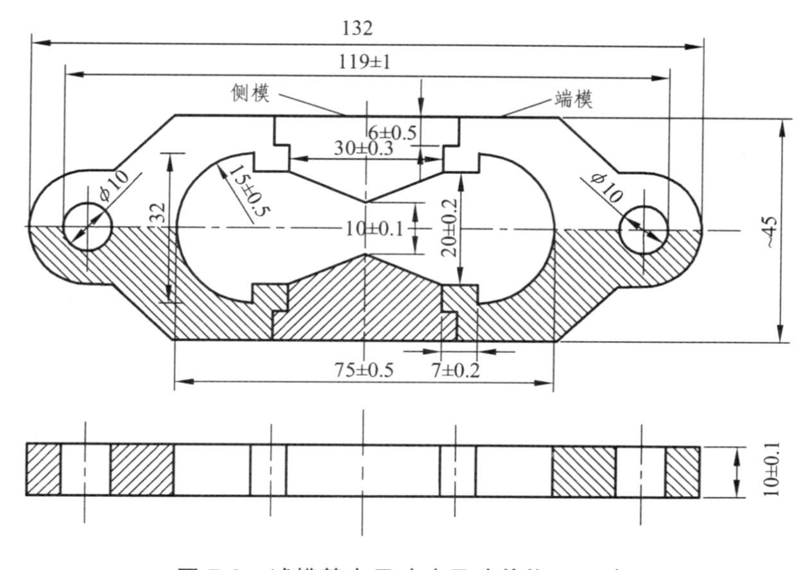

图 7.6　试模基本尺寸（尺寸单位：cm）

（四）校验项目和校验方法

1．外观检查

外观先凭目测和手感进行检查，然后在水槽中加入规定数量的水，启动延度仪进行观察（各部分是否达到技术条件要求）。应注意观察：仪器表面应完整无损伤，色泽均匀，标尺及各操作部位标记清楚，铭牌清晰，内容完整。开机时各部件工作正常，数显部分显示清楚稳定，恒温水槽无渗漏。

2．拉伸速度校验

（1）检定拉伸速度为（1.00 ± 0.05）cm/min 时，开动仪器并按动秒表，20 min 后用钢尺读得拉伸装置移动距离，换算成速度，应符合相关技术要求。

（2）检定拉伸速度为（5.00 ± 0.25）cm/min 时，开动仪器并按动秒表，4 min 后用钢尺读得拉伸装置移动距离，换算成速度，应符合相关技术要求。

3．拉伸装置摆动量检定

将拉伸装置移至中间位置，两只百分表表头分别沿水平和垂直方向，各装于移动部分前进方向一侧，移动拉伸装置 5 cm，观察百分表表值变动情况，记录其最大值。重复进行 3 次，其任一次的最大值应符合相关技术要求。

4．示值误差校验

在延度仪的标尺上，用钢卷尺进行比对直至全量程，其比对偏差应符合相关技术要求。

校验配有数显装置的延度仪：打开电源，拉开钢卷尺并将其平置于延度仪上，对好零位，按下数显装置回零按钮，使数值回零，开动延度仪，每 300 mm 记录延度仪数显读数，直至全量程，计算数显读数与钢卷尺之差。重复进行 3 次，取其平均值，应符合相关技术要求。条件允许时，也可采用标准沥青法检定示值误差。

5．水浴控制温度校验

分别设定温度 5 °C、10 °C、15 °C 和 25 °C 为 4 个测温点，达到恒温后，用测温装置（多点温度计）测定有效延伸范围内各点（至少包括水浴两端和中间 3 点）的温度值。重复测量 3 次，其平均值应符合相关技术要求。

6．试模尺寸校验

将试模组装后，用游标卡尺进行检定，其结果应符合相关技术要求。

7．绝缘电阻校验

仪器处于非工作状态，将兆欧表的一个插线端接到电源、插头的相中连线上，另一接线端接到仪器的接地端上。持续 5 s 后测量仪器的绝缘电阻，其结果应符合相关技术要求。

8．沥青延度仪及试模的校验周期

沥青延度仪及试模的校验周期一般不超过一年。

【成绩评价】

	检测项目	序号	检测内容及要求	配分	学员自评	学员互评	教师评分	得分
任务评价	职业修养	1	安全、纪律	10				
		2	文明、礼仪、行为习惯	5				
		3	工作态度	5				
	专业能力	4	能正确表述数显沥青延度仪的结构和工作原理	10				
		5	掌握仪器使用与维护的方法	10				
		6	正确使用、维护和检校数显沥青延度仪	40				
		7	使用仪器注意事项	10				
		8	排除简单试验检测仪器故障	10				
		9						
综合评价								

【知识拓展】

沥青延度试验（T 0605—2011）

一、试验目的及适用范围

（1）沥青的延度是由规定形状（∞字形）的沥青试样，在规定温度下，以一定的速度延伸至拉断时的长度，以 cm 表示。

沥青延度的试验温度与拉伸速率可根据要求采用，通常采用的试验温度为 25 °C、15 °C、10 °C 或 5 °C，拉伸速度为（5 ± 0.25）cm/min。当低温采用（1 ± 0.5）cm/min 拉伸速度时，应在报告中注明。

（2）本方法适用于测定道路石油沥青、液体沥青蒸馏残留物和乳化沥青蒸发残留物等材料的延度。

二、仪器设备

（1）延度仪：延度仪的测量长度不宜大于 150 cm，仪器应有自动控温、控速系统。应满足试件浸没于水中，能保持规定的试验温度及按照规定拉伸速度拉伸试件，且试验时无明显振动的延度仪均可使用，其组成如图 7.7 所示。

（2）试模：黄铜制，由两个端模和侧模组成，其形状尺寸如图 7.8 所示。试模内侧表面粗糙度 $Ra = 0.2$ μm，当装配完好后可浇铸试样。

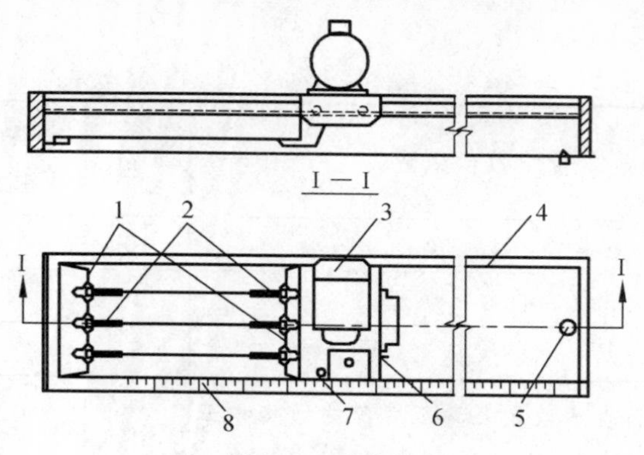

图 7.7　延度仪

1—试模；2—试样；3—电机；4—水槽；5—泄水孔；6—开关；7—指针；8—标尺

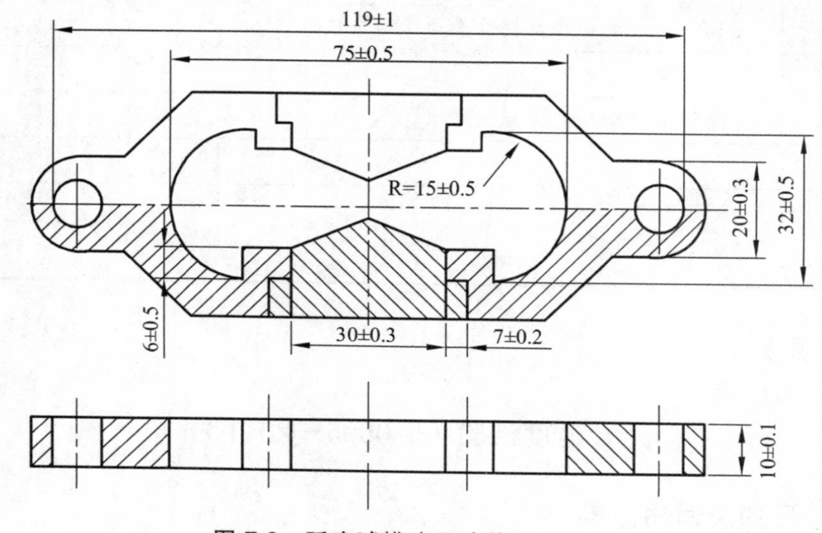

图 7.8　延度试模（尺寸单位：mm）

（3）试模底板：玻璃板或磨光的铜板、不锈钢板（表面粗糙度 $Ra = 0.2\ \mu m$）。

（4）恒温水槽：容量不少于 10 L，控制温度的精确度为 0.1 °C。水槽中应设有带孔搁架，搁架距水槽底不得少于 50 mm。试件浸入水中深度不小于 100 mm。

（5）温度计：量程 0 ~ 50 °C，分度值 0.1 °C。

（6）砂浴或其他加热炉具。

（7）甘油滑石粉隔离剂（甘油与滑石粉的质量比为 2 : 1）。

（8）其他：平刮刀、石棉网、酒精、食盐等。

三、试验准备

（1）将隔离剂拌和均匀，涂于清洁干燥的试模底板和两个侧模的内侧表面，并将试模在试模底板上装妥。

（2）按规定的方法准备试样，然后将试样自试模的一端至另一端往返数次缓缓注入模中，最后略高出试模。灌模时应注意勿使气泡混入。

（3）试件在室温中冷却不少于 1.5 h，然后用热刮刀刮除高出试模的沥青，使沥青面与试模面齐平。沥青的刮法应自试模的中间刮向两端，且表面应刮得平滑。将试模连同底板再浸入规定的试验温度的水槽中保温 1.5 h。

（4）检查延度仪延伸速度是否符合规定要求，然后移动滑板使其指针正对标尺的零点。将延度仪注水，并保温达试验温度，精确 ± 0.1 °C。

四、试验步骤

（1）将保温后的试件连同底板移入延度仪的水槽中，然后将盛有试样的试模自玻璃板或不锈钢板上取下，将试模两端的孔分别套在滑板及槽端固定板的金属柱上，并取下侧模。水面距试件表面应不小于 25 mm。

（2）开动延度仪，并注意观察试样的延伸情况。此时应注意，在试验过程中，水温应始终保持在试验温度规定范围内，且仪器不得有振动，水面不得有晃动；当水槽采用循环水时，应暂时中断循环，停止水流。

在试验中，如发现沥青细丝浮于水面或沉入槽底，应在水中加入酒精或食盐，调整水的密度至与试样相近后，重新试验。

（3）当试件拉断时，读取指针所指标尺上的读数，以厘米表示。正常情况下，试件延伸时应呈锥尖状，拉断时实际断面接近于零。如不能得到这种结果，则应在报告中注明。

【思考题】

1. 做沥青延度试验时，如发现沥青细丝浮于水面，或沉入槽底时，应采取什么措施？
2. 延度试验结果应如何取值？

任务三　沥青软化点试验仪使用与维护

【任务目标】

1. 了解沥青软化点试验仪的结构和工作原理。
2. 掌握仪器使用与维护方法。
3. 会正确使用、维护和检校沥青软化点试验仪。
4. 能排除简单仪器故障。

【相关知识】

一、用　途

沥青软化点是沥青材料三大指标之一，它是评价沥青材料高温稳定性的一个重要指标。该仪器满足《公路工程沥青及沥青混合料试验规程》中 T 0606—2011 的技术要求，用于测定道路石油沥青、煤沥青的软化点，也可用于测定液体石油沥青经蒸馏或乳化沥青破乳蒸发后残留物的软化点。

二、技术参数

（1）工作电压：（220 ± 10%）V，50 Hz。
（2）使用环境温度：室温小于 35 °C。
（3）测量范围：– 5.0 ~ （70 ± 0.5）°C。
（4）搅拌器：搅拌速度连续可调。
（5）加热速率：3 min 后为（5.0 ± 0.5）°C/min。
（6）加热功率：800 W。
（7）烧杯有效容积：1 000 mL。

三、主要结构及工作原理

（一）结　构

仪器分控制主体和试验仪两部分，试验仪放在控制主体上面，其结构如图 7.9 所示。

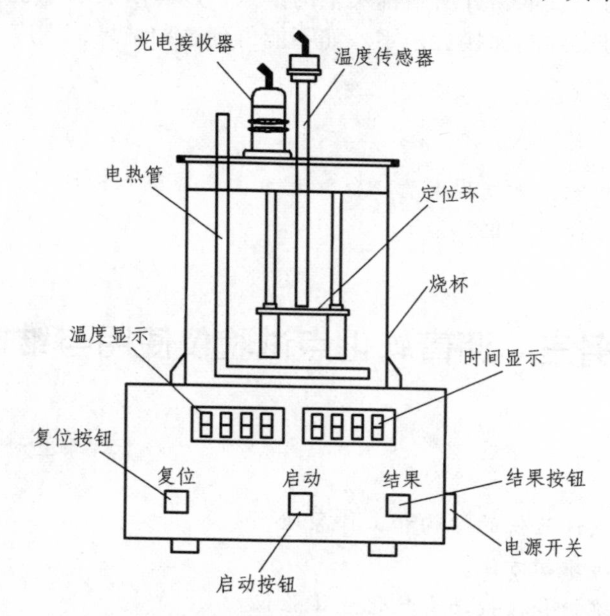

图 7.9　软化点仪结构示意图

控制主体包括温度显示、时间显示、温度检测、温度速率控制、供电电源、搅拌器及调速控制、前面板和后面板等。控制主体前面板见图 7.9 下部所示。试验仪包括烧杯、电热管、光电接收器、温度传感器、软化点测试定位环（钢球定位环）等。

在控制主体后面板上，电源插座通过电源线与 220 V/50 Hz 交流电相连，加热插座通过加热线与试验仪的加热管相连，状态插座通过 6 芯电缆线和 2 芯电缆线与试验仪的光电接收管和温度传感器相连。调速电位器可改变搅拌器的搅拌速度。

（二）工作原理

沥青软化点仪用于测定黏稠石油沥青、黏稠页岩沥青、多蜡液体石油沥青、煤沥青、软煤沥青蒸发后残留物及沥青乳液蒸发后残留物等材料的软化点。试验时将试样放在规定尺寸的金属环内，上置规定尺寸和质量的钢球于水中或甘油中，启动仪器以每分钟 5 °C 的速度加热，至试样软化下沉达规定距离。仪器自动测记此刻的温度，以°C 表示，即为该试样的软化点。

【专业操作】

一、仪器的使用方法

（一）使用前的检查

（1）按规定制备两个试样。将装有试样的试样环连同试样底板置于（5.0 ± 0.5）°C 的恒温水槽中至少 15 min，同时将金属支架、钢球、钢球定位环等也置于相同水槽中。

（2）将两个试样小心放入试验仪的两个试样环中，并将两只钢球定位罩放在两只试样环上，再把两只钢球放于试样的中央。

（3）烧杯中放入 800～1 000 mL 的蒸馏水，室内温度较低时可少放一些，室内温度较高时可多放一些。

（4）将磁力搅拌器放至烧杯底部的中间位置。

（5）连接控制主体与试验仪的状态连接线：状态连接线的 6 芯电缆线与试验仪的光电接收器插头相连；状态连接线的 2 芯电缆线是温度传感器，把温度传感器放入试验仪的中心孔中。

（6）用加热线连接控制主体的加热插座与试验仪的电热管插座，插上电线。

（二）操作步骤

（1）打开控制主体的电源开关，仪器处于“准备”状态，时间显示器显示累计开机时间，温度显示器显示温度传感器所处位置的实际温度，此时按“结果”键不起作用。无论任何时候，如果按“复位”键，仪器将处于“准备”状态。因此，在测试过程中，不能轻易按“复位”键。

（2）将后面板上的调速电位器调至适当位置，使烧杯中搅拌子的转动速度在合适位置上。（太快会影响测试结果，太慢会造成水温不均匀。）

（3）仪器处于“准备”状态，其他准备工作（如水温 5 °C、烧杯中的蒸馏水放好，试样放妥等）就续后，按动“启动”开关，仪器进入“测试”状态。这时，时间显示器显示的是试验相对时间，温度显示器显示的是当前水的温度值，3 min 后，仪器的加热速率为（5.0 ± 0.5）°C/min。在试验阶段，按“结果”键和“启动”键均不起作用，但一定不能按“复位”键，否则仪器将停止试验，回到“准备”状态。

如果水温达到 75 °C，试样仍达不到软化点，仪器将自动停止加热，并发出警报声。按“复位”键，仪器回到“准备”状态。

如果水温在 75 °C 以内，达到试样的软化点温度，当小球落到 25.4 mm 处时，仪器发声，表示试验结束，仪器进入“结果”状态。

（4）在“结果”状态，时间显示器显示为“××：00”，表示两个样品试验结果的平均值，在温度显示器上显示测试结果的平均温度。

按“结果”键，可分别读取样品1（时间显示器显示为“××：01”）、样品2（时间显示器显示为“××：02”）的测试温度及两者的平均值（时间显示器显示为“××：00”）。

二、仪器使用注意事项及维护

（一）使用注意事项

（1）试验仪切勿无水干试。

（2）在“试验”阶段和“结果”阶段，不要轻易按“复位”按钮，否则将导致试验失败，必须重新试验。

（3）仪器测试过程中，搅拌子的转速应调到合适的位置上。开始加热时，搅拌子的转速可快一些，当水温接近软化点温度时（这时被测沥青试样开始向下鼓出），搅拌子的转速要调到很慢，甚至停止转动，这样可保证下落的钢球精确通过检测线，从而保证测试结果的精确。

（4）钢球下落，仪器不能自动停止试验，显示结果时，一般是因环境光线太强或试样环上的隔离剂不均匀，使钢球下落，偏离接收通道。前者可把仪器移到光线较暗处进行试验，后者应将隔离剂涂抹均匀后重新开始试验。

（5）仪器使用后应放在防湿、防尘的地方，以免受潮腐蚀和灰尘进入。

（6）软化点仪分高温与低温两种，试验时应认清仪器类型使用。本篇主要介绍了低温软化点仪的使用方法，当采用高温软化点仪时，应使用甘油为介质，将装有试样的试样环连同底板及金属支架、钢球、钢球定位环等试验仪器，放入装有（32±1）°C甘油的恒温槽中恒温。

（7）一旦试件达到软化状态，钢球下落时，应切断电源，否则仪器易被烧坏。

（8）试验必须使用蒸馏水，否则水中矿物质易堵塞传感器探头，影响传感器的敏感度。

（二）仪器的维护

（1）试验完毕必须及时关机，并清洗仪器，擦干水迹，传感器周围的水应甩干。

（2）试件支架上装有220 V电加热器，使用过程中应小心，不要让水流到支架顶盖上，以免短路。

（3）加热器长时间反复使用后，插头表面氧化，易引起接触不良，此时应用工具将加热器表面氧化层刮去。

（4）温度传感器铜管内严禁进水。温度传感器的前端有一保护套，用以保护温度传感器不受撞击损坏，应注意保护。

（5）仪器的清洁：若仪器积灰，可用软毛刷刷除；若有污迹，可用沾有中性洗涤剂的干净软布擦拭。

三、常见故障及排除

（1）使用中仪器显示的温度可能与实际温度不符，按“复位”键使仪器初始化，可恢复正常显示。

（2）读取试验结果时，加热器可能会误加热，此时应快速记录试验结果后按“复位”键，或直接将加热器电源拔掉。

（3）试验中试件支架放入水中有气泡，可以把试件支架反复地提起与放下，利用水和空气的阻力排出气泡。

（4）按“启动”键后，仪器不立即加热，可能是仪器的实测水温高于 5 °C。例如：实测温度为 28 °C，则按“启动”键后，仪器开始升温的时间应为

$$\frac{28\ ^\circ\mathrm{C}-5\ ^\circ\mathrm{C}}{5\ ^\circ\mathrm{C}}\mathrm{min}=4.6\,\mathrm{min}$$

则目测加热器加热的时间大约为

$$4\ \mathrm{min}+(0.6\times60+10)\ \mathrm{s}=4\ \mathrm{min}\ 46\ \mathrm{s}$$

（5）仪器的升温速度不一定很规律。如：第 1 分钟可能升高 6.3 °C，第 2 分钟可能升高 5.2 °C，第三分钟可能升高 4.6 °C，等等。这些都在控温误差范围内。若升温总是大于 5.5 °C 或大部分都小于 4.6 °C，则可能与使用的烧杯容量大小、外形尺寸及所加的水量有关，也可能与磁力搅拌器的速率有关，应按相关规程要求酌情调整。

四、仪器的校准

（一）校验条件

（1）环境温度：15 ~ 35 °C。

（2）相对湿度：< 85%。

（3）电压：（220 ± 10%）V；频率：50 Hz。

（二）校验用标准仪器

（1）千分表：量程 0 ~ 25 mm，分度值 0.01 mm。

（2）游标卡尺：量程 0 ~ 150 mm，分度值 0.02 mm。

（3）天平：分度值 0.01 g。

（4）量杯：量程 0 ~ 1 200 mL，分度值 5 mL。

（5）秒表：分度值 0.1 s。

（6）标准温度计：量程 0 ~ 100 °C，分度值 0.1 °C。

（7）兆欧表：耐压 500 V。

（8）专用通止规。

（三）技术要求

（1）外观及常规要求。

① 仪器各部件应齐全，试样环、试样环支撑架、钢球、钢球定位器等主要部件表面不得有划痕、斑点、剥落等明显缺陷。

② 开关、接插件定位准确，紧固件牢固可靠，不允许有松动现象。

（2）两只钢球直径为（9.53 ± 0.03）mm，每只钢球质量为（3.50 ± 0.05）g。

（3）浴槽是耐热玻璃烧杯，容量为 800～1 000 mL，直径应不小于 86 mm，高度应不小于 120 mm。

（4）试样环、试样环支撑架、钢球定位环的尺寸要求如图 7.10 所示。

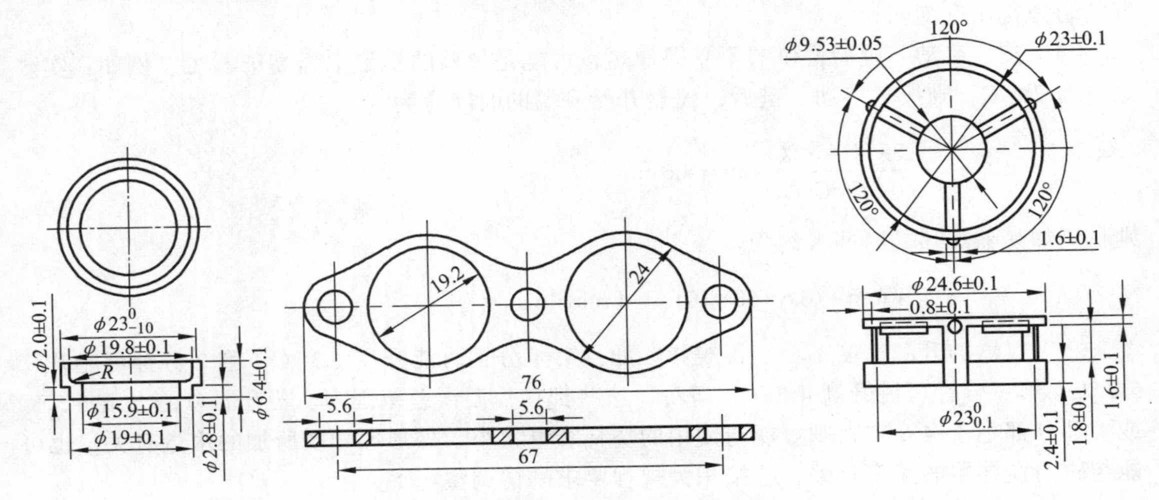

图 7.10　试样环、中层板、钢球定位环尺寸示意图（尺寸单位：mm）

（5）试样环支撑架上的试样环底部距离下支撑板的上表面（24.5 ± 0.05）mm，下支撑板的下表面距离浴槽底部 12.7～19 mm。

（6）升温速率：（5 ± 0.5）°C/min。

（7）示值误差：± 0.5 °C。

（8）重复性误差：当校准温度＜80 °C，重复性误差允许值为 ±1 °C；当校准温度≥80 °C，重复性误差允许值为 ± 2 °C。

（9）绝缘电阻：仪器电源线对外壳接地点的绝缘电阻应大于 2 MΩ。

（四）校验项目和校验方法

1．外观及常规检查

用目测和手感方法进行检查，其结果应符合相关技术要求。

2．钢球直径和钢球质量校验

用千分尺测量钢球直径，用天平测量钢球质量，重复测量 3 次，分别取算术平均值，其结果应符合相关技术要求。

3．浴槽容量和尺寸校验

用容量筒测量浴槽的容量，用游标卡尺测量浴槽的直径和高度，其结果应符合相关技术要求。

4．试样环、试样环支撑架、钢球定位器的尺寸校验

用游标卡尺分别测量试样环、试样环支撑架的尺寸，用专用通止规检验钢球定位器的内径和定位孔直径，其结果应符合图 7.10 的技术要求。

5．环底部分距下支撑板、下支撑板距浴槽底部尺寸校验

将仪器各部组装后，用游标卡尺分别测量试样环支撑架上的试样环底部到下支撑板上表面的距离、下支撑板下表面到浴槽底部的距离，其结果应符合相关技术要求。

6．升温速率校验

在室温至 85 °C 范围内，取 800 mL 的水作为试验介质，以仪器显示值为标准，用秒表记录时间。每分钟测量升温值，其任意测量值应符合相关技术要求。

7．示值误差校验

以甘油为介质，在尽可能靠近仪器温度传感器位置插入标准温度计。以 5 °C/min 的升温速率升温至 150 °C，自然冷却至 40 °C，每降 10 °C 作为一个检定点，记录各检定点的仪器显示值和标准温度计值，其差值即为各检定点的示值误差。重复测量 3 次，其任意一校准点的 3 次示值误差平均值均应符合相关技术要求。

8．重复性误差校验

重复性误差的标准校验与示值误差标准校验同时进行，相同检定点的 3 次测量值的最大误差应符合相关技术要求。

9．绝缘电阻测定

仪器处于非工作状态，将兆欧表的一个插线端接到电源、插头的相中连线上，另一接线端接到仪器的接地端上，持续 5 s 后测量仪器的绝缘电阻，其结果应符合相关的技术要求。

【成绩评价】

	检测项目	序号	检测内容及要求	配分	学员自评	学员互评	教师评分	得分
任务评价	职业修养	1	安全、纪律	10				
		2	文明、礼仪、行为习惯	5				
		3	工作态度	5				
	专业能力	4	能正确表述沥青软化点试验仪的结构和工作原理	10				
		5	掌握仪器使用与维护的方法	10				
		6	正确使用、维护和检校沥青软化点试验仪	40				
		7	使用仪器注意事项	10				
		8	排除简单试验检测仪器故障	10				
		9						
综合评价								

【知识拓展】

沥青软化点试验（环球法）
（T 0606—2011）

一、试验目的及适用范围

（1）沥青软化点试验是试样在规定尺寸的金属环内，其上放规定尺寸和质量的钢球，然后均放于水或甘油中，以每分钟升高 5 °C 的速度加热至软化下沉达规定距离（25.4 mm）时的温度，以 °C 表示。

（2）本方法适用于测定道路石油沥青、煤沥青的软化点，也适用于测定液体石油沥青经蒸馏或乳化沥青破乳蒸发后残留物的软化点。

二、仪器设备

（1）软化点试验仪：如图 7.11 所示，由下列部件组成。

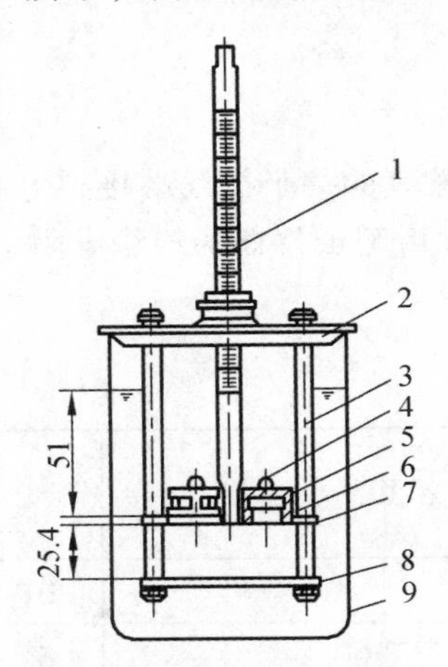

图 7.11　软化点试验仪（尺寸单位：mm）

1—温度计；2—上盖板；3—立杆；4—钢球；5—钢球定位环；6—金属环；7—中层板；8—下层板；9—烧杯

① 钢球：直径 9.53 mm，质量（3.5 ± 0.05）g。

② 试样环：黄铜或不锈钢等制成，形状尺寸如图 7.12 所示。

③ 钢球定位环：黄铜或不锈钢制成，形状尺寸如图 7.13 所示。

④ 金属支架：由 2 个主杆和 3 层平行的金属板组成。上层为一圆盘，直径略大于烧杯直径，中间有一圆孔，用以插放温度计。中层板形状尺寸如图 7.14 所示，板上有 2 个孔，各放置金属环，中间有一小孔可支持温度计的测温端部。一侧立杆距环上面 51 mm 处刻有水高标记。环下面距下层底板 25.4 mm，而下底板距烧杯底不少于 12.7 mm，也不得大于 19 mm。3 层金属板和主杆由两螺母固定在一起。

⑤ 耐热玻璃烧杯：容量 800 ~ 1 000 mL，直径不小于 86 mm，不高于 120 mm。

⑥ 温度计：量程 0 ~ 80 °C，分度值 0.5 °C。

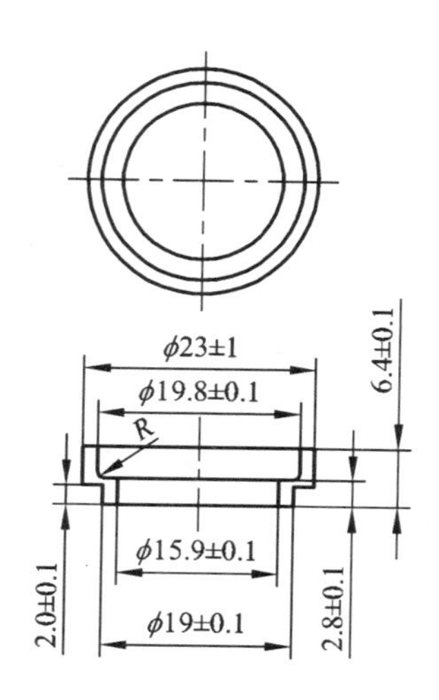

图 7.12　试样环（尺寸单位：mm）

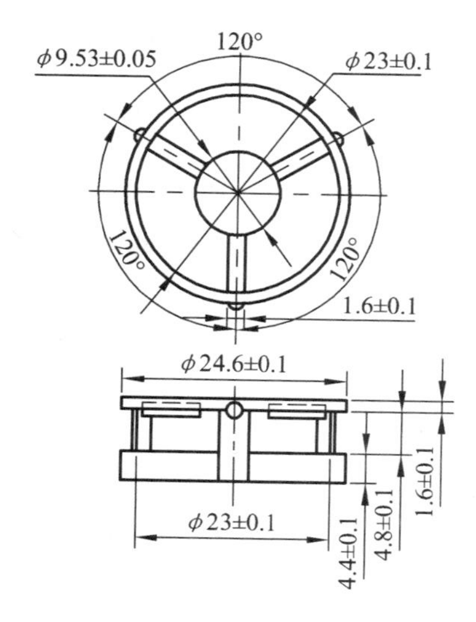

图 7.13　钢球定位环（尺寸单位：mm）

（2）环夹：由薄钢条制成，用以夹持金属环，以便刮平表面。其形状尺寸如图 7.15 所示。

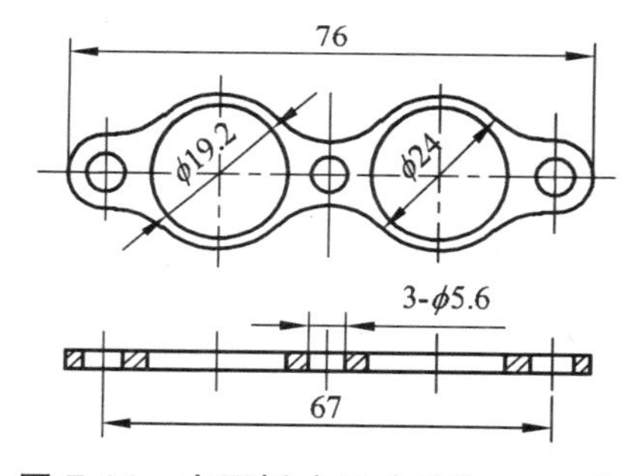

图 7.14　中层板（尺寸单位：mm）

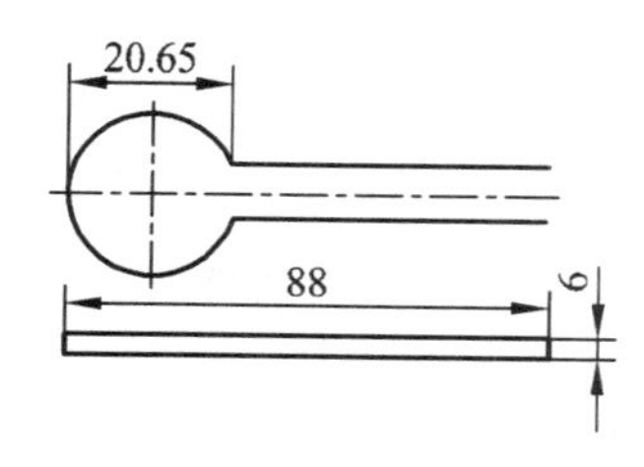

图 7.15　环夹（尺寸单位：mm）

（3）装有温度调节器的电炉或其他加热炉具（液化石油气、天然气等）。应采用带有振荡搅拌器的加热电炉，振荡器置于烧杯底部。

（4）试样底板：金属板（表面粗糙度 *Ra* 应达到 0.8 μm）或玻璃板。

（5）恒温水槽：控温精确至 ± 0.5 °C。

（6）平直刮刀。

（7）甘油滑石粉隔离剂（甘油与滑石粉的质量比为 2 : 1）。

（8）新煮沸过的蒸馏水。

（9）其他：石棉网。

三、试验准备

（1）将试样环置于涂有甘油滑石粉隔离剂的试样底板上，并按规定方法将准备好的沥青试样徐徐注入试样环内至略高出环面为止。如估计试样软化点高于 120 °C，则试样环和试样底板（不用玻璃板）均应预热至 80 ~ 100 °C。

（2）试样在室温冷却 30 min 后，用环夹夹着试样杯，并用热刮刀刮除环面上的试样，使与环面齐平。

四、试验步骤

1．试样软化点在 80 °C 以下者

（1）将装有试样的试样环连同试样底板置于（5 ± 0.5）°C 的恒温水槽中至少 15 min，同时将金属支架、钢球、钢球定位环等也置于相同水槽中。

（2）烧杯内注入新煮沸并冷却至 5 °C 的蒸馏水或纯净水，水面略低于立杆上的深度标记。

（3）从恒温水槽中取出盛有试样的试样环放置在支架中层板的圆孔中，套上定位环；然后将整个环架放入烧杯中，调整水面至深度标记，并保持水温为（5 ± 0.5）°C。环架上任何部分不得附有气泡。将 0 ~ 100 °C 的温度计由上层板中心孔垂直插入，使端部测温头的底部与试样环下面齐平。

（4）将盛有水和环架的烧杯移至石棉网的加热炉具上，然后将钢球放在定位环中间的试样中央，立即开动振荡搅拌器，使水微微振荡，并开始加热，杯中水温在 3 min 内调节至维持每分钟上升（5 ± 0.5）°C。在加热过程中，应记录每分钟上升的温度值，如温度上升速度超出此范围，则试验应重做。

（5）试样受热软化逐渐下坠，直至与下层底板表面接触时，立即读取温度，精确至 0.5 °C。

2．试样软化点在 80 °C 以上者

（1）将装有试样的试样环连同试样底板置于装有（32 ± 1）°C 甘油的恒温槽中至少 15 min，同时将金属支架、钢球、钢球定位环等也置于甘油中。

（2）在烧杯内注入预先加热至 32 °C 的甘油，其液面略低于立杆上的深度标记。

（3）从恒温槽中取出装有试样的试样环，按上述方法进行测定，精确至 1 °C。

【思考题】

1. 什么原因造成软化点试验时，钢球下落，仪器不能自动停止试验、显示结果？应如何处理？

2. 试叙述沥青软化点仪的钢球直径和钢球质量校验方法。

项目八　沥青混合料试验仪器使用与维护

任务一　沥青混合料搅拌机使用与维护

【任务目标】

1. 了解沥青混合料搅拌机的结构和工作原理。
2. 掌握仪器使用与维护方法。
3. 正确使用、维护和检校沥青混合料搅拌机。
4. 排除简单仪器故障。

【相关知识】

一、用　途

该仪器满足了《公路工程沥青及沥青混合料试验规程》的各项技术要求，可用于公路建设部门的试验室、工地试验室及教学科研单位备制试件；可热拌沥青碎石、沥青混凝土、沥青砂石等各种类型的沥青混合料；当加热锅不加热时亦可拌制石灰、水泥（粉煤灰）稳定土或粒料等基层混合料。

二、技术参数

（1）拌和容量：10 L。
（2）控温精度：±5 °C。
（3）加热锅温度范围：室温～250 °C（任意设定）。
（4）拌和时间：1～999 s（任意设定）。
（5）搅拌浆转速：公转 48 转/min，自转 90 转/min。
（6）工作条件：温度 –10～40 °C，相对湿度不大于 80%。
（7）电源电压：220 V±10%；电流：10 A。

三、主要结构及工作原理

1．结　构

该仪器由加热拌和锅、搅拌器和升降机共三大部分组成，其结构如图 8.1 所示。

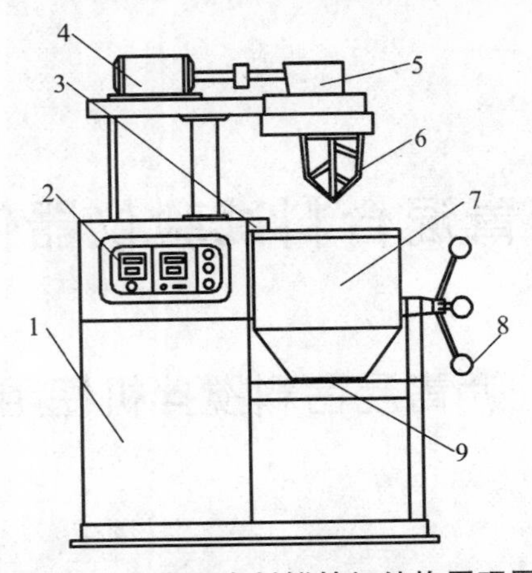

图 8.1　沥青混合料搅拌机结构原理图

1—机体；2—操作面板；3—定位器；4—搅拌电机；5—搅拌头；6—搅拌桨；7—加热拌和锅；8—紧固手把；9—温度传感器

2．工作原理

试验时，将原材料按规定装入加热拌和锅中，加热锅温度在室温～250 °C 任意设定，并自动控温。搅拌器由搅拌头、电机和搅拌桨组成。工作时，搅拌桨在锅内进行公转与自转，对混合料进行拌和。搅拌时间由定时器控制，可在 1～999 s 任意设定。升降机构由电机、皮带减速器、丝杠等部件组成，用来实现搅拌器的升降。当加料或出料时，搅拌器升到最高位置；当搅拌时，搅拌器降到最低位置。图 8.2 表明了该机的三个不同工作状态。

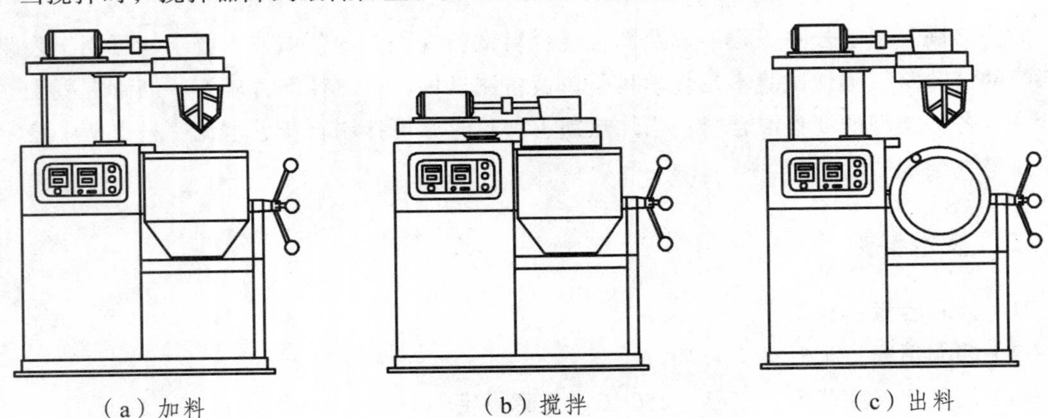

（a）加料　　（b）搅拌　　（c）出料

图 8.2　搅拌机三个不同工作状态

【专业操作】

一、仪器的使用方法

（一）使用前的检查

1．仪器的安装

仪器应安装在有较好基础的地面，距墙及附近固定物应大于 0.6 m。可用地脚螺钉固定，也可不用地脚螺钉，仅在仪器下垫一块厚 5 mm 的橡胶板亦能正常工作。安装时仪器应尽量水平。为了操作方便安全，供电电源最好设一空气开关（10 A），专门作为搅拌机的总开关，这样平时插头可不取下。安装电源时，仪器应有良好的接地，以防漏电伤人。

2．操作面板各按键使用方法

操作面板如图 8.3 所示。它分为三个独立的部分，分别对加热锅温度（左侧）、搅拌器的升降（右侧）及拌和时间（中部）进行控制。

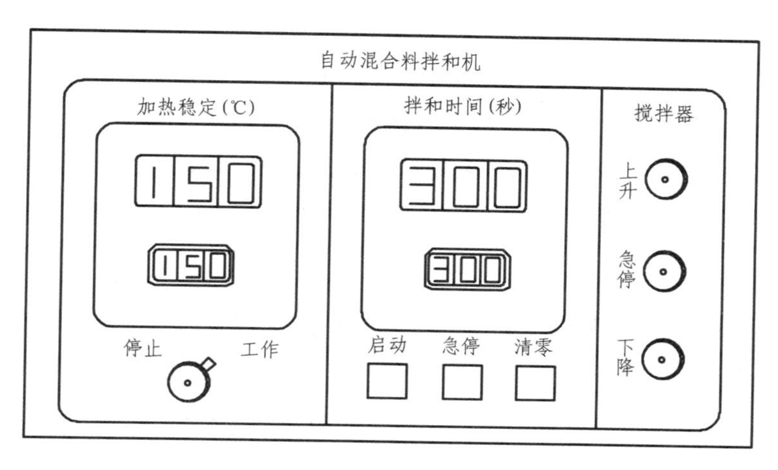

图 8.3　搅拌机操作面板

（1）加热锅温度控制

根据工作需要由拨盘设定所需温度，并由控温表控制与显示温度。该仪器的控温方式为通断式。由于热惯性原因，温控表上的显示数值有过冲现象，这是正常的，应以预置温度为准。该部分下部有一旋钮，指示“工作”与“停止”位置。当混合料需要控温时，则旋到“工作”位置；当不需控温时，如水泥混合料的拌和，则将该旋钮置于“停止”位置。这时加热器停止工作。

（2）拌和时间控制

根据规程要求，由预置键设定所需时间。工作时，按下“启动”按钮，搅拌电机开始转动，通过搅拌头驱动搅拌桨做公转与自转运动。到达设定时间后，电机自动停止，“清零”后，方可进行下一次操作。当遇到紧急情况，可随时按下“急停”键，则搅拌器立即停止工作。

（3）搅拌器升降控制

在操作面板的右侧，有“上升”“下降”及“急停”按钮。当按下“上升”或“下降”按钮，则搅拌器自动升至最高或降至最低位置。搅拌器在运动过程中如遇到紧急情况，可随时按下“急停”键，则搅拌器立即停止运动。

（二）操作步骤

1．准备工作

接通电源后，各部即进入准备状态。首先根据规程或工作需要预置拌和时间和加热温度，然后将控温部分的旋钮置于“工作”位置，则控温加热系统开始工作。约 20 min，锅的内壁即可达到设定的温度，这时仪器即可开始工作。

2. 填　料

按下操作面板右侧的“上升”按钮，则搅拌器自动升到最高位置，此时将事先预热好的混合料倒入锅中。

3. 拌　和

按下“下降”按钮，则搅拌器自动降到最低位置，将搅拌桨伸入锅内，按下面板中部的“启动”按钮，则搅拌桨开始搅拌。当搅拌到预置时间时，自动停机。“清零”后可进行下一次搅拌。在搅拌过程中如遇紧急情况，可随时按下“急停”键，则搅拌器立即停止运动。为了减少搅拌桨下降的阻力，可在搅拌桨下降刚刚触到料面时，立即启动搅拌器。

4. 出　料

按下“上升”按钮，搅拌头升至最高位置，通过手把松开、锁紧螺母，打开定位器，用手把将锅转置 90°；用掏料勺将混合料掏出，通过滑板落入模具内，然后根据需要制备试样。

5. 清　洗

当混合料的拌和与试样制备完毕后，切断电源，对仪器进行清洗。特别是加热锅、滑板及搅拌桨上不得留有沥青残渣或污物。

二、使用仪器注意事项及维护

（一）注意事项

（1）自动控制系统的设定与调整，必须按照操作步骤的要求严格执行。

（2）在拌和过程中，操作人员应及时注意搅拌机的工作情况，如遇特殊、紧急情况，应及时按下“急停”键，并切断电源，待排除故障后，方可重新开机工作。

（3）混合料拌制完毕，必须检查温控与时控系统的按键是否按顺序关闭，并切断电源。

（4）试验结束后，必须用三氯乙烯或煤油将拌和锅及搅拌桨清洗干净。

（5）拌和机使用一定时间后，应通过温度传感器的导热棒检查油浴锅内的油位，如缺油应及时补充导热油（导热油一般应向厂家购买，不得加入其他油品）。

（二）仪器的维护

（1）升降机构的丝杠及导向轴要经常涂抹润滑脂。

（2）搅拌器的减速箱应每年更换一次润滑油。

（3）面板仪表配有有机玻璃罩，长期不用时，应将其罩住，以防灰尘侵入。

（4）保护好露在外面的电线，不得使其受力，也不得被尖锐物刺伤或被重物砸伤。

【成绩评价】

	检测项目	序号	检测内容及要求	配分	学员自评	学员互评	教师评分	得分
任务评价	职业修养	1	安全、纪律	10				
		2	文明、礼仪、行为习惯	5				
		3	工作态度	5				
	专业能力	4	能正确表述沥青混合料搅拌机的结构和工作原理	10				
		5	掌握仪器使用与维护的方法	10				
		6	正确使用、维护沥青混合料搅拌机	40				
		7	使用仪器注意事项	10				
		8	排除简单试验检测仪器故障	10				
		9						
综合评价								

【知识拓展】

沥青混合料试件制作试验（击实法）
（T 0702—2011）

一、试验目的及适用范围

（1）本方法适用于标准击实法或大型击实法制作沥青混合料试件，以供试验室进行沥青混合料物理力学性质试验使用。

（2）标准击实法适用于标准马歇尔试验、间接抗拉试验（劈裂法）等所使用的 ϕ101.6 mm × 63.5 mm 的圆柱体试件的成型。大型击实法适用于大型马歇尔试验和 ϕ152.4 mm × 95.3 mm 的大型圆柱体试件的成型。

（3）沥青混合料试件制作时的条件及试件数量应符合下列规定：

① 当集料公称最大粒径小于或等于 26.5 mm 时，宜采用标准击实法。一组试件的数量通常不少于 4 个。

② 当集料公称最大粒径大于 26.5 mm 时，宜采用大型击实法。一组试件数量不少于 6 个。

二、仪器设备

（1）自动击实仪：击实仪应具有自动记数、控制仪表、按钮设置、复位及暂停等功能。按其用途分为以下两种：

① 标准击实仪：由击实锤、ϕ98.5 mm 平圆形压实头及带手柄的导向棒组成。用机械将击实锤举起，至（457.2 ± 1.5）mm 高度沿导向棒自由落下击实。标准击实锤质量（4 536 ± 9）g。

② 大型击实仪：由击实锤、ϕ（149.4 ± 0.1）mm 平圆形压实头及带手柄的导向棒组成。用机械将击实锤举起，至（457.2 ± 2.5）mm 高度沿导向棒自由落下击实。大型击实锤质量（10 210 ± 10）g。

（2）标准击实台：用以固定试模。在 200 mm × 200 mm × 457 mm 的硬木墩上面有一块 305 mm × 305 mm × 25 mm 的钢板，木墩用 4 根型钢固定在下面的水泥混凝土板上。本墩采用青冈栎、松或其他干密度为 0.67 ~ 0.77 g/cm^3 的硬木制成。人工击实或机械击实均必须有此标准击实台。

自动击实仪是将标准击实锤及标准击实台安装于一体，并用电力驱动使击实锤连续击实试件且可自动记数的设备。击实速度为（60 ± 5）次/min。大型击实仪电动击实的功率不小于 250 W。

（3）试验室用沥青混合料拌和机：能保证拌和温度并充分拌和均匀，可控制拌和时间，容量不小于 10 L，如图 8.4 所示。拌和叶片自转速度 70 ~ 80 r/min，公转速度 40 ~ 50 r/min。

（4）脱模器：电动或手动，可无破损地推出圆柱体试体。备有标准圆柱体试件及大型圆柱体试件尺寸的推出环。

（5）试模：由高碳钢或工具钢制成。标准击实仪试模由内径为（101.6 ± 0.2）mm、高 87 mm 的圆柱形金属筒，以及底座（直径约 120.6 mm）和套筒（内径 104.8 mm、高 70 mm）组成。

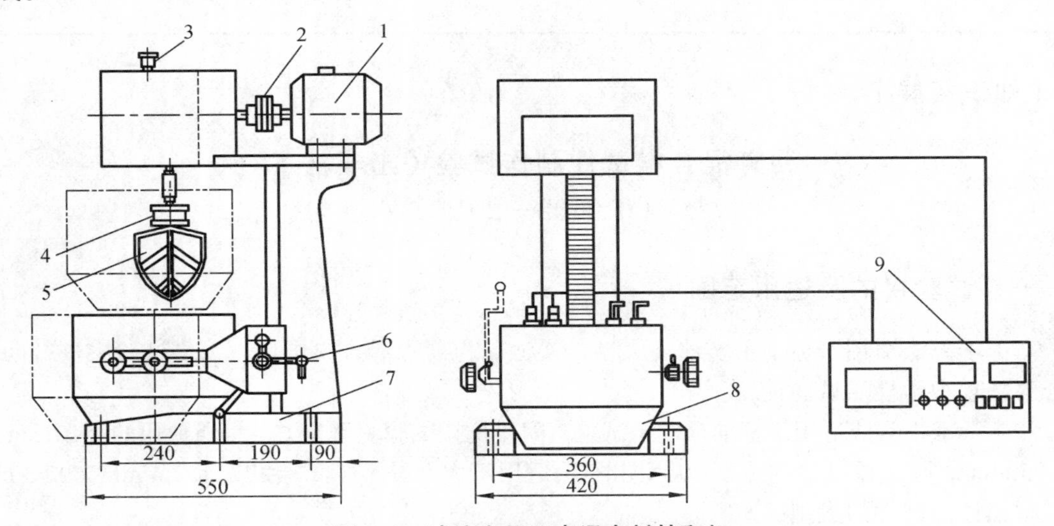

图 8.4　试验室用沥青混合料拌和机

1—电机；2—联轴器；3—变速箱；4—弹簧；5—拌和叶片；6—升降手柄；
7—底座；8—加热拌和锅；9—温度时间控制仪

大型击实仪的试模与套筒如图 8.5 所示。套筒外径 165.1 mm，内径（155.6 ± 0.3）mm，总高 83 mm。试模内径（152.4 ± 0.2）mm，总高 115 mm。底座板厚 12.7 mm，直径 172 mm。

（6）烘箱：大、中型各 1 台，装有温度调节器。

（7）天平或电子秤：用于称量矿料的，感量不大于 0.5 g；用于称量沥青的，感量不大于 0.1 g。

（8）沥青运动黏度测定设备：布洛克菲尔德黏度计。

（9）插刀或大螺丝刀。

（10）温度计：分度值 1 °C。宜采用有金属插杆的插入式数显温度计，金属插杆的长度不小于 150 mm，量程为 0 ~ 300 °C。

（11）其他：电炉或煤气炉、沥青熔化锅、拌和铲、标准筛、滤纸（或普通纸）、胶布、卡尺、秒表、粉笔、棉纱等。

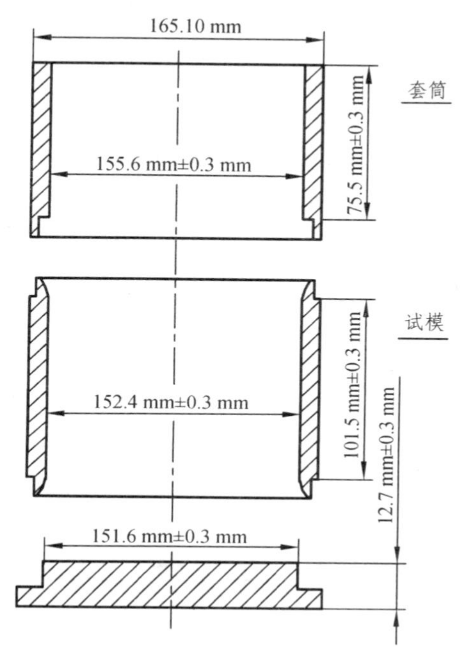

图 8.5　大型圆柱试件的试模与套筒

三、试验准备

（1）确定制作沥青混合料试件的拌和与压实温度。

当缺乏沥青黏度测定条件时，试件的拌和与压实温度可按表 8.1 选用，并根据沥青品种和标号作适当调整。针入度小、稠度大的沥青取高限；针入度大、稠度小的沥青取低限；一般取中值。对改性沥青，应根据改性剂的品种和用量，适当提高混合料的拌和压实温度。对大部分聚合物改性沥青，通常在普通沥青的基础上提高 10 ~ 20 °C；在掺加纤维时，尚需再提高 10 °C 左右。

常温沥青混合料的拌和及压实在常温下进行。

表 8.1　沥青混合料拌和及压实温度参考表

沥青混合料种类	拌和温度/°C	压实温度/°C
石油沥青	140 ~ 160	120 ~ 150
改性沥青	160 ~ 175	140 ~ 170

（2）按规定方法在拌和厂或施工现场采集沥青混合料试样。将试样置于烘箱中加热或保温，在混合料中插入温度计测量温度，待混合料温度符合要求后成型。需要拌和时可倒入已加热的室内沥青混合料在拌和机中适当拌和，时间不超过 1 min。不得用铁锅在电炉或明火上加热炒拌。

（3）在试验室人工配制沥青混合料时，材料准备按下列步骤进行：

① 将各种规格的矿料置于（105 ± 5）°C 的烘箱中烘干至恒量（一般不少于 4 ~ 6 h）。

② 将烘干分级的粗细集料，按每个试件的设计级配要求称其质量，然后在一金属盘中混合均匀，矿粉单独加热，置烘箱中预热至沥青拌和温度以上约 15 °C（采用石油沥青时通常为 163 °C；采用改性沥青时通常需 180 °C）备用。一般按一组试件（每组 4 ~ 6 个）备料，但进行配合比设计时宜对每个试件分别备料。常温沥青混合料的矿料不应加热。

③ 将按规定方法采集的沥青试样，用烘箱加热至规定的沥青混合料拌和温度，但不得超过 175 °C。当不得已采用燃气炉或电炉直接加热进行脱水时，必须使用石棉垫隔开。

（4）用沾有少许黄油的棉纱擦净试模、套筒及击实座等，并置于 100 °C 左右烘箱中加热 1 h 备用。常温沥青混合料用试模不加热。

四、试验步骤

拌制黏稠石油沥青或煤沥青混合料过程如下：

① 将沥青混合料拌和机预热至拌和温度以上 10 °C 左右。

② 将加热的粗细集料置于拌和机中，用小铲子适当混合；然后再加入需要数量的沥青（如沥青已称量在一专用容器内，可在倒掉沥青后用一部分热矿粉将沾在容器壁上的沥青擦拭并一起倒入拌和锅中），开动拌和机，一边搅拌，一边将拌和叶片插入混合料中拌和 1～1.5 min；暂停拌和，加入加热的矿粉，继续拌和至均匀为止，并使沥青混合料保持在要求的拌和温度范围内。标准的总拌和时间为 3 min。

【思考题】

1. 试叙述沥青混合料搅拌机的使用方法。
2. 仪器在使用过程中如遇特殊、紧急情况需要立即停机时，应按下哪个键?

任务二　马歇尔电动击实仪使用与维护

【任务目标】

1. 了解马歇尔电动击实仪的结构和工作原理。
2. 掌握仪器使用及维护方法。
3. 会正确使用马歇尔电动击实仪。
4. 能排除简单仪器故障。

【相关知识】

一、用　途

马歇尔电动击实仪是沥青混合料马歇尔稳定度试验中试样成型的专用仪器，适用于沥青混合料马歇尔试验标准。该仪器用于标准击实法制作沥青混合料试件，供试验室进行沥青混合料物理力学性质试验使用。

二、技术参数

（1）击实锤质量：（4 536＋9）g。

（2）落锤高度：（453.2 ± 1.5）mm。
（3）锤击次数：（60 ± 5）次/min。
（4）击实次数预置数：0 ~ 99 次。
（5）试模：101.6 mm，高约 87 mm。
（6）电源电压：380 V；频率：50 Hz。

三、主要结构及工作原理

（一）结　构

该仪器由击实锤与标准击实台两部分组成，两者安装成一体，如图 8.6 所示。

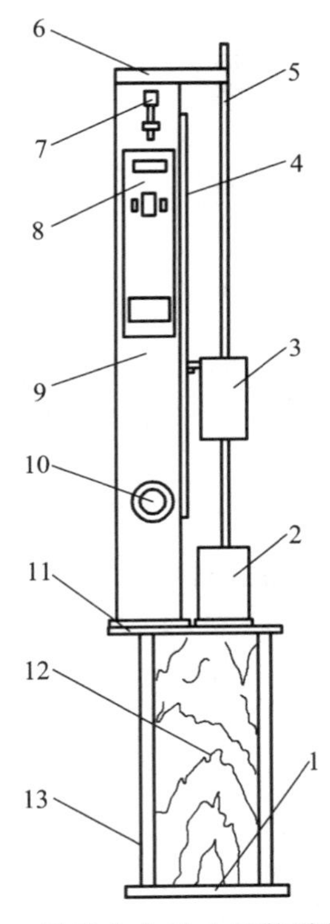

图 8.6　马歇尔电动击实仪结构组成

1—底座；2—试模筒；3—击实锤；4—链条；5—导杆；6—顶板；7—调整螺栓；8—控制器；9—立柱；10—电动蜗轮箱；11—工作台；12—基木块；13—拉杆

（二）工作原理

仪器由机械传动与控制器两部分组成，机械传动部分主要有：电机、离合器、链条驱动等，其结构如图 8.7（a）所示。电动机动力通过离合器 2 传到蜗杆轴Ⅰ，经蜗杆、蜗轮将动力传入蜗轮Ⅱ，再由离合器 16 将动力传到主动链轮轴Ⅲ，链轮 3 转动，链条 15 做周期旋转运动，挑锤键 14 也随之周期转动。当挑锤键向上移动碰到滑键 11 后，在挑锤键的作用下，击实锤 9 向上提升。当锤体滑键碰到放锤键 10，滑键 11 向远离挑锤键的方向导杆移动，滑键与挑锤键脱离锤体自由落下，完成一次击实。下次击实，挑锤键、滑键、放锤键重复上述动作而做周期击实。当实际锤击数与预先所设置的击实数相同时，仪器自动停止工作。

电路控制采用集成电路并预置计数器，计数器可在 0 ~ 99 内任意选择。控制面板上设有置数开关、数码显示，装有启动、置数、开、关按钮。控制面板结构如图 8.7（b）所示。

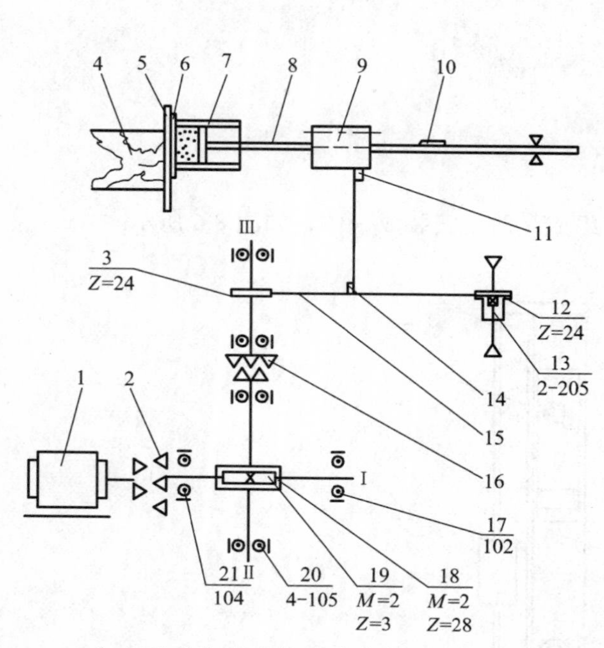

（a）马歇尔击实仪传动系统示意图

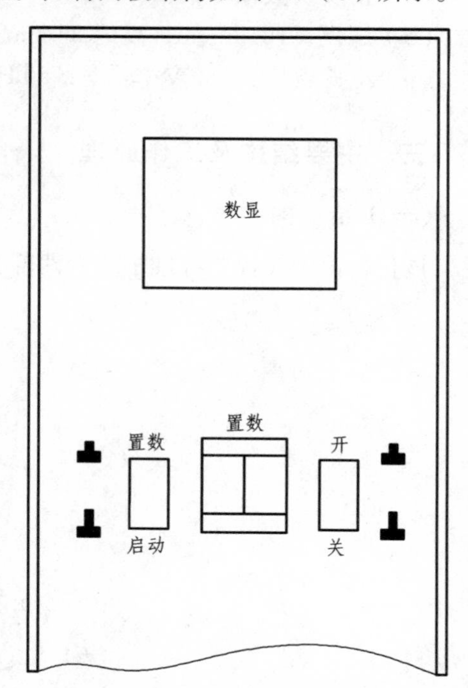

（b）马歇尔击实仪控制面板示意图

图 8.7　马歇尔击实仪工作原理示意图

1—电机；2、16—离合器；3、12—链轮；4—基本块；5—工作台；6—底座；7—模筒；8—导杆；9—击实锤；10—放锤键；11—滑键；13、17、20、21—轴承；14—挑锤键；15—链条；18—蜗轮；19—蜗杆

【专业操作】

一、仪器的使用方法

（一）使用前的检查

（1）新击实仪应安装在平整而牢固的水泥混凝土基础上，按要求用地脚螺钉固定，并用水泥混凝土浇灌。待水泥混凝土凝固达到足够强度后，才可进行击实试验。

（2）试验前应清理仪器各部件，仔细清理工作台。

（3）检查控制器各操作键的位置，“启动-置数”“开-关”两键均处于按下位置。

（4）接好电源线及地线，检查供电安全情况。

（5）接通总开关，按启动键使之提起，电机运转，链条自下向上运行；若反向运行，应及时按下启动键，使之处于按下状态，电机停转，调整电机旋转方向。

（6）再次按启动键，此时键处于提起状态，仪器击实运行，经空转无异常后，方可进行正式击实操作。

（二）操作步骤

（1）每次击实试验前应将击实压头、试模内壁及试模底座涂刷机油。

（2）按规范要求，称取适量拌和好的沥青混合料装入试模内，并将试模推入工作台的试模定位销内，锁紧试模。

（3）检查控制器各操作键所处状态［见图 8.7（b）］，“启动-置数”“开-关”两键均处于按下位置。

（4）打开电源开关。

（5）按所要求的击实次数置数，则控制器的数显窗口显示所设数字。

（6）按启动键，使之处于提起状态，此时仪器自动击实运行，计数器自动计数，数码显示随锤击次数增加而减少。当实际击实次数与认定击实次数相同时，即数码显示为“∞”时，仪器自动停止工作，一次击实周期完成。

（7）二次击实时先按下“启动-置数”键（按下位置），此时数码显示上次置数值。

（8）按“启动-置数”键，按键处于提起位置，仪器进行第二次击实周期运行。重复上述操作步骤，直至击实试验完成。

（9）工作完毕，清理仪器及现场，并切断电源。

（10）正在进行击实需停机或机器发生故障时，可按下“开-关”键，键提起，击实停止。若需继续工作，按下“开-关”键，键处于按下位置，仪器继续按原定的击实数运行，直到置数数码显示为“00”，仪器自动停机。

二、使用仪器注意事项及维护

（一）使用注意事项

（1）不得使用与仪器不符的电源。

（2）试模筒中没有装混合料时，不得启动击实仪，如需试机，可在试筒内放入厚橡胶等起缓冲作用的物品。

（3）应定期对链条、重锤滑动部分进行润滑。

（4）每次击实结束后，应立即对试模、击实压头、工作平台进行清洗处理。

（5）应经常检查工作平台与混凝土底座的张紧度。

（6）若开机不工作，应检查电源是否接通（包括检查保险丝管是否完好）。

（7）经常检查锤头定位销钉是否因振动而松动，如松动，应及时上紧，以保护锤头螺纹。

（二）仪器的维护

（1）仪器表面应经常擦拭，保持仪器清洁；若较长时间停用，应及时套机罩保护。

（2）经常注意在链条部分加少许机油（规定型号），以保证链条的灵活传动。

（3）工作时经常查看仪器工作情况，发现仪器运转出现异常，应立即停机检查，待故障排除后再进行使用。

（4）使用一段时间后，若发现链条较松，可调整链条的拉紧螺钉，将链条拉紧。

（5）电机应每年拆卸一次，更换轴承内的润滑脂，并检查轴承。若轴承已磨损，则应更换轴承。

（6）检查电器设备要切断电源，电器设备灰尘应用压缩空气清除，不允许用汽油或煤油清洗。

【成绩评价】

	检测项目	序号	检测内容及要求	配分	学员自评	学员互评	教师评分	得分
任务评价	职业修养	1	安全、纪律	10				
		2	文明、礼仪、行为习惯	5				
		3	工作态度	5				
	专业能力	4	能正确表述马歇尔电动击实仪的结构和工作原理	10				
		5	掌握仪器使用与维护的方法	10				
		6	正确使用、维护马歇尔电动击实仪	40				
		7	使用仪器注意事项	10				
		8	排除简单试验检测仪器故障	10				
		9						
综合评价								

【知识拓展】

沥青混合料试件制作试验（击实法）（T 0702—2011）

马歇尔标准击实法的成型步骤：

（1）将拌好的沥青混合料，用小铲适当拌和均匀，称取一个试件所需的用量（标准马歇尔试件约 1 200 g，大型马歇尔试件约 4 050 g）。当已知沥青混合料的密度时，可根据试件的标准尺寸计算并乘以 1.03 得到要求的混合料数量。当一次拌和几个试件时，宜将其倒入经预热的金属盘中，用小铲适当拌和均匀，分成几份，分别取用。在试件制作过程中，为防止混合料温度下降，应连盘放在烘箱中保温。

（2）从烘箱中取出预热的试模及套筒，用沾有少许黄油的棉纱擦拭套筒、底座及击实锤底面，并将试模装在底座上，垫一张圆形的吸油性小的纸，用小铲将混合料铲入试模中，用插刀或大螺丝刀沿周边插捣 15 次、中间 10 次。插捣后将沥青混合料表面整平。对大型马歇尔试件，混合料分两次加入，每次插捣次数同上。

（3）插入温度计，至混合料中心附近，检查混合料温度。

（4）待混合料温度符合要求的压实温度后，将试模连同底座一起放在击实台上固定，并在装好的混合料上面垫一张吸油性小的圆纸；再将装有击实锤及导向棒的压实头插入试模中，开启电动机使击实锤从457 mm的高度自由落下击实规定的次数（75或50次）。对大型马歇尔试件，击实次数为75次（相应于标准击实50次的情况）或112次（相应于标准击实75次的情况）。

（5）试件击实一面后，取下套筒，将试模翻面，装上套筒，然后以同样的方法和次数击实另一面。

乳化沥青混合料试件在两面击实后，将一组试件在室温下横向放置24 h，另一组试件置温度为（105±5）°C的烘箱中养生24 h。将养生试件取出后再立即两面锤击各25次。

（6）试件击实结束后，立即用镊子取掉上下面的纸，用卡尺量取试件离试模上口的高度，并由此计算试件高度。如高度不符合要求，试件应作废，并按式（8.1）调整试件的混合料质量，以保证高度符合（63.5±1.3）mm（标准试件）或（95.3±2.5）mm（大型试件）的要求。

$$\text{调整后混合料质量}=\frac{\text{要求试件高度}\times\text{原有混合料质量}}{\text{所得试件高度}} \tag{8.1}$$

（7）卸去套筒和底座，将装有试件的试模横向放置冷却至室温后（不少于12 h）置脱模机上脱出试件。用于做现场马歇尔指标检验的试件，在施工质量检验过程中如亟须试验，允许采用电风扇吹冷1 h或浸水冷却3 min以上的方法脱模。但浸水脱模法不能用于测量密度、空隙率等各项物理指标。

（8）将试件仔细置于干燥洁净的平面上，供试验用。

【思考题】

1. 马歇尔电动击实仪的安装有哪些要求？
2. 马歇尔电动击实仪使用时，应注意哪些事项？

任务三　自动马歇尔稳定度试验仪使用与维护

【任务目标】

1. 了解自动马歇尔稳定度试验仪的结构和工作原理。
2. 掌握仪器的操作步骤、使用中需注意的问题与维护。
3. 正确使用、维护和检校自动马歇尔稳定度试验仪，排除简单仪器故障。

【相关知识】

一、用　途

沥青混合料马歇尔稳定度试验仪是公路建设及铺设沥青路面材料试验的专用仪器，满足了沥青混合料马歇尔试验的技术要求。可用于马歇尔稳定度试验和浸水马歇尔试验，以便进行沥青混合料的配合比设计或行沥青路面施工质量检验。浸水马歇尔稳定度试验，供检验沥青混合料受水损害时抵抗剥落的能力时使用，通过测试其水稳定性检验配合比设计的可行性。

二、技术参数

（1）压力机最大荷载：40 kN。

（2）稳定度测量传感器测量范围：> 30 kN。

（3）具有荷载值大于 40 kN 过载保护功能。

（4）沥青混合料稳定度测量误差：< ± 0.02 kN。

（5）垂直变形（流值）测量范围：1 ~ 15 mm；测量误差：< ± 0.05 mm。

（6）压力机上升速度：（50 ± 5）mm/min。

（7）工作电压：（220 ± 10%）V，50 Hz。

（8）工作环境温度：0 ~ 60 °C。

（9）消耗功率：600 W。

三、主要结构及工作原理

（一）结　构

该仪器底部机箱内装有减速机，在减速机壳体上安装有两根支柱，支柱上装有高度可调的支承横梁，横梁下装有荷载传感器，如图 8.8 所示。

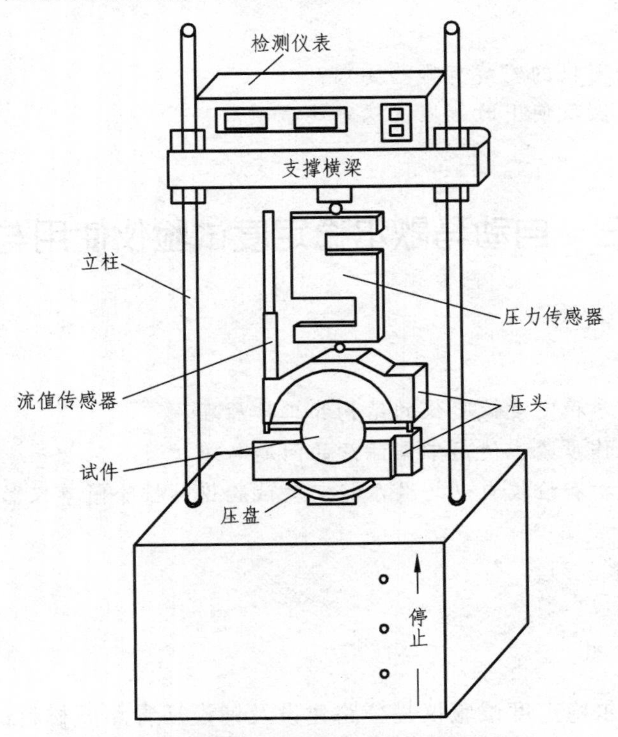

图 8.8　马歇尔稳定度试验仪结构示意图

底座上的螺旋千斤顶与压盘相连，如图 8.9 所示。压盘以 50.8 mm/min 的恒定速度在荷载架两支柱之间向上推进，最大荷载为 40 kN。螺旋千斤顶由一个单相电动机经机械传动系统驱动。压盘上装有上下压头，它们的运动是通过仪表面板上的运行按钮以及设置在机箱面板上的"向上""停止""下降"三个按钮开关来控制的。

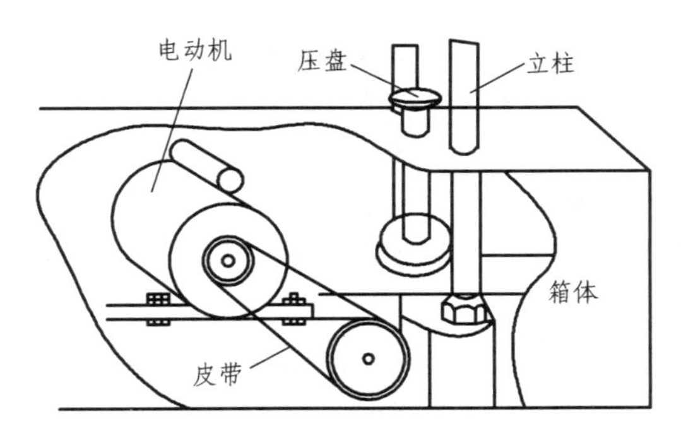

图 8.9 底盘结构图

上下限位功能：限位功能是由机箱内部装置的微型开关来实现的。压盘的上下限位行程约为 25 mm。检测仪表由 MCS-51 单片计算机系统配以相应的辅助电路组成，荷载测量传感器采用高精度拉式传感器，流值测量采用位移传感器，如图 8.10 所示。

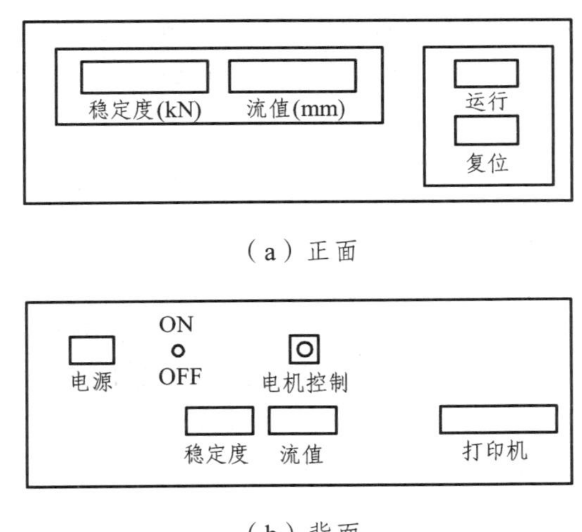

图 8.10 控制面板示意图

（二）工作原理

沥青混合料是一种感温材料，其强度随着温度的变化有很大的差别，高温时，它的强度处于最低值。为了保证沥青混合料修成路面后，在行车作用下，不产生推移、拥包等病害，混合料必须具备一定的热稳定性。沥青混合料马歇尔稳定度试验就是将一定的试件，在规定的时间与温度条件下置于仪器的上、下压头之间，开动仪器，利用压力传感器及流值传感器测定沥青混合料的热稳定性和抗塑性变形的能力指标——稳定度和流值。

【专业操作】

一、仪器的使用方法

（一）使用前的检查

（1）仪器应安装在一个水平且有足够支撑能力的平台上（平台结构为水泥混凝土结构），仪器后表面距离墙壁应不小于 5 ~ 10 cm。

（2）仪器使用的电压为 AC 220 V、50 Hz。如使用的电源电压波动较大时（220 V ± 10%），应采取稳压措施。使用电子交流稳压器，将电压调整到 220 V，以保证仪器的正常使用。

（3）仪器背面安装有保险丝管，以确保仪器在发生故障或内部有短路状况时能瞬时熔断。

（4）仪器安装时，应分别将荷载传感器、流值传感器、电源插头、电机控制插头等插入仪表背面的插座中，并将插头固定螺丝上紧。

（5）仪器使用时，需提前 5 min 开机进行预热。

（6）仪表复位按钮：按下运行按钮前应先按复位按钮，使计算机系统处于等待状态。

（7）仪表运行按钮：运行按钮用来启动计算机对试件进行检测及启动电机驱动压盘上升。

（8）上升按钮：按下上升按钮，压盘以 50.8 mm/min 的速度向上运行。

（9）下降按钮：按下下降按钮，则压盘向下运行，至初始位置时自动关机。

（10）停止按钮：按下停止按钮，压盘不论在哪个方向运行均会停止。

（二）操作步骤

（1）按试验规范要求，试验前应将试件及上下压头放入恒温水槽中，进行恒温。

（2）将按规范要求保温好的试件放入上下压头之间，插入流值传感器。

（3）若仪器处于正常复位状态，按下运行按钮，压头上升，仪表面板上的显示器自动清零，检测到最大荷载时计算机自动关闭压力机，同时将荷载值、流值显示结果锁定在仪表面板上，读取稳定度值、流值后，按下下降按钮，压盘下降到初始位置并自动关机，试验结束。

（4）若按下运行按钮时仪表显示出不正常的数字，应重新操作一次，即先按下复位按钮，再按下运行按钮。（重新操作应在上压头与荷载传感器还没有接触时进行。）

（5）按下运行按钮，当荷载值超过 40 kN 时，仪器自行保护，关闭驱动电机。按上升按钮时无此功能。

（6）若按下运行按钮后需停机，按复位按钮。

（7）需要打印数据或荷载-流值曲线时，将打印机电缆插头插入仪表背面的打印机插座中，开启打印机电源（操作时应先开打印机电源，后开马歇尔仪电源），当试验结束时自动打印出数据及曲线。打印机打印时按下运行按钮，打印机停止工作，第二次按下运行按钮，打印机继续打印。

（8）打印机具有重复打印功能。当变形曲线打印结束后，按下运行按钮，打印机即可重新打印一次。

二、使用仪器注意事项及维护

（一）使用注意事项

（1）使用仪器前应详细了解各部件的性能。

（2）使用前应检查电源电压是否符合要求，电压不符合要求时，严禁使用操作仪器，否则将会导致仪器的严重损坏。

（3）严禁使用与试验仪器不符的试件进行试验。

（4）操作过程中，需要改变压盘的运行方向时，必须首先按下停止按钮，而且在按下相反方向的按钮之前电机转动必须停止，否则将会导致机器的严重损坏。

（5）试验结束后应切断电源，并清洗压盘、上下压头及仪器外表面。

（二）仪器的维护

（1）压头与荷载传感器间隙的调整：按下下降按钮，使压盘及压头降至初始位置，测量上压头与荷载传感器球状体之间的间隙应约为 15 ~ 18 mm。若偏差较大时，可通过调整支承横梁的高度来实现，此间隙在出厂时已调好，一般不需再调整。

（2）荷载传感器的输出零点已调试好，一般不需再调整。

（3）流值传感器输出调整：将直径 101.6 mm 的试件放入上下压头之间，插入流值传感器（见图 8.11），仪表指示应在 2 ~ 3 mm 之间。若显示小于 2 mm 或大于 3 mm，应重新调整，通过调整传感器的测量头来实现（旋进或旋出）。

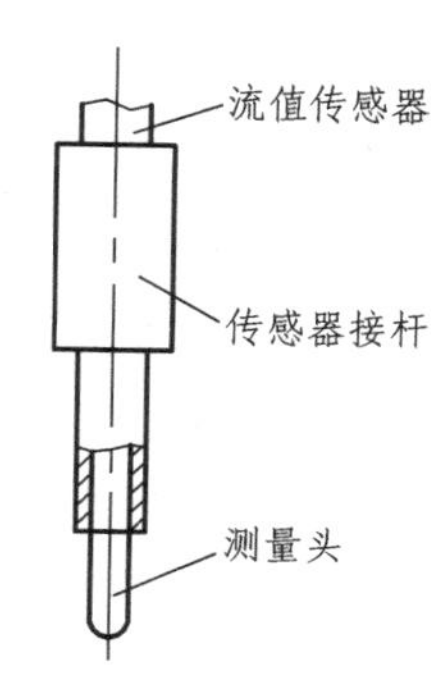

图 8.11　流值传感器示意图

三、常见故障及排除（见表 8.2）

表 8.2　马歇尔稳定度试验仪常见故障及排除方法

序号	常见故障	故障原因	解决方法
1	开机后，仪器左边窗口显示为 0.00，右边显示不为 0.00	1. 打印机缺纸； 2. 打印机没有联机； 3. 仪器内部插脚件松动	1. 装上打印机，按一下打印机上的“联机”键； 2. 将仪器后面的 4 个螺丝松开，抽出盖板，将插脚件压紧
2	关机后立即开机，键盘无效或其他部分不正常	时间不够长	关机 10 s 后再开机
3	不接打印机或关掉打印机，仪器开机工作正常，否则仪器工作不正常	1. 打印机缺纸； 2. 打印机的“联机”指示灯灭	1. 装上打印纸； 2. 按一下打印机上的“联机”键，使“联机”指示灯亮
4	仪器正常，打印机不打印	打印电缆线没有装或打印电缆线内部断线	将打印电缆线插好或更换打印电缆线
5	仪器启动后，加荷部分加荷，试件受压变形，但压力无数据变化	1. 传感器接头松动或掉下来； 2. 传感器连接线断，或其他部分有问题	1. 立即停机，同时将加荷部分停止加荷； 2. 重新装好传感器； 3. 查明原因或与厂家联系

续表 8.2

序号	常见故障	故障原因	解决方法
6	按“启动”键后，仪器下降，左边窗口显示 99.99，右边窗口显示 0.00	1. 传感器是否连接好及连接是否正常； 2. 传感器连接线断或其他部分有问题	1. 立即停机； 2. 重新装好传感器； 3. 查明原因或与厂家联系
7	加荷部分不加荷	1.“执行”接头松动或掉下来； 2. 执行连接线断或其他部分有问题	1. 立即停机； 2. 重新插好接头； 3. 查明原因或与厂家联系
8	仪器加荷部分“能上不能下”	1. 打印机没有联机或打印机没有纸； 2.“执行”接头松动或掉下来； 3. 电机连线断了	1. 装上纸，使打印机打印； 2. 重新插好接头； 3. 查明原因或与厂家联系
9	仪器未安装打印机，开机后，仪器出现死机现象	供电电源质量差	交流净化电源或配交流稳压器
10	按“启动”键，压力传感器还没有接触到试件，压力窗口就有数据显示，但无流值数据	仪器的地线接在电源的零线上	将仪器地线浮空或单独接地即可

【成绩评价】

	检测项目	序号	检测内容及要求	配分	学员自评	学员互评	教师评分	得分
任务评价	职业修养	1	安全、纪律	10				
		2	文明、礼仪、行为习惯	5				
		3	工作态度	5				
	专业能力	4	能正确表述自动马歇尔稳定度试验仪的结构和工作原理	10				
		5	掌握仪器使用与维护的方法	10				
		6	正确使用、维护和检校自动马歇尔稳定度试验仪	40				
		7	使用仪器注意事项	10				
		8	排除简单试验检测仪器故障	10				
		9						
综合评价								

【知识拓展】

沥青混合料马歇尔稳定度试验
（T 0709—2011）

一、试验目的及适用范围

（1）本方法适用于马歇尔稳定度试验和浸水马歇尔稳定度试验，以便进行沥青混合料的配合比设计或沥青路面施工质量检验。浸水马歇尔稳定度试验（根据需要，也可进行真空饱水马歇尔试验）供检验沥青混合料受水损害时抵抗剥落的能力时使用，通过测试其水稳定性，检验配合比设计的可行性。

（2）本方法适用于标准马歇尔试件圆柱体和大型马歇尔试件圆柱体。

二、仪器设备

（1）沥青混合料马歇尔试验仪：分为自动式和手动式。自动式马歇尔试验仪应具备控制装置、记录荷载-位移曲线、自动测定荷载与试件的垂直变形、自动显示和存储或打印试验结果等功能。手动式由人工操作，试验数据通过操作者目测后读取数据。对用于高速公路和一级公路的沥青混合料，宜采用自动马歇尔试验仪。当集料公称最大粒径小于或等于 26.5 mm 时，宜采用 ϕ101.6 mm × 63.5 mm 的标准马歇尔试件，试验仪最大荷载不得小于 25 kN，读数精确至 0.1 kN，加载速率应能保持（50 ± 5）mm/min，钢球直径（16 ± 0.05）mm，上下压头曲率半径为（50.8 ± 0.08）mm。当集料公称最大粒径大于 26.5 mm 时，宜采用 ϕ152.4 mm × 95.3mm 大型马歇尔试件，试验仪最大荷载不得小于 50 kN，读数精确至 0.1 kN。上下压头的曲率内径为（152.4 ± 0.2）mm，上下压头间距为（19.05 ± 0.1）mm。

大型马歇尔试件的压头尺寸如图 8.12 所示。

（2）恒温水槽：控温精确度为 1 °C，深度不小于 150 mm。

（3）真空饱水容器：真空泵及真空干燥器。

（4）烘箱。

（5）天平：感量不大于 0.1 g。

（6）温度计：分度为 1 °C。

（7）卡尺。

（8）其他：棉纱、黄油。

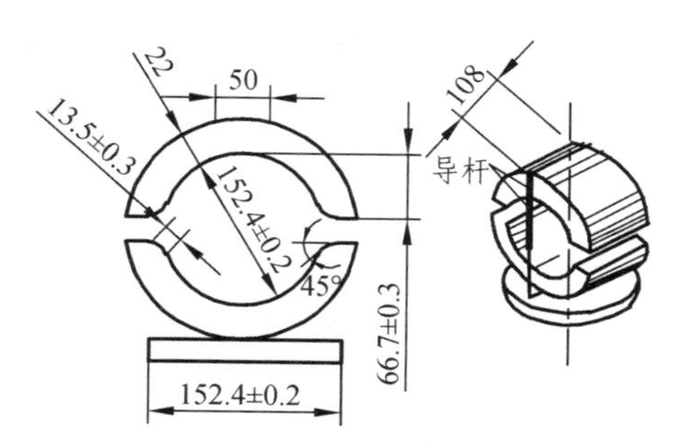

图 8.12　大型马歇尔试件的压头
（尺寸单位：mm）

三、试验准备和试验步骤

（1）试验准备

① 按标准击实法成型马歇尔试件。对标准马歇尔试件，尺寸应符合直径（101.6 ± 0.2）mm、高（63.5 ± 1.3）mm 的要求；对大型马歇尔试件，尺寸应符合直径（152.4 ± 0.2）mm、高（95.3 ± 2.5）mm 的要求。一组试件的数量最少不得少于 4 个，并符合规定。

② 量测试件的直径及高度：用卡尺测量试件中部直径，用马歇尔试件高度测定器或用卡尺在十字对称的 4 个方向量测离试件边缘 10 mm 处的高度，精确至 0.1 mm，并以其平均值作为试件的高度。如试件高度不符合（63.5 ± 1.3）mm 或（95.3 ± 2.5）mm 要求，或两侧高度差大于 2 mm 时，此试件应作废。

③ 按本规程规定的方法测定试件的密度，并计算空隙率、沥青体积百分率、沥青饱和度、矿料间隙率等体积指标。

④ 将恒温水槽调节至要求的试验温度：对黏稠石油沥青或烘箱养生过的乳化沥青混合料，试验温度为（60 ± 1）°C；对煤沥青混合料，试验温度为（33.8 ± 1）°C；对空气养生的乳化沥青或液体沥青混合料，试验温度为（25 ± 1）°C。

（2）试验步骤

① 将试件置于已达规定温度的水槽中保温，保温时间对标准马歇尔试件需 30 ~ 40 min，对大型马歇尔试件需 45 ~ 60 min。试件之间应有间隔，下部应垫起，距水槽底部不小于 5 cm。

② 将马歇尔试验仪的上下压头放入水槽或烘箱中达到同样温度。将上下压头从水槽或烘箱中取出，将其内面擦拭干净（为使上下压头滑动自如，可在下压头的导棒上涂少量黄油）。再将试件取出置于下压头上，盖上上压头，然后装在加载设备上。

③ 在上压头的球座上放妥钢球，并对准荷载测定装置的压头。

④ 当采用自动马歇尔试验仪时，将自动马歇尔试验仪的压力传感器、位移传感器与计算机或 *X-Y* 记录仪正确连接，调整好适宜的放大比例，压力和位移传感器调零。

⑤ 当采用压力环和流值计时，将流值计安装在导棒上，使导向套管轻轻地压住上压头，同时将流值计读数调零。调整压力环中百分表，使其对零。

⑥ 启动加载设备，使试件承受荷载，加载速度为（50 ± 5）mm/min。计算机或 *X-Y* 记录仪自动记录传感器压力和试件变形曲线，并将数据自动存入计算机。

⑦ 当试验荷载达到最大值的瞬间，取下流值计，同时读取压力环中百分表读数及流值计的流值读数。

⑧ 从恒温水槽中取出试件至测出最大荷载值的时间，不得超过 30 s。

【思考题】

1. 试叙述自动马歇尔稳定度试验仪的使用方法。

2. 自动马歇尔稳定度试验仪在使用时，出现加荷部分不加荷或仪器加荷部分“能上不能下”等情况，试分析其产生的原因，如何排除？

3. 自动马歇尔稳定度试验仪的位移传感器及荷载传感器应如何标定？

任务四　沥青混合料车辙试验机使用与维护

【任务目标】

1. 了解沥青混合料车辙试验机的结构和工作原理。

2. 掌握仪器使用与维护的方法。

3. 会正确使用沥青混合料车辙试验机。
4. 能排除简单仪器故障。

【相关知识】

一、用　途

该仪器适用于按《公路工程沥青及沥青混合料试验规程》规定的沥青混合料车辙试验(T 0719—2011)，用于测定沥青混合料的抗车辙性能，并用于沥青混合料配合比设计高温稳定性检验。

二、技术参数

（1）车辙试验机外形尺寸：1 390 mm × 1 030 mm × 1 130 mm（长 × 宽 × 高）。

（2）试验轮：外径 200 mm，轮宽 50 mm；橡胶层厚 15 mm，橡胶硬度（国际标准硬度）20 °C 时为 84 ± 4，60 °C 时为 78 ± 2；试验轮行走距离为（230 ± 10）mm，往返碾压速度为（42 ± 1）次/min。

（3）轮压：60 °C 时为（0.7 ± 0.05）MPa。

（4）总荷重：700 N。

（5）试模：内侧长 300 mm，宽 300 mm，厚 50 mm。

（6）试验台：可牢固地安装两种宽度（300 mm 及 150 mm）的规定尺寸试件的试模。

三、主要结构及工作原理

（一）结　构

车辙试验机由试件台、试验轮、加载装置、试模、变形测量装置、温度检测装置、润滑系统及电气系统等组成，如图 8.13 所示。

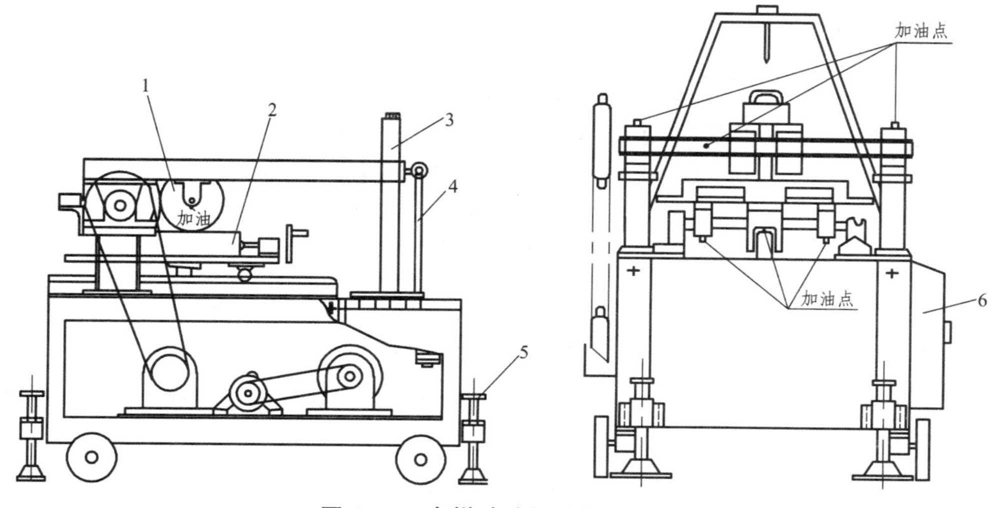

图 8.13　车辙试验机结构示意图

1—碾压轮横向进给机构；2—行车平台纵向进给机构；3—吊架；4—加载机构；5—支脚；6—电器箱

（二）工作原理

沥青混合料车辙试验是在规定尺寸的板块状压实试件上，用固定荷载的橡胶轮反复行走，测定其在变形稳定期内每增加变形 1 mm 的碾压次数，即动稳定度，以次/mm 表示。

车辙试验的试验温度与轮压可根据有关规定和需要选用，非经注明，试验温度为 60 °C，轮压为 0.7 MPa。适用于用轮碾成型机碾压成 300 mm × 300 mm × 50 mm 的板块状试件，也适用于现场切割板块状试件。

【专业操作】

一、使用方法

（一）试验前的检查

（1）试验轮接地压强调节与测定：测定在 60 °C 时进行，在试验台上放置一块 50 mm 厚的钢板，其上铺一张方格纸，再铺一张复写纸，以规定的 700 N 荷载后试验轮静压复写纸，即可在方格纸上得出轮压面积，并由此求得接地压强。当压强不符合（0.7 ± 0.05）MPa 时，荷载应予以适当调整。

（2）按《公路工程沥青及沥青混合料试验规程》用轮碾成型法制作车辙试验试块。在试验室或工地制备成型的车辙试件，其标准尺寸为 300 mm × 300 mm × 50 mm，也可从路面切割得到同尺寸试件。

（3）将试件脱模按规程规定的方法测定密度及空隙率等各项物理指标。如经水浸，应用电扇将其吹干，然后装回原试模中。

（4）机器调试操作方法：

① 如图 8.14 所示，控制面板的按钮有两组操纵装置，左侧两个按钮主管行车平台纵向运动。试验开始时按下“纵起”键，结束时按下“纵停”键。右侧 5 个按钮是横向运动和定位用的，“正起”“反起”为横向启动按钮，“正点”“反点”是横向定位小量移动按钮，“横停”是横向移动停止按钮。

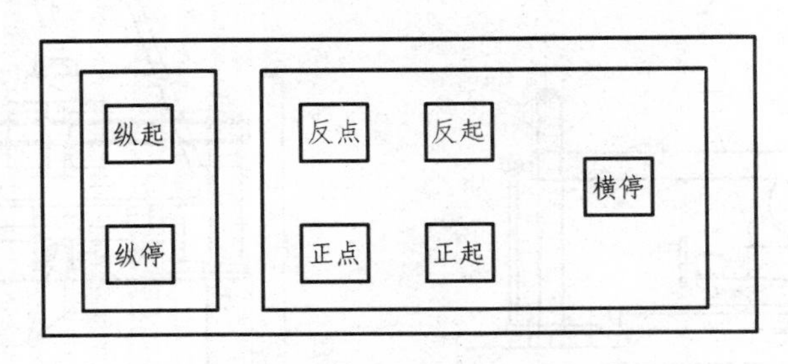

图 8.14　车辙试验仪操作面板图

② 机器进入试验室就位后，应调节 4 个支脚螺栓，使导轨处于水平状态，然后将螺母锁紧。在使用过程中不得摇晃。

③ 空车运转之前，先检查各连接处的紧固情况，然后加好润滑油。开车后检查各行程开关是否牢固，工作是否正常，及各向运动是否灵活和平稳。一切正常后，方可进行试验。

（二）操作步骤

（1）将试件连同试模一起，置于已达到试验温度（60±1）°C 的恒温室中，恒温不少于 5 h，且不得多于 12 h。在试件的试验轮不行走的部位粘贴一个热电偶温度计（也可在试件制作时预先将热电偶导线埋入试件一角），控制试件温度稳定在（60±0.5）°C。

（2）在机器操作前，应将碾压轮部分保持在吊架上，加好砝码，将试件连同试模移到车辙试验机的试验台上，调整好纵向位置，使试件中心与试验轮中心一致。利用点动开关将试验轮横向移动至试件的中央部位或希望的试验部位就位（见注）。其行走方向需与试件碾压或行车方向一致，放下加载杠杆。

注：对 300 mm 宽且试验时变形较小的试件试验也可对一块试件在两侧 1/3 位置上进行 2 次试验，取平均值。

（3）开动车辙变形记录系统，然后启动试验机“纵起”开关，使试验机往返行走，时间约 1 h；或最大变形达到 25 mm 时为止。试验结束时按“纵停”开关。试验时，记录仪自动记录变形曲线及试件温度。

（4）在纵向行车试验的同时，如需横向揉搓碾压，则在开动“纵起”开关后，再开动“横向”的“正起”“反起”按钮，此时，横移范围的限位开关位置应事先正确设定。

（5）当进行浸水车辙试验时，在水槽中放水，浸没试件，保温至要求温度（通常为 40 °C），上面放一些泡沫塑料块，防止水在运动中晃出。

（三）结果计算

（1）从图 8.15 上读取 45 min（t_1）及 60 min（t_2）时的车辙变形 d_1 及 d_2，精确至 0.01 mm。当变形过大，未到 60 min 变形已达 25 mm 时，则以达到 25 mm（d_2）时的时间为（t_2）。将其前 15 min 的时间为（t_1），此时的变形量为 d_1。

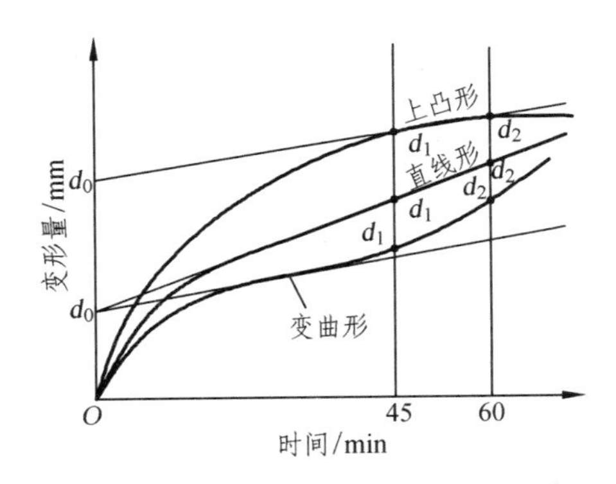

图 8.15　车辙试验自动记录的变形曲线

（2）沥青混合料的动稳定度按式（8.2）计算。

$$DS=\frac{(t_2-t_1)\times 42}{d_2-d_1}\times c_1\times c_2 \tag{8.2}$$

式中　DS——沥青混合料的动稳定度，次/mm；

d_1——时间 t_1（一般为 45 min）的变形量，mm；

d_2——时间 t_2（一般为 60 min）的变形量，mm；

c_1——试验机类型修正系数，曲柄连杆驱动试件的变形行走方式为 1.0，链驱动试验轮的等速方式为 1.5；

c_2——试件系数，其中试验室制备的宽 300 mm 的试件为 1.0，从路面切割的宽 150 mm 的试件为 0.8。

二、仪器使用注意事项及维护

（1）仪器一旦发现有故障，应立即先按下“横停”按钮，再排除故障。

（2）注意水槽中的水不溢出，以免损坏电机。

（3）应保障润滑系统的完好。在图 8.13 中所标出的加油点，应予每次试验前加 30 号机械油。

【成绩评价】

	检测项目	序号	检测内容及要求	配分	学员自评	学员互评	教师评分	得分
任务评价	职业修养	1	安全、纪律	10				
		2	文明、礼仪、行为习惯	5				
		3	工作态度	5				
	专业能力	4	能正确表述沥青混合料车辙试验机的结构和工作原理	10				
		5	掌握仪器使用与维护的方法	10				
		6	正确使用、维护沥青混合料车辙试验机	40				
		7	使用仪器注意事项	10				
		8	排除简单试验检测仪器故障	10				
		9						
综合评价								

【知识拓展】

沥青混合料车辙试验
（T 0719—2011）

一、试验目的及适用范围

（1）本试验适用于测定沥青混合料的高温抗车辙能力，供沥青混合料配合比设计的高温稳定性检验使用，也可用于现场沥青混合料的高温稳定性检验。

（2）车辙试验的试验温度与轮压（试验轮与试件的接触压强）可根据有关规定和需要选用，非经注明，试验温度为 60 °C，轮压为 0.7 MPa。根据需要，如在寒冷地区也可采用 45 °C，在高温条件下采用 70 °C 等。对重载交通的轮压可增加至 1.4 MPa，但应在报告中注明。计算动稳定度的时间原则上为试验开始后 45 ~ 60 min。

（3）本方法适用于用轮碾成型机碾压成型的长 300 mm、宽 300 mm、厚 50 ~ 100 mm 的板块状试件。根据工程需要也可采用其他尺寸的试件。本方法也适用于现场切割板块状试件，切割的尺寸根据现场层面的实际情况由试验确定。

二、仪器设备

（1）车辙试验机（见图 8.16）。

① 试件台：可牢固地安装两种宽度（300 mm 及 150 mm）的规定尺寸试件的试模。

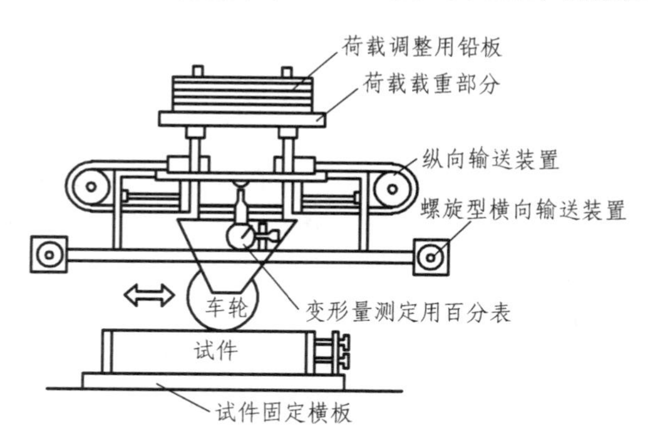

图 8.16　车辙试验机结构示意图

② 试验轮：橡胶制的实心轮胎，外径 200 mm，轮宽 50 mm，橡胶层厚 15 mm。橡胶硬度（国际标准硬度）20 °C 时为 84 ± 4，60 °C 时为 78 ± 2。试验轮行走距离为（230 ± 10）mm，往返碾压速度为（42 ± 1）次/mm（21 次往返/min）。允许采用曲柄连杆驱动加载轮往返运行方式。

注： 轮胎橡胶硬度应注意检验，不符合要求者应及时更换。

③ 加载装置：通常情况下试验轮与试件的接触压强在 60 °C 时为（0.7 ± 0.05）MPa，施加的总荷重为 780 N 左右，根据需要可以调整接触压强大小。

④ 试模：由钢板制成，由底板及侧板组成。试模内侧尺寸长 300 mm、宽 300 mm、厚 50 ~ 100 mm，也可根据需要对厚度进行调整。

⑤ 试件变形测量装置：自动采集车辙变形并记录曲线的装置，通常用位移传感器 LVDT 或非接触位移计。位移测量范围为 0 ~ 130 mm，精度 ± 0.01 mm。

⑥ 温度检测装置：自动检测并记录表面及恒温室内温度的温度传感器，精度 ± 0.5 °C。温度应能自动连续记录。

（2）恒温室：恒温室应具有足够的空间。车辙试验机必须整机安放在恒温室内，装有加热器、气流循环装置及装有自动温度控制设备；同时，恒温室还应有至少能保温 3 块试件并进行试验的条件。保持恒温室温度为（60 ± 1）°C［试件内部温度为（60 ± 0.5）°C］，根据需要也可采用其他试验温度。

（3）台秤：称量 15 kg，感量不大于 5 g。

三、试验准备

（1）试验轮接地压强测定：测定在 60 °C 时进行，在试验台上放置一块 50 mm 厚的钢板，其上铺一张毫米方格纸，上铺一张新写的复写纸，以规定的 700 N 荷载后试验轮静压复写纸，即可在方格纸上得出轮压面积，并由此求得接地压强。当压强不符合（0.7 ± 0.05）MPa 时，荷载应予以适当调整。

（2）用轮碾成型法制作车辙试验试块。在试验室或工地制备成型的车辙试件，板块状试件尺寸为 300 mm × 300 mm ×（50 ~ 100）mm（厚度根据需要确定）。也可从路面切割得到试件。

当直接在拌和厂取拌和好的沥青混合料样品，制作车辙试验试件检验生产配合比设计或混合料生产质量时，必须将混合料装入保温桶中，在温度下降至成型温度之前迅速送达试验室制作试件。如果温度稍有不足，可放在烘箱中稍加热（时间不超过 30 min）后成型。但不得将混合料放冷却后二次加热重塑制作试件。重塑制作的试验结果仅供参考，不得用于评定配合比设计检验是否合格的标准。

（3）如需要，将试件脱模按规程规定的方法测定密度及空隙率等各项物理指标。

（4）在试件成型后，连同试模一起在常温条件下放置的时间不得少于 12 h。对聚合物改性沥青混合料，放置的时间以 48 h 为宜。聚合物改性沥青充分固化后方可进行车辙试验，室温放置时间不得长于 1 周。

四、试验步骤

（1）将试件连同试模一起，置于已达到试验温度（60 ± 1）°C 的恒温室中，恒温不少于 5 h，且不得多于 12 h。在试件的试验轮不行走的部位粘贴一个热电偶温度计（也可在试件制作时预先将热电偶导线埋入试件一角），控制试件温度稳定在（60 ± 0.5）°C。

（2）将试件连同试模移置于车辙试验机的试验台上，试验轮在试件的中央部位，其行走方向需与试件的碾压或行车方向一致。开动车辙变形自动记录仪，然后启动试验机，使试验轮往返行走，时间约 1 h；或当最大变形达到 25 mm 时为止。试验时，记录仪自动记录变形曲线及试件温度。

注：对试验变形较小的试件，也可对一块试件在两侧 1/3 位置上进行 2 次试验，然后取其平均值。

【思考题】

1. 规范对沥青混合料车辙试验机试验轮接地压强有什么规定？如何测定？当其不符合要求时，应如何调整？

2. 如何计算沥青混合料车辙试验结果？

项目九 路基路面和桥梁工程试验仪器使用与维护

任务一 路面平整度仪使用与维护

【任务目标】

1. 了解路面平整度仪的结构和工作原理。
2. 掌握仪器使用与维护方法。
3. 会正确使用、维护和检校路面平整度仪。
4. 能排除简单仪器故障。

【相关知识】

一、用 途

平整度是路面施工质量与服务水平的重要指标之一。不平整的路面将增大行车阻力，并使车辆产生附加振动作用。这种振动作用会造成行车颠簸，影响行车的速度和安全、驾驶的平稳和旅客的舒适。同时，振动作用还会对路面施加冲击力，从而加剧路面和汽车损坏以及轮胎的磨损。不平整的路面会积滞雨水，加速路面的破坏。因此，平整度的检测与评定是公路施工与养护的一个非常重要的环节。

测定平整度的仪器分为断面类及反应类两大类。断面类仪器测定的是路面表面凹凸情况，如常用的 3 m 直尺及连续式平整度仪；反应类仪器测定的是路面凹凸引起车辆振动的颠簸情况。

本书介绍的 XLPY-F 型路面连续式平整度仪，满足了 T 0932—95 试验规程中规定的平整度的试验要求。与用 3 m 直尺测量相比较，具有测量精度高、速度快、数据可靠、评定科学、操作简单、劳动强度低等优点。

二、技术参数

（一）检测功能

（1）可自动测定、运算、打印均方差值σ。取样间距 0.1 m，取样误差 < 1 mm。

（2）由人工送数，可自动打印出测量日期（年、月、日）及被测路段编号（道路号、里程桩号、取样、超差）。每打印 1 次，小结序号自动加 1。

（3）自动运算并打印被测路段的单向累计值 H（mm）。

（4）自动运算并打印被测路段的断面曲线与基准线间的图形面积 S（cm^2）。

（5）自动检测并打印被测路段长度值 L（m）。

（6）自动测定、计算并打印正负超差数（$K+$、$K-$）。超差标准使用可根据路面等级要求自行选定，限制在 1 ~ 15 mm。

（7）可自动测定、计算并打印测试速度值 v（km/h）。

（二）牵引方式及检测速度

可人力或机动车牵引，最小转弯半径 5 m，检测速度不超过 12 km/h；非检测情况（机架缩短，测量轮悬起）下牵引速度 < 25 km/h。

（三）电源及功耗

镉镍碱性电池供电，功耗 < 10 W。

三、仪器结构

XLPY-F 型平整度仪由机械和电气部分组成。

1．机械部分（见图 9.1）

主要由牵引部分、前桥、车轮、位移传感器、锁紧机构、主架、测量轮、后桥、轮架、减振机构等零部件组成。为满足运输和试验要求，整台仪器长度（主架部分）是可以调整的，主要由伸缩方管、导向机构、后架组成。测量轮由加压弹簧及提升机构、橡胶轮、距离取样机构组成。

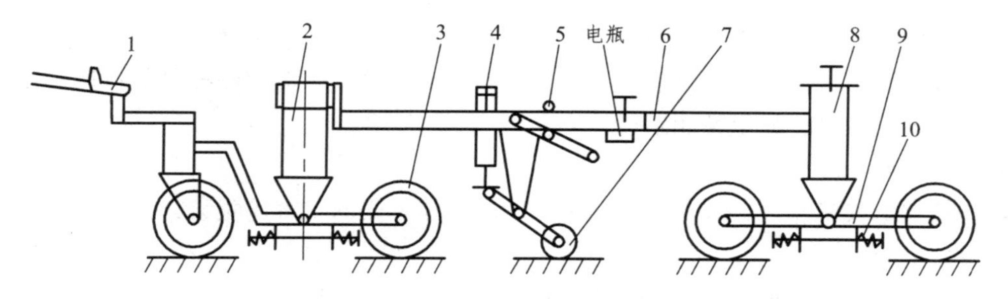

图 9.1　XLPY-F 型路面平整度仪结构简图

1—牵引部分；2—前桥；3—车轮；4—位移传感器；5—锁紧机构；6—主架；7—测量轮；8—后桥；9—轮架；10—减振机构

2．电气部分

电气部分单独装在仪器箱内，位移传感器、距离取样头、蓄电池三根电线与仪器箱相连，可随时拆表。

该仪器电气部分是以单片机 8031 微处理器为核心，外加电子锁存器、数据存储器、程储器和译码电路，另外再配以适当的逻辑电路组成。该仪器所用的单片机抗干扰性优于一般使用的微处理器，电源由蓄电池提供，所以它非常适合于公路工程野外质量检测。整台仪器所需各类电压均由电源通过 AC/DC 转换模块及精密稳压电路提供。输出部分由打印机和显示器组成。

3．面板部分及功能简介（见图 9.2）

1）接插件

仪器面板的右上角有 3 个接插件，分别为七芯插头座（连接机架上位移传感器）、五芯插头座（连接机架上的距离传感器）和三芯插头（连接机架上电池箱）。

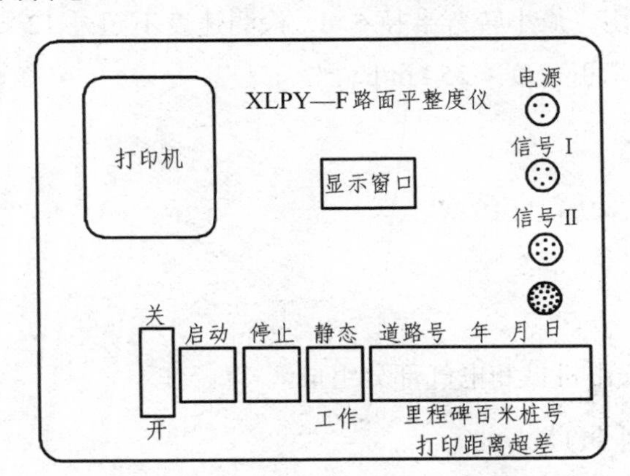

图 9.2　XLPY-F 型路面平整度仪操作面板示意图

2）开　关

开关是用于接通（开）或切断（关）仪器的电源电路。

3）显示器

显示器位于仪器面板中部，为 3 位半液晶显示器。

（1）静态测试时，显示器自动显示采样值，活动位移传感器的侧杆显示数据变化。

（2）动态测试时，显示被测路段均方差值。

4）报警器

位于仪器电气机箱内，其作用是当电源输送电压不足时，蜂鸣报警，以提醒操作人员。

5）操作面板

位于仪器面板的下面，它包括一组按键和拨码盘，其功能如下：

（1）启动键：进行动、静态测试时，按下此键并释放之。

（2）停止键：测试中，需随时检测测试结果，或结束测试时未达到自动打印距离时，按此键可打印出最后结果，并显示均方差值。

（3）动静态键：按下即为静态，用于静态调试。复原即为动态测试状态。

（4）拨码盘：9 个拨码盘具有双重功能，数据分两次输入（具体见下面举例）。

① 上面一行为第一次输入数据，其中（从左至右）道路号三位，年、月、日各占两位。

② 下面一行为第二次输入数据，其中（从左至右）路段号为三位，分段号、取样、超差各占两位。在检测过程中，分段号自动加 1，至 99 后，从 00 开始。取样输入范围为 01 ~ 10，

代表每分段测量的距离从 100 ~ 1 000 m，可自动打印每分段测量的数据。

例如，某次平整度仪使用过程中，打印格式如下：

2002 年 10 月 25 日　213　256　01

01　$L = 100$　$v = 12$　$\sigma = 4.36$

$K+ = 07$　$K- = 08$　$H = 689$　$S = 0487$

上述格式中每行数字所表示的含义分别为：

年、月、日、道路号、里程号、起始桩号（例中为 100 m）。

小结序号、小结长度、测速、均方差。

正超差次数、负超差次数、单向累积值、图形面积值。

【专业操作】

一、仪器的使用

（一）使用前的准备

由于该检测项目是在野外进行的长距离测试，必须自带电源。去现场检测之前应检查蓄电池电压是否满足要求。

1．检查蓄电池电压

打开电源开关，如报警器报警，说明电压不足，应停止使用，并进行充电。

2．蓄电池接线方法

该机采用镉镍碱性电池作电源，蓄电池为 GN10-(2) 型镉镍电池，每节电池额定电压是 1.2 V，该仪器总共使用 14 节电池，具体接线如图 9.3 所示。

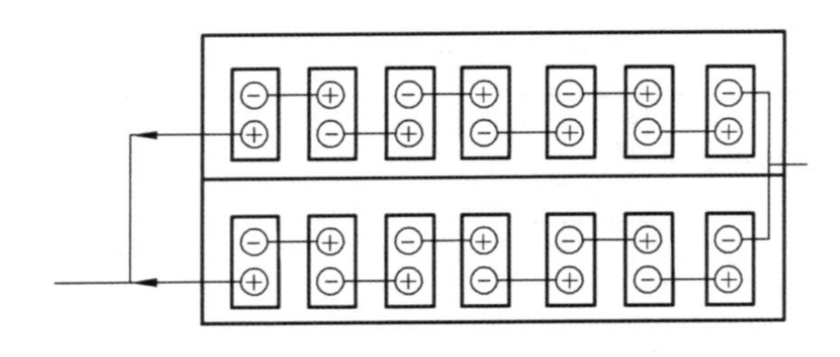

图 9.3　蓄电池接线位置图

在使用中切记不可把接线位置搞错，以免加错电压损坏蓄电池。

3．蓄电池电解液的更换及配制

（1）初次使用蓄电池，或者因长期使用后（一般为 1 年或者是 50 ~ 100 次充放电循环）蓄电池容量下降显著时，应给蓄电池注入或更换新的电解液。更换时应将蓄电池内电解液全部倒出，再用清水将蓄电池内部清洗干净，然后及时注入新的电解液，进行充电。

（2）电解液的配制如表 9.1 所示。

表 9.1 电解液的配制要求

序号	使用环境温度/°C	相对密度/（g/cm³）	电解液组成	配制质量比（碱：水）	每公升电解液中 $LiOH \cdot H_2O$ 含量/g
1	+10～+45	1.18±0.02	氢氧化钠	1：5	20
2	−10～+35	1.20±0.02	氢氧化钾	1：3	40
3	−25～+10	1.25±0.01	氢氧化钾	1：2	无
4	−40～−15	1.28±0.01	氢氧化钾	1：2	无

（3）电解液配制过程中应注意的事项：

① 配制用水宜采用蒸馏水、软化水、干净的雨水和雪水，急需要时可采用城市自来水，禁用矿泉水和海水。

② 配制第 1、2 号电解液时，先用少量电解液，将所用氢氧化钾全部溶解，再加入电解液中搅匀。

③ 配制 3、4 号电解液时，氢氧化钾中碳酸钾的含量不高于 4%，并禁止混入氢氧化钠。

④ 配制电解液时，应用玻璃、塑料、瓷器、铁器、搪瓷等耐碱容器。电解液调好后，需静置沉淀 4 h 以上，取其澄清溶液或过滤使用。

⑤ 配制电解液时，要戴眼镜及橡胶手套，以防碱烧伤皮肤。如遇皮肤沾有碱时，应立即用 3% 的硼酸水或清水冲洗。

4．蓄电池的充电及注意事项

（1）充电

充电时，蓄电池正极接充电电源正极，蓄电池负极接充电电源负极。每只蓄电池允许充电电源电压，一般情况可按 1.9 V 计；在寒冷地区，可按 2.2 V 计。每只蓄电池在充电时所需充电电压为 1.5 V，均衡充电时电源电压为 1.6 V。蓄电池的充电要求如表 9.2 所示。

表 9.2 蓄电池的充电要求

要求项目 \ 充电制	标准充电制	过充电制	快速充电制	浮充电制
充电恒流倍率/A	0.25*C*	0.25*C*	0.5*C*	不定
充电时间/h	7	9	7	不定

（2）充电注意事项

① *C* 为蓄电池的额定容量，本机使用的 GN 10-（2）型蓄电池容量为 10 A。

② 充电时环境温度为 15 ~ 35 °C。

③ 充电和使用时应保证蓄电池中电解液的液面高于蓄电池中的极板。

5．将试验车从运输状态转换为测试状态

将车开到现场后，取下主架上的固定螺栓，机架伸长就位，再用螺栓固定并放下测量轮，使其紧贴地面。

6．检查测量轮胎气压

气压不足时应充气。

7．连接电源

将位移传感器线、距离取样线及蓄电池三根电线与电器箱相连。连接电线时要注意方向，三芯电源线有正负之分，接反无电。

8．安装打印纸

将打印纸剪成梯形，送入打印机进纸口，接通电源、按下打印机上的红键，则打印机纸便自动进入进纸口，一直到纸带顶上出纸口，放开此键即可。

（二）操作步骤

仪器工作状态，分为静态及动态两种。

1．静态测试

（1）按下动态键，仪器进入静态工作程序（按下为静态，复位为动态）。

（2）按启动键并释放之。

（3）显示器应显示取样值。

（4）按停止键并释放之，结束静态测试，显示器显示 888。

静态测试主要用于放大电路的标定。一般放大电路的标定在仪器出厂前已标定好了，不需要用户打开机箱再次标定。

2．动态测试（用于现场测试）

（1）将电源开关打开，打印机空走一行，显示器应显示 888，说明机器工作正常。

（2）检查静态键，使仪器进入动态工作状态（静态键复位即为动态工作状态）。

（3）由拨码盘从左到右依次输入道路号（三位），年、月、日（各两位）。

例如：310，2003 年 7 月 5 日，则拨码盘输入为 310030705。

（4）注意：月、日不足两位应在前一位补 0。

（5）拨码盘从左到右依次输入段号（三位），分路段号、取样间距（限制为 01 ~ 10），超差标准（限制在 01 ~ 15）（各占两位）。

（6）按启动键并释放之，以上输入数字被保存下来。

（7）开动牵引车，连续式平整度仪即可开始进行动态测试。可自动进行连续测量，每分段测量结束后，打印机把打印测试结果并将均方差值送到显示器显示。

（8）中途需停止检测，可按停止键并释放之，此时打印机打印最后的测试结果。

（9）停止后，又要测试，若不更改年、月、日、道路号等，即可直接按一次启动键便可进入连续测量状态。若需修改上面的输入数据，则重复（1）~（6）的操作。

（10）试验结束后，关掉电源，取下连接电缆，将仪器置于干燥阴凉处存放。

二、使用仪器注意事项及维护

（一）使用注意事项

（1）该机采用镉镍碱性蓄电池供电，应保证碱液浓度并浸没极板，充电电流不宜超过 5 A。

（2）电解液是强碱溶液，要注意使用安全；应随时清理电池连片上的锈迹，保持接触良好；电池箱倾斜不能超过 45°，更不能倒置。

（3）运输、转向、停放及其他非测量状态必须将测量轮悬起，以避免不必要的磨损与冲撞。

（4）测试速度必须保持在 12 km/h 以内。路面情况不好，测速应相应减慢，以免机架颠簸太大影响测量精度。

（5）远距离运输，应将整台连续式平整度仪放在运输车箱内。短距离运输，可直接用机动车牵引，但速度应小于 25 km/h，以免速度过快、振动大而损坏零件。

（6）与电池相连接的电线，不论在使用还是在充电时都应做到接线可靠、牢固。

（二）仪器的维护

（1）平整度仪是精密电子仪器，如传感器、计算机、打印机等部件，切勿受潮，不用时要妥善保管，定期通电，以免损坏电子元件。

（2）机架上的轴承和运动部件要经常加油润滑，防止生锈磨损。使用前后应检查连接螺栓是否紧固，尤其在长途运输后要认真检查。

（3）测量轮的磨损会影响测量精度，行驶足够里程后，要检查其直径。测量轮的标准外径为 159.20 mm，不合格的测量轮要及时更换。

（4）电缆线在使用时，因使用不当容易发生断路现象，此时可用万用表检查连线的通断，电缆线的接线位置如图 9.4 所示。排除故障时，断线一定要用熔电焊焊接牢靠或换新电缆线，且各线间不要接触，以免影响仪器的使用。

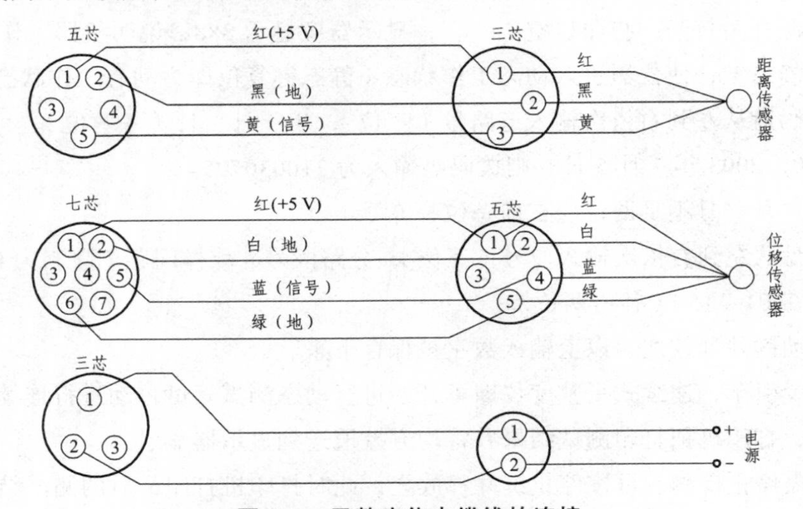

图 9.4　平整度仪电缆线的连接

三、常见故障排除

连续式平整度仪主要由机械和电气两部分组成。该仪器的机械部分比较简单，如发生转向不灵、轮胎漏气等故障易于排除。而电气部分，由于采用微型计算机，技术上较为复杂，一般简单故障应学会检查和排除（见表 9.3），较难排除的故障应送回生产单位检修。

表 9.3　常见电气部分故障及排除方法

序号	现　象	故障原因	排除方法
1	开机后打印机没有走纸声，显示器不显示	电源没接通	1. 检查各连接电缆是否接好，电缆线是否断线； 2. 检查电池螺栓是否拧紧，接插件是否位置正确
2	开机或工作过程中，蜂鸣器报警	电池电压不足	应立即停止工作，给电池充电
3	测量过程中，不打印、不显示结果	电缆线有断线	检查面板上的五芯电缆和机架上距离传感器的连线是否有断线，然后将断线接好或更换新线
4	测量距离和实际距离相差太大	测量轮磨耗，直径变小	应更换新测量轮
5	测试过程中，输出结果出现明显的错误	电缆线有断线或位移传感器输出有问题	1. 检查电板上的七芯电缆和机架上位移传感器的连线是否有断线。 2. 若无断线，将仪器处于静态标定状态，检查位移传感器的输出是否正确。如位移传感器有问题，请厂家维修
6	工作过程中突发干扰	有干扰	关机，然后重新开机工作
7	打印机输出结果不清楚	色带无色	给色带上色或更换新色带

【成绩评价】

	检测项目	序号	检测内容及要求	配分	学员自评	学员互评	教师评分	得分
任务评价	职业修养	1	安全、纪律	10				
		2	文明、礼仪、行为习惯	5				
		3	工作态度	5				
	专业能力	4	能正确表述路面平整度仪的结构和工作原理	10				
		5	掌握仪器使用与维护的方法	10				
		6	正确使用、维护路面平整度仪	40				
		7	使用仪器注意事项	10				
		8	排除简单试验检测仪器故障	10				
		9						
综合评价								

【知识拓展】

路面平整度试验（JTG E60—2008）

路面平整度是评定路面使用品质的重要指标之一，它直接关系到行车安全、舒适以及车辆行驶能力和营运经济性，并影响路面的使用年限。测定路面平整度指标，一是为了检查控制路面施工质量与验收路面工程，二是根据测定的路面平整度指标确定养护修理计划。平整度的测试设备分为断面类及反应类两大类。断面类实际上是测定路面表面凹凸情况，如最常用的 3 m 直尺及连续式平整度仪，还可用精确测量高程得到。国际平整度指标是以此为基准建立的，这是平整度最基本的指标。反应类是由于路面凹凸不平引起车辆颠簸，这是司机和乘客直接感受到的平整度指标。因此，它实际上是舒适性能指标，最常用的是车载式颠簸累积仪。下面介绍最常见的 3 m 直尺测定平整度试验方法。

3 m 直尺测定法有单尺测定最大间隙及等距离（1.5 m）连续测定两种，前者常用于施工时质量控制和检查验收。单尺测定时要计算出测定段的合格率，等距离连续测试也可用于施工质量检查验收，但要算出标准差，用标准差来表示平整程度，它与 3 m 连续式平整度仪测定的路面平整度有较好的相关关系。

一、试验目的及适用范围

本方法规定用 3 m 直尺测定距离路表面的平整度，定义 3 m 直尺基准面距离路表面的最大间隙表示路基路面的平整度，以 mm 计。

本方法适用于测定压实成型的路面各层表面的平整度，以评定路面的施工质量，也可用于路基表面成型后的施工平整度检测。

二、仪器与材料

3 米直尺、锲形塞尺、皮尺、钢尺、粉笔等。

三、方法与步骤

1. 准备工作

（1）按有关规范规定选择测试路段。

（2）测试路段的测试点选择：当为沥青路面施工过程中的质量检测时，测试地点应选在接缝处，以单杆测定评定；除高速公路外，可用于其他等级公路路基路面工程质量检查验收或进行路况评定，每 200 m 测 2 处，每处连续测量 10 尺。除特殊需要者外，应以行车道一侧车轮轮迹 （距车道线 0.8 ~ 1.0 m）作为连续测定的标准位置。对旧路已形成车辙的路面，应取车辙中间的位置为测定位置，并用粉笔在路面上做好标记。

（3）清扫路面测定位置处的污物。

2. 测试步骤

（1）在施工过程中检测时，可根据需要确定的方向，将 3 m 直尺摆在测试地点的路面上。

（2）目测 3 m 直尺底面与路面之间的间隙情况，确定最大间隙的位置。

（3）用有高度标线的塞尺塞进间隙处，量测其最大间隙高度（mm）；或用深度尺在最大间隙位置量测直尺上顶面距地面的深度。该深度减去尺高即为测试点的最大间隙高度，精确至 0.2 mm。

【思考题】

1. XLPY-F 型路面平整度仪中，蓄电池（见图 9.3）能否将正、负极两根线连接在一起，为什么？

2. XLPY-F 型路面平整度仪的测量轮 7（见图 9.1），在运输时处于何种状态？如磨损了，对测量精度是否有影响？测量轮的标准直径是多少？

3. XLPY-F 型路面平整度仪是三芯电源线，有正负之分，如接反了，将会导致何种结果？

任务二　贝克曼梁式弯沉仪使用与维护

【任务目标】

1. 了解贝克曼梁式弯沉仪的结构和工作原理。
2. 掌握仪器使用与维护的方法。
3. 正确使用、维护和检校贝克曼梁式弯沉仪。
4. 排除简单仪器故障。

【相关知识】

一、用　途

由于弯沉值能够代表路基路面整体抵抗垂直变形的能力，测定又比较直观、简便，因而已被列为路基路面现场质量检测的一个常规项目。贝克曼梁式弯沉仪符合试验规程 T 0951—95 中的仪器要求，可用于检测路基或路面的回弹弯沉和总弯沉；它也符合试验规程 T 0944—95 中的仪器要求，可用于测定土基和路面的回弹模量。

二、主要技术参数

（1）总长：3.6 m、5.4 m 两种（前后臂分别为 2.4 m∶1.2 m 和 3.6 m∶1.8 m）。

（2）杠杆比：2∶1（前臂∶后臂）。

（3）百分表量程：10 mm，50 mm。

三、结构及工作原理

（一）仪器结构（见图 9.5）

该仪器主要由前臂、后臂、调表螺杆、百分表、百分表架、支座、测头等零件组成。测头有各种长度，可根据测点高低调配。前后臂一般用铝合金材料制成，既轻又不易变形。前臂装有测头和水准器，后臂装有调表螺杆，旋转它可以调整百分表的初读数。支座上装有水准器和 3 个调平螺钉，转动调平螺钉可以调平弯沉仪，使纵横向保持水平。横向是否水平，可观察设在支座上的水准泡；纵向是否水平，可观察弯沉仪前臂上的水准泡。

（二）工作原理

路基或路面在荷载作用下发生下沉时，弯沉仪的 A 点向下运动（见图 9.6），B 点则向上运动，百分表的测杆在外力作用下也产生向上运动，表内指针就产生旋转。当 B 点读数为 L，杠杆比为 2 时，A 点的弯沉值为 $2L$。

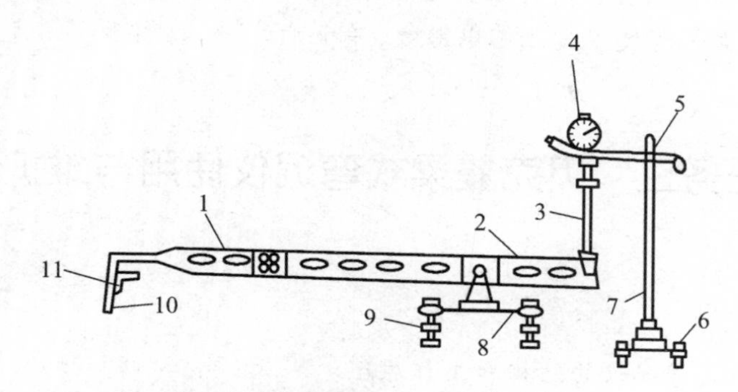

图 9.5 贝克曼梁氏弯沉仪结构图

1—前臂；2—后臂；3—调表螺杆；4—百分表；5—紧定螺栓；6—调节螺栓；7—百分表架；8—支座；9—调平螺钉；10—测头；11—螺钉

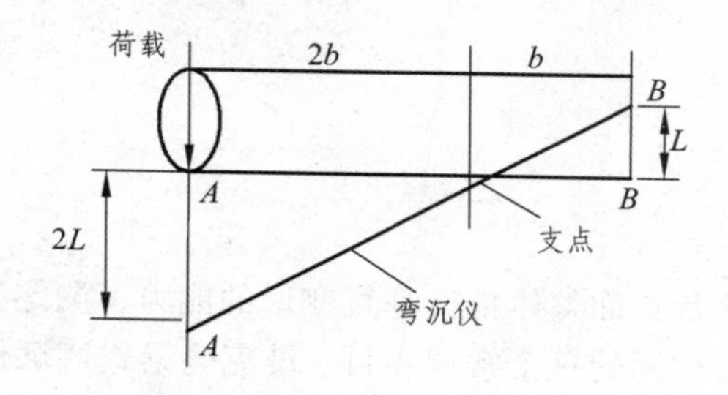

图 9.6 工作原理图

【专业操作】

一、仪器的使用方法

（一）试验前的仪器检查

1. 弯沉仪长度的选择

对半刚性基层沥青路面、水泥混凝土路面等进行弯沉测定时，如采用长度为 5.4 m 的弯沉仪测定，可不进行支点变形修正；如采用长度为 3.6 m 的弯沉仪测定，需进行支点变形修正，修正方法如图 9.7 所示。

2．百分表量程的选择

测定路基弯沉时，由于变形较大，最好选择量程大的百分表，以满足试验需要。

3．标准车的选择

测试车根据公路等级选择，高速公路、一级公路、二级公路应采用后轴 100 kN 的 BZZ-100 标准车，其他等级公路可用后轴 60 kN 的 BZZ-60 标准车，具体见表 9.4 所示。

表 9.4 测定弯沉用标准车参数

标准轴载等级	BZZ-100	BZZ-60
后轴标准轴载 P/kN	100 ± 1	60 ± 1
一侧双轮荷载/kN	50 ± 0.5	30 ± 0.5
轮胎充气压力/MPa	0.70 ± 0.05	0.50 ± 0.05
单轮传压面当量圆直径/cm	21.30 ± 0.5	19.50 ± 0.5
轮隙宽度	应能满足自由插入弯沉仪测头的测试要求	

4．准备工作

（1）检查并保持测定用标准车的车况及刹车性能良好、轮胎符合规定充气压力。

（2）向汽车车厢中装载铁块或集料，并在地磅上称量后轴质量符合要求规定的轴重。汽车行驶及测定过程中，轴重不得变化。

（3）测定轮胎接地面积：在平整光滑的硬质路面上用千斤顶将汽车后轴顶起，在轮胎下方铺一张新的复写纸和一张方格纸，轻轻落下千斤顶，即在方格纸上印上了轮胎印痕。用求积仪或数方格的方法测算轮胎接地面积，精确至 0.1 cm^2。

（4）检查弯沉仪百分表测量灵敏情况。

（5）当在沥青路面上测定时，用路表温度计测定试验时气温及路表温度（一天中气温不断变化，应随时测定），并通过气象台了解前 5 天的平均气温（日最高气温与最低气温的平均值）。

（6）记录沥青路面修建或改建时材料、结构、厚度、施工及养护等情况。

（二）操作步骤

（1）在测试路段布置测点，其距离随测试需要而定。测点应在路面行车道的轮迹带上，并用白漆或粉笔画上标记。

（2）将试验车后轮轮隙对准测点后约 3 ~ 5 cm 处的位置上。

（3）将弯沉仪插入汽车后轮之间的缝隙处，与汽车方向一致，梁臂不得碰到轮胎，弯沉仪测头置于测点上（轮隙中心前方 3 ~ 5 cm 处），并安装百分表于弯沉仪的测定杆上。百分表调零 （将百分表的测头放在弯沉仪的调表螺杆端部，转动调表螺杆，使百分表有 4 ~ 5 mm 预压缩，即百分表内的小表的指针指向），然后转动百分表的表圈，使大指针对准零，用手指轻轻叩打弯沉仪，检查百分表是否稳定回零。弯沉仪可以是单侧测定，也可以是双侧同时测定。

（4）测定者吹哨发令指挥汽车缓缓前进，百分表随路面变形的增加而持续向前转动。当表针转动到最大值时，迅速读取初读数 L_{10}，汽车仍在继续前进，表针反向回转，待汽车驶出弯沉影响半径（约 3 m 以上）后，吹口哨或挥动指挥旗，汽车停止。待表针回转稳定后，再次读取终读数 L_{20}。汽车前进的速度宜为 5 km/h 左右。

（三）弯沉仪的支点修正

（1）当采用长度为 3.6 m 的弯沉仪对半刚性基层沥青路面、水泥混凝土路面等进行弯沉测定时，有可能引起弯沉仪支座处变形，因此测定时应检验支点有无变形。此时应用另一台检验用的弯沉仪安装在测定用弯沉仪的后方，其测点架于测定用弯沉仪的支点旁。当汽车开出时，同时测定两台弯沉仪的弯沉读数，如检测用弯沉仪百分表有读数，即应该记录并进行支点变形修正。当在同一结构层上测定时，可在不同位置测定 5 次，求取平均值，以后每次测定时以此作为修正值。支点变形修正原理如图 9.7 所示。

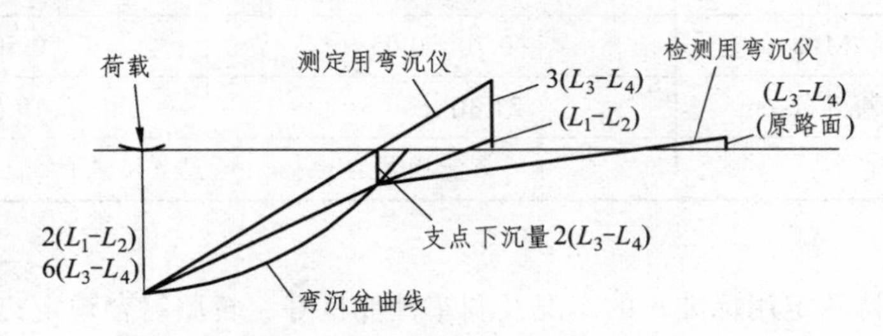

图 9.7　弯沉仪支点变形修正原理

（2）当采用长度为 5.4 m 的弯沉仪测定时，可不进行支点变形修正。

（四）结果计算及温度修正

（1）路面测点的回弹弯沉值按式（9.1）计算。

$$L_T = (L_1 - L_2) \times 2 \tag{9.1}$$

式中　L_T——在路面温度 T 时的回弹弯沉值，精确至 0.01 mm；

L_1——车轮胎中心邻近弯沉仪测头时百分表的最大读数，精确至 0.01 mm；

L_2——汽车驶出弯沉影响半径后百分表的终读数，精确至 0.01 mm。

（2）当需要进行弯沉仪支点变形修正时，路面测点的回弹弯沉值按式（9.2）计算（适用于测定弯沉仪支座处有变形，但百分表架处路面已无变形的情况）。

$$L_T = (L_1 - L_2) \times 2 + (L_3 - L_4) \times 6 \tag{9.2}$$

式中　L_1——车轮中心邻近弯沉仪测头时测定用弯沉仪的最大读数，精确至 0.01 mm；

L_2——车轮驶出弯沉影响半径后测定用弯沉仪的最终读数，精确至 0.01 mm；

L_3——车轮中心邻近弯沉仪测头时检测用弯沉仪的最大读数，精确至 0.01 mm；

L_4——车轮驶出弯沉影响半径后检验用弯沉仪的最终读数，精确至 0.01 mm。

（3）当沥青面层厚度大于 5 cm 的沥青路面，回弹弯沉值应进行温度修正。温度修正及回弹弯沉的计算宜按下列步骤进行。

① 测定时的沥青层平均温度按式（9.3）计算：

$$T=\frac{T_{25}+T_{\mathrm{m}}+T_{\mathrm{e}}}{3} \tag{9.3}$$

式中　T——测定时沥青层平均温度，°C；

T_{25}——根据图 9.8 确定的路表下 25 mm 处的温度，°C；

T_{m}——根据图 9.8 确定的沥青中间层的温度，°C；

T_{e}——根据图 9.8 确定的沥青层底面处的温度，°C。

图 9.8 中 t_0 为测定时路表温度与测定前 5 d 日平均气温的平均值之和（°C），日平均气温为日最高气温与最低气温的平均值。

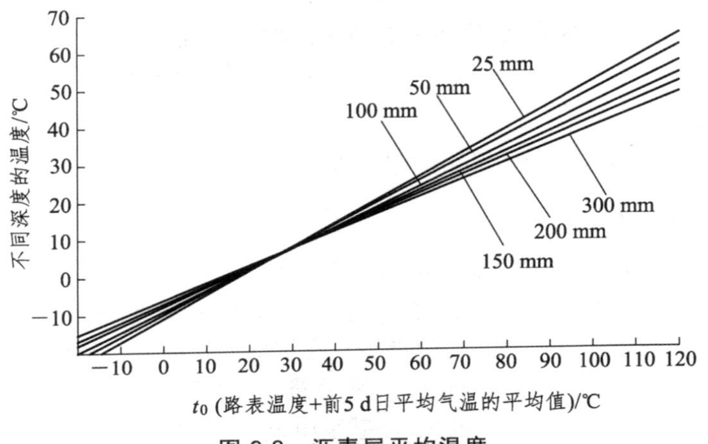

图 9.8　沥青层平均温度

② 采用不同基层的沥青路面弯沉值的温度修正系数 K，根据沥青层平均温度 T 及沥青层厚度，分别由图 9.9 及图 9.10 求取。

③ 沥青路面回弹弯沉值按式（9.4）计算。

$$L_{20}=L_{\mathrm{T}}\times K \tag{9.4}$$

式中　L_{20}——换算为 20 °C 的沥青路面回弹弯沉值，精确至 0.01 mm；

L_{T}——测定时沥青面层内平均温度为 T 时的回弹弯沉值，精确至 0.01 mm；

K——温度修正系数。

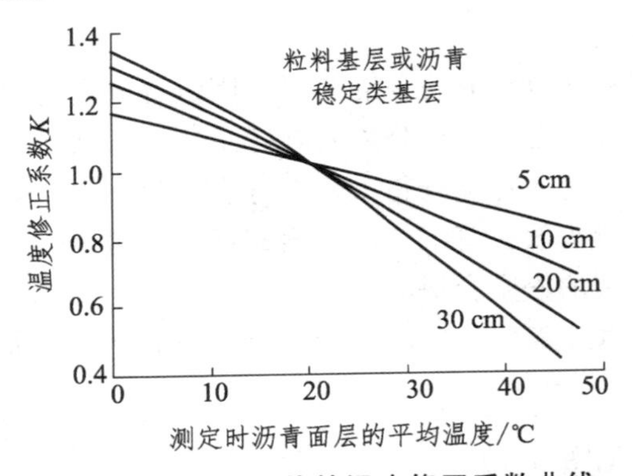

图 9.9　路面弯沉值的温度修正系数曲线
（适用于粒料基层及沥青稳定基层）

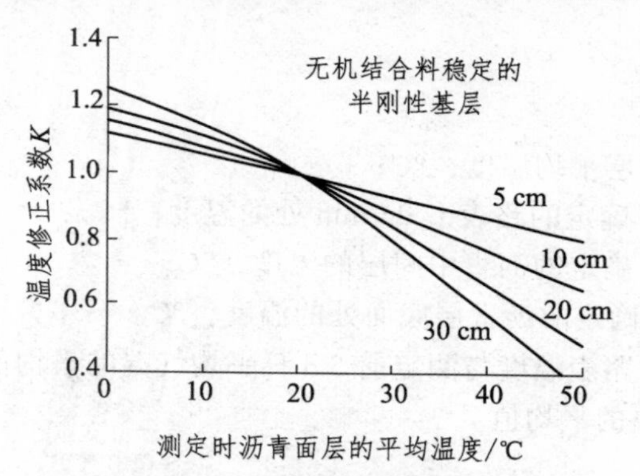

图 9.10　路面弯沉值的温度修正系数曲线

（适用于无机结合料稳定土半刚性基层）

（4）结果评定

① 按式（9.5）计算每一个评定路段的代表弯沉值。

$$L_r = L + Z_a \times S \tag{9.5}$$

式中　L_r——评定路段的代表弯沉值，精确至 0.01 mm。

L——评定路段内经各项修正后的各测点弯沉值的平均值，精确至 0.01 mm。

S——评定路段内经各项修正后全部测点弯沉值的标准差，精确至 0.01 mm。

Z_a——与保证率有关的系数。高速、一级公路，对于基层采用 $Z_a = 2.0$，沥青混凝土面层 $Z_a = 1.645$；二、三级公路，路基采用 $Z_a = 1.645$，沥青混凝土面层采用 $Z_a = 1.5$。

② 计算平均值和标准差时，应将超出 $L \pm (2 \sim 3)S$ 的弯沉特异值舍弃。对舍弃的弯沉值过大的点，应找出其周围界限，进行局部处理。

③ 弯沉代表值不大于设计要求的弯沉值时得满分；大于时得零分。

注： 若在非不利季节测定时，应考虑季节影响系数。

二、使用仪器注意事项及维护

（一）使用注意事项

（1）每次移动弯沉仪时，要将整个弯沉仪抬起来，不能将测头随地拖，否则会使头部的螺钉松动。

（2）当把百分表固定在图 9.5 中的表架 7 时，固定百分表的螺栓不可拧得太紧，拧得太紧会使图 2.8 中的装夹套筒 6 变形，百分表的测杆 7 运动起来受阻，从而使实测数据变小；固定百分表的螺栓也不可拧得太松，拧得太松百分表固定不牢，测试时会出现数据不稳定的现象。百分表装好后，将测头放在弯沉仪的调表螺杆上，用手轻叩弯沉仪，如百分表指针仍能回原处，说明百分表安装的松紧合适。

（3）试验时一定要使百分表架 7（见图 9.5）处于垂直状态，如不垂直，可转动调节螺钉 6 进行调整。

（二）仪器的维护（见图 9.5）

（1）在使用过程中要经常检查测头 10、支座 8 下部的垫角是否松动，如发现松动要及时用工具将其拧紧。调平螺钉 9 内圈要经常加少量机油，使其转动灵活。

（2）与弯沉仪相配，且经过标定的百分表，不可随意用作他用，要及时收到盒内，做到防振防潮。

【成绩评价】

	检测项目	序号	检测内容及要求	配分	学员自评	学员互评	教师评分	得分
任务评价	职业修养	1	安全、纪律	10				
		2	文明、礼仪、行为习惯	5				
		3	工作态度	5				
	专业能力	4	能正确表述贝克曼梁式弯沉仪的结构和工作原理	10				
		5	掌握仪器使用与维护的方法	10				
		6	正确使用、维护贝克曼梁式弯沉仪	40				
		7	使用仪器注意事项	10				
		8	排除简单试验检测仪器故障	10				
		9						
综合评价								

【知识拓展】

路基路面回弹弯沉试验（JTG E60—2008）

回弹弯沉值是指标准轴载轮隙中心处的最大回弹弯沉值。在路表进行测试，反映了路基路面综合承载能力。测试回弹弯沉值的方法有贝克曼梁法、自动弯沉仪法、落锤式弯沉仪法。本试验以贝克曼梁法介绍路基路面回弹弯沉值测试方法。

一、试验目的与适用范围

（1）本方法适用于测定各类路基路面的回弹弯沉以评定其整体承载能力，可供路面结构设计使用。

（2）沥青路面的弯沉检测以沥青面层平均温度 20 °C 时为准。当路面平均温度在（20 ± 2）°C 以内可不修正，在其他温度测试时，对沥青层厚度大于 5 cm 的沥青路面，弯沉值应予以温度修正。

二、试验原理

利用杠杆原理制成的杠杆式弯沉仪测定轮隙弯沉。

三、仪器与材料

标准车、路面弯沉仪、接触式路表温度计、皮尺、口哨、白油漆或粉笔、指挥旗等。

四、试验方法与步骤

1．准备工作

（1）检查并保持测定用标准车的车况及刹车性能良好，轮胎胎压符合规定充气压力。

（2）向汽车车槽中装载铁块或集料，并用地磅称量后轴总质量及单侧轮荷载，均应符合要求的轴重规定。汽车行驶及测定过程中，轴重不得变化。

（3）测定轮胎接地面积：在平整光滑的硬质路面上用千斤顶将汽车后轴顶起，在轮胎下方铺一张新的复写纸和一张方格纸，轻轻落下千斤顶，即在方格纸上印上了轮胎印痕。用求积仪或数方格的方法测算轮胎接地面积，精确至 0.1 cm^2。

（4）检查弯沉仪百分表量测灵敏情况。

（5）当在沥青路面上测定时，用路表温度计测定试验时气温及路表温度（一天中气温不断变化，应随时测定），并通过气象台了解前 5 天的平均气温（日最高气温与最低气温的平均值）。

（6）记录沥青路面修建或改建材料、结构、厚度、施工及养护等情况。

2．测试步骤

（1）在测试路段布置测点，其距离随测试需要而定。测点应在路面行车车道的轮迹带上，并用白油漆或粉笔画上标记。

（2）将试验车后轮轮隙对准测点后约 3 ~ 5 cm 处的位置上。

（3）将弯沉仪插入汽车后轮之间的缝隙处，与汽车方向一致，梁臂不得碰到轮胎，弯沉仪测头置于测点上（轮隙中心前方 3 ~ 5 cm 处），并安装百分表于弯沉仪的测定杆上。百分表调零，用手指轻轻叩打弯沉仪，检查百分表应稳定回零。弯沉仪可以是单侧测定，也可以是双侧同时测定。

（4）测定者吹哨发令指挥汽车缓缓前进，百分表随路面变形的增加而持续向前转动。当表针转动到最大值时，迅速读取初读数 L_1，汽车仍继续前进，表针反向回转，待汽车驶出弯沉影响半径（约 3 m 以上）后，吹口哨或挥动指挥旗，汽车停止。待百分表指针回转稳定后，再次读取终读数 L_2。汽车前进速度宜为 5 km/h 左右。

【思考题】

1. 弯沉仪（见图 9.5）中的水准泡不居中时，如何调整？百分表架 7 如不垂直，如何调整？

2. 弯沉仪（见图 9.5）上的调表螺杆 3 有何作用？

3. 百分表装入表架 7 上（见图 9.5），固定百分表的螺栓拧得太紧或太松，对测试结果有何影响？如何检查百分表的松紧度？

任务三　摆式摩擦系数测定仪使用与维护

【任务目标】

1. 了解摆式摩擦系数测定仪的结构和工作原理。
2. 掌握仪器使用与维护方法。
3. 会正确使用、维护和检校摆式摩擦系数测定仪。
4. 能排除简单仪器故障。

【相关知识】

一、用　途

路面抗滑性能是指车辆轮胎受到制动时沿表面滑动所产生的力。通常，抗滑性能被看作路面的表面特征，并用轮胎与路面间的摩阻系数来表示。

手提式摆式摩擦系数测定仪（简称摆仪），是一种测定路面在潮湿条件下对摆的摩擦阻力的一个指标。它具有结构简单、操作方便、测试数据稳定等优点，并且室内、外均可使用，它符合试验规程 T 0964—95 中的仪器要求。测试指标是摆值 FB，以 BPN 为单位，适用于测定沥青路面及水泥混凝土路面的抗滑值，并用于评定路面在潮湿状态下的抗滑能力。

二、主要技术规格

（1）摆动的力矩：6 150 N · mm，其中摆质量为（1 500 ± 30）g，摆的重心距离为（410 ± 5）mm。

（2）橡胶片对路面的正向静压力：（22.2 ± 0.5）N。

（3）摆自倾斜 5° 处自由放下到摆动停止的次数，不少于 70 次。

（4）橡胶片外边缘距摆动中心的距离：508 mm。

（5）橡胶片尺寸：6.35 mm × 25.4 mm × 76.2 mm（橡胶片质量要求见表 9.5）。

表 9.5　橡胶片物理性质技术要求

性能指标	温度/°C				
	0	10	20	30	40
弹性/%	43 ~ 49	58 ~ 65	66 ~ 73	71 ~ 77	74 ~ 79
硬　度	55 ± 5				

三、结构及工作原理

（一）仪器结构（见图 9.11）

该仪器主要由 T 形底座、立柱系统、摆、释放开关、示数系统等主要部件组成。

（1）T 形底座 14：由调平螺栓 16 和水准泡 13 组成。对仪器起调平、支承作用。

（2）立柱系统 12：由立柱、升降机构、导向杆及升降把手 15 组成，用于升降和固定摆的位置。

（3）摆：由上、下部接头、摆杆、弹簧、杠杆系、卡环 3、平衡锤 6、举升柄 5、外壳 11、滑溜块 8 及橡胶片 9、轴承等零件组成。对摆动中心有规定力矩，对路面有规定压力，它是度量路面摩擦系数的尺度。

（4）释放开关 2：安装于悬臂上的开关，用于保持摆杆水平位置和释放摆。

（5）示数系统：由指针 18、针簧片 22、刻度盘 19、调节螺母 21 等零件组成。指针可直接指示出摆值。

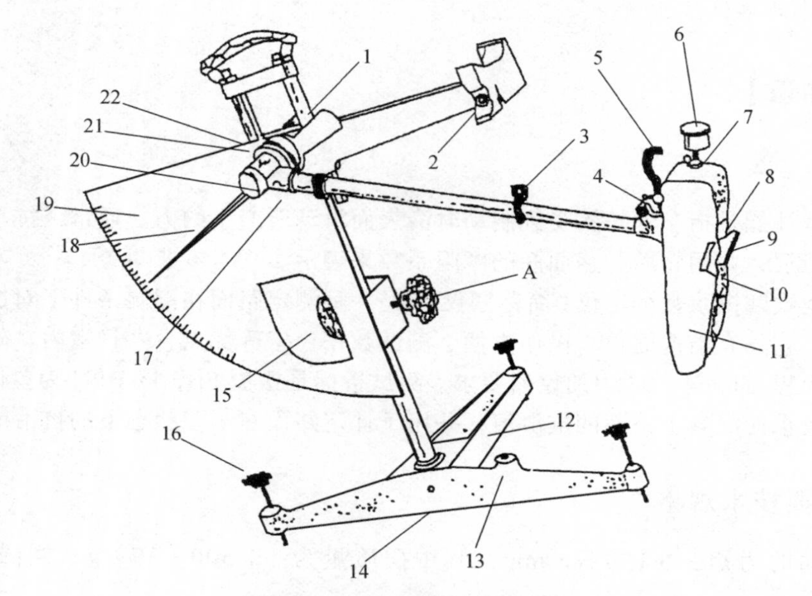

图 9.11　摆式摩擦仪结构图

1—紧固把手；2—释放开关；3—卡环；4—定位螺钉；5—举升柄；6—平衡锤；7—并紧螺母；8—滑溜块；9—橡胶片；10—止滑螺丝；11—外壳；12—立柱；13—水准泡；14—底座；15—升降把手；16—调平螺栓；17—连接螺母；18—指针；19—刻度盘；20—转向节螺盖；21—调节螺母；22—针簧片或毡垫

（二）工作原理

摆式仪是动力摆冲击型仪器。它是根据摆的位能损失等于安装于摆臂末端的橡胶片滑过路面时克服路面摩擦所做的功这一基本原理研制而成的。

【专业操作】

一、仪器的使用方法

（一）试验前仪器的检查

（1）检查橡胶片的磨损情况：当橡胶片使用后，端部在长度方向上磨损超过 1.6 mm 或边缘在宽度方向上磨损超过 3.2 mm，或有油污染时，应更换新橡胶片，新橡胶片应先在干燥路面上测试 10 次后再用于测试。橡胶片的有效使用期为 1 年。

（2）检查指针：因指针较细，又无罩壳保护，在搬运过程中极易碰弯，使用时要将其校直。

（3）检查摆式仪的调零情况：转动调节螺母21，应能显著改变指针转动时的松紧度。

（二）操作步骤

1．选　点

对测试的路段按随机取样方法，决定测点所在横断面位置。测点应选在行车车道的轮迹带上，距路面边缘不应小于1 m，并用粉笔作出标记。测点位置宜紧靠铺砂法测定构造深度的测点位置，并与其一一对应。

2．仪器调平

（1）将仪器置于测点上，并使摆的摆动方向与行车方向一致。

（2）转动调平螺栓16使水准泡13居中。

3．仪器调零

（1）放松紧固把手1和A，转动升降把手15使摆升高并能自由摆动，然后旋紧把手1和A。

（2）将摆向右运动，按下安装于悬臂上的释放开关2、卡环3进入释放开关槽，使摆处于水平位置，并把指针抬至与摆杆平行处。

（3）按下释放开关，使摆向左带动指针摆动，当摆到达最高位置下落时，用左手将摆杆接住，此时指针应指零。若不指零时，可稍旋紧或放松调节螺母21。重复本项操作，直至指针指零。调零允许误差为±1 BPN。

4．标定滑动长度

（1）用扫帚扫净路面表面，并用橡胶刮板清除摆动范围内路面上的松散颗粒和杂物。

（2）让摆自由悬挂，提起摆头上的举升柄5将垫块置于定位螺钉4下面，使滑溜块8升高。

放松紧固把手1和A，转动升降把手15，使摆缓慢下降。当滑溜块上的橡胶片9刚接触路面时，将把手1和A旋紧，使摆头固定。

（3）提起举升柄，取下垫块，使摆向右运动。然后，手提举升柄使摆向左运动，直至橡胶片刚刚接触路面。在橡胶的外边平行摆动方向设置标准尺（126 mm），尺的一端正对该点。再用手提起举升柄5，使滑溜块向上抬起，并使摆继续向左运动。放下举升柄，将摆缓缓向右运动，使橡胶片的边缘再一次接触路面。橡胶片两次同路面的接触点的距离应在126 mm（即为滑动长度）左右。若滑动长度不符合标准，则通过升高或者降低仪器底座正面的调平螺栓16来校正。但需调平水准泡。重复此项校核直到滑动长度符合要求，然后，将摆和指针置于水平释放位置。

校核滑动长度时应以橡胶片长度刚刚接触路面为准，不可借助摆的力量向前滑动，以免标定的滑块长度过长。

5．测　定

（1）用喷壶的水浇洒测试路面，并用橡胶刮板刮除表面泥浆。

（2）再次洒水，并按下释放开关2，使摆在路面上滑过，指针即可指示路面的摆值（一般第一次可不作记录）。当摆回落时，用左手接住摆杆，右手提起举升柄使滑溜块升高，并将摆向右运动；按下释放开关，使摆卡环 3 进入释放开关内，并使摆杆和指针重新置于水平释放位置。

（3）重复（2）的操作，测定 5 次（每次均需洒水），记录每次测定的摆值。5 次数值中最大值与最小值的差值不得大于 3BPN（即刻度盘的一格半）。如差值大于 3BPN，应检查产生的原因，并在此重复上述各项操作，直至符合规定要求为止。取 5 次测定的平均值作为每个测点路面的抗滑值（即摆值 FB），取整数，以 BPN 表示。

（4）在测点位置上用路表温度计测记潮湿路面的温度，精确至 1 °C。

（5）按以上方法，同一处测试不少于 3 点。3 个测点均位于轮迹带上，测点间距 3 ~ 5 m。该处的测定位置以中间测点的位置表示，每一处均取 3 点测定结果的平均值作为试验结果，精确至 1BPN。

二、使用仪器注意事项及维护

1．注意事项

（1）指针调零时，一定要先放松紧固把手 1 和 A，紧固把手不松开，就不能转动升降把手 15。由于升降齿条齿的模数小，如果强行转动升降把手 15，很容易就把仪器内的升降齿条的齿打坏，而导致仪器不能升降。

（2）校准滑动长度时，当把摆向左或向右移动时，一定要用手提起举升柄。如不提起举升柄就将摆向左或向右摆动，很容易将滑溜块撞松。

（3）仪器在搬运过程中，一定要将摆拆下来，并装箱压紧，以防振动而导致摆弯曲。

（4）仪器暂时不用，应将摆处于自由悬挂状态，不要将摆水平装入卡环，以防卡环长期在外力作用下弹性减弱。

2．仪器的维护

（1）仪器使用一段时间后，要把紧固把手 A 旋下，轻轻取出升降把手 15，并给把手上的小齿轮和立杆上的齿条加点润滑油，以保证升降把手 15 能使摆轻松上升或下降。

（2）试验时，由于摆头上的橡胶片在路面摩擦时，与路面产生一定的撞击，会使摆头上的所有螺钉松动。因此要经常检查螺钉的松紧，一旦发现松动要及时拧紧，否则影响试验结果。

三、摆式仪的标定

1．标定摆的质量

放松摆杆与转向节的连接螺母 17，从仪器上取下装有滑溜块的摆。称重（W）精确至 g［应符合（1 500 + 30 ）g］。

2．标定重心装有滑溜块的摆的重心

根据摆置于刀口上的位置来确定。连接螺母 17 应固定于摆臂的末端，得到平衡点后，应旋进或旋出平衡锤，直到摆壳边部水平为止，并在平衡点位置做一记号。

3．标定摆动中心到重心的距离

把摆重新装在仪器上，并取下转向节螺盖 20，测量从摆动中心（轴承螺母中心）至重心的距离，精确到 mm［应符合（410 ± 5）mm］。

4．力矩标定

由公式 $L = 615\,000$ g · mm/摆的质量，计算出摆的重心位置，然后将重心位置置于刀口上，改变力矩调节螺母位置。必要时，也可增减力矩、调节螺母数量，但仍然应符合 1 和 3 的方法，使摆平衡，满足力矩要求。L 为力矩调节螺母重心距摆动中心的距离。

5．压力标定

（1）将摆从仪器上取下，使滑溜块 8 的橡胶片与摆壳底板平行，旋紧滑溜块的固定螺母。用卡尺量橡胶片边缘至底板顶面的距离（取前、后两处的平均值），应为 60 mm。若有出入，可调节摆下部止滑螺丝 10，使滑溜块升高或降低，以达到要求，调节后螺钉不应再动。

（2）放松滑溜块固定螺母，并使两螺母并紧，以保证滑溜块能绕自身的轴转动，而在轴上的窜动量不大于 0.2 mm。

（3）将压力标定天平置于试验台上，调平，使指针居中。把三脚架置于右侧盘的后部，摆式仪放在三脚架上，用夹块将摆固定在立柱上，对准右称盘中部并压下 3 ~ 5 mm，在左称盘中加 19 砝码，使天平稳平（此时天平指针指向右方）。调节仪器底座调平螺栓 16，使指针对准右方 20 mm 处，并注意保持水准泡居中。

（4）提起举升柄，将垫块放在定位螺钉 4 下，调节定位螺钉，使指针回零，橡胶片的压力将称盘压下，指针偏斜至右方 20 mm 处。然后在左侧称盘上加标定砝码（2 263 g），此时指针应归零，调节定位螺丝使之回零。

（5）从举升柄定位螺钉 4 下轻轻取出垫块，橡胶片的压力即将称盘压下，指针偏斜至右方 20 mm 处。然后在左侧称盘上加标定砝码（2 263 g），此时指针应归零。若指针不回零，则表示橡胶片对路面的压力过大（指针偏右方）或过小（指针偏左方）。取下标定砝码，用螺丝刀插入弹簧引线的槽内，旋紧或放松弹簧松紧调节螺母，使指针回零。此时应注意握紧摆杆，在旋紧和放松调节螺母的过程中，不可人为对称盘加载。然后，重新校核压力，以达到 2 263 g 为止。

【成绩评价】

	检测项目	序号	检测内容及要求	配分	学员自评	学员互评	教师评分	得分
任务评价	职业修养	1	安全、纪律	10				
		2	文明、礼仪、行为习惯	5				
		3	工作态度	5				
	专业能力	4	能正确表述摆式摩擦系数测定仪的结构和工作原理	10				
		5	掌握仪器使用与维护的方法	10				
		6	正确使用、维护摆式摩擦系数测定仪	40				
		7	使用仪器注意事项	10				
		8	排除简单试验检测仪器故障	10				
		9						
综合评价								

【知识拓展】

摆式仪试验方法

一、试验目的及适用范围

本方法适用于以摆式摩擦系数测定仪（摆式仪）测定沥青路面、标线或其他材料试件的抗滑值，用以评定路面或路面材料试件在潮湿状态下的抗滑能力。

二、仪器与材料

（1）摆式仪：摆及摆的连接部分总质量为（1 500 ± 30）g，摆动中心至摆的重心距离为（410 ± 5）mm，测定时摆在路面上的滑动长度为（126 ± 1）mm，摆上橡胶片端部距摆动中心的距离为 510 mm，橡胶片对路面的正向静压力为（22.2 ± 0.5）N。

（2）橡胶片：当用于测定路面抗滑值时，其尺寸为 6.35 mm × 25.4 mm × 76.2 mm，橡胶片质量应符合表 9.5 的要求。当橡胶片使用后，端部在长度方向上磨耗超过 1.6 mm，或边缘在宽度方向上磨耗超过 3.2 mm，或有油类污染时，应更换新橡胶片。新橡胶片应先在干燥路面上测试 10 次后再用于测试。橡胶片的有效使用期从出厂日期起算为 12 个月。

（3）滑动长度量尺：长 126 mm。

（4）洒水壶。

（5）硬毛刷、橡胶刮板。

（6）路面温度计：分度不大于 1 °C。

（7）其他：皮尺或钢卷尺、扫帚、粉笔、记录表格等。

三、方法与步骤

1．准备工作

（1）检查摆式仪的调零灵敏情况，并定期进行仪器的标定。当用于路面工程检查验收时，仪器必须重新标定。

（2）按 JTG E60—2008 附录 A 的方法，进行测试路段的取样选点（随机选点法，决定测点所在横断面位置）。在横断面上测点应选在行车道轮迹处，且距路面边缘不应小于 1 m。

2．试验步骤

（1）清洁路面：用扫帚或其他工具将测点处的路面打扫干净。

（2）仪器调平。

① 将仪器置于测点上，并使摆的摆动方向与行车方向一致。

② 转动底座上的调平螺栓，使水准泡居中。

（3）调零。

① 放松上、下两个紧固把手，转动升降把手，使摆升高并能自由摆动，然后旋紧紧固把手。

② 将摆固定在右侧悬臂上（按下悬臂上的释放开关，使摆上的卡环进入开关槽，放开释放开关），使摆处于水平释放位置，并把指针拨至右端与摆杆平行处。

③ 按下释放开关，使摆向左带动指针摆动，当摆到达最高位置后下落时，用左手将摆杆接住，此时指针应指零。

④ 若指针不指零，可稍旋紧或放松摆的调节螺母。

⑤ 重复上述 4 个步骤，直至指针指零。调零允许误差为 ± 1。

（4）校核滑动长度。

① 用毛刷和橡胶刮板清除摆动范围内路面上的松散粒料。

② 让摆处于自然下垂状态，松开紧固把手，转动立柱上的升降把手，使摆缓缓下降。与此同时，提起摆头上的举升柄向左侧移动，然后放下举升柄使橡胶片下缘轻轻触地，紧靠橡胶片摆放滑动长度量尺（长 126 mm），使量尺左侧对准橡胶片下缘；再提起举升柄向右侧移动，然后放下举升柄使橡胶片下缘轻轻触地，检查橡胶片下缘应与滑动长度量尺的右端齐平。橡胶片两次同路面的接触点的距离应为 126 mm（滑动长度）。

③ 若齐平，则说明橡胶片二次触地的距离（滑动长度）符合 126 mm 的规定。校核滑动长度时，应以橡胶片长边刚刚接触路面为准，不可借摆的力量向前滑动，以免标定的滑动长度与实际不符。

④ 若不齐平，升高或降低摆或仪器底座的高度。微调时用旋转仪器底座上的调平螺丝调整仪器底座的高度的方法比较方便，但需注意保持水准泡居中。

⑤ 重复上述动作，直至滑动长度符合 126 mm 的规定。

注：校核滑动长度时，应以橡胶片长边刚刚接触路面为准，不可借摆的力量向前滑动，以免标定的滑动长度过长。

（5）将摆固定在右侧悬臂上，使摆处于水平释放位置，并把指针拨至右端与摆杆平行处。

（6）用喷水壶浇洒测点，使路面处于湿润状态。

（7）按下右侧悬臂上的释放开关，使摆在路面滑过。当摆杆回落时，用左手将摆杆接住，读数但不记录，然后使摆杆和指针重新置于水平释放位置。

（8）重复（6）和（7）的操作 5 次，并读记每次测定的摆值。

单点测定的 5 个值中最大值与最小值的差值不得大于 3，如差值大于 3，应检查产生的原因，并再次重复上述各项操作，直至符合规定为止。

取 5 次测定的平均值作为单点的路面抗滑值（即摆值 BPN_t），取整数。

（9）在测点位置用温度计测记潮湿路表温度，精确至 1 °C。

（10）每个测点由 3 个单点组成，即需按以上方法在同一测点处平行测定 3 次，以 3 次测定结果的平均值作为该测点的代表值（精确至 1）。

3 个单点均应位于轮迹带上，单点间距离为 3 ~ 5 m。该测点的位置以中间单点的位置表示。

四、抗滑值的温度修正

当路面温度为 t（°C）时，测得的摆值为 BPN_t，必须按式（9.6）换算成标准温度 20 °C 的摆值 BPN_{20}。

$$BPN_{20} = BPN_t + \Delta BPN \tag{9.6}$$

式中 BPN_{20} —— 换算成标准温度 20 °C 时的摆值；

BPN_t —— 路面温度 t 时测得的摆值；

ΔBPN —— 温度修正值按表 9.6 采用。

表 9.6 温度修正值

温度 T/°C	0	5	10	15	20	25	30	35	40
温度修正值 ΔF	−6	−4	−3	−1	0	+2	+3	+5	+7

【思考题】

1. 简述摆式摩擦仪的工作原理。
2. 摆式摩擦仪是如何调平、调零和标定滑块长度的？
3. 摆式摩擦仪的橡胶片有效使用期是多长时间？
4. 如图 9.11 所示，摆式摩擦仪升降把手 15 转动时，必须松开紧固把手 1 和 A，为什么？

任务四 回弹仪使用与维护

【任务目标】

1. 了解回弹仪的结构和工作原理。
2. 掌握仪器使用与维护的方法。
3. 正确使用、维护和检校回弹仪。
4. 排除简单仪器故障。

【相关知识】

一、用　途

由于回弹仪轻便、灵活、价廉、不需电源、易掌握，加之相应的回弹仪检定规程及回弹法检测混凝土抗压强度的技术规程的制定和实施，使回弹仪的检测精度得到保证。因此，在公路工程试验检测中，回弹仪目前已广泛用于无损检测混凝土结构或构件抗压强度，它符合试验规程 JGJ/T 23—2011 中的仪器要求。

回弹法检测混凝土抗压强度是对常规检验的一种补充。例如，试件与结构中混凝土质量不一致，对试件的检验结果有怀疑或供检验用的试件数量不足时，可采用回弹法检测，并将检测结果作为处理混凝土质量问题的一个主要依据。

另外，施工阶段，如构件拆模、预应力张拉或移梁吊装时，回弹法可作为评估混凝土强度的依据。

回弹法的使用前提是，要求被测结构或构件混凝土的内外质量基本一致。因此，当混凝土表层与内部质量有明显差异，例如遭受化学腐蚀或火灾、硬化期间遭受冻伤等，或内部存在缺陷时，不能用回弹法评定混凝土强度。

二、技术参数

根据仪器水平测试时的冲击能量，回弹仪分为轻型、中型、重型三种。在公路工程试验检测中常用中型回弹仪，即ZC3-A型，该型号的技术参数为：

（1）冲击能量：2.207 J。

（2）率定值：80±2。

三、结构及工作原理

（一）主要结构

该仪器的结构如图9.12所示，主要由外壳7、弹击锤8、弹击杆13、弹击拉簧16、压簧4、中心导杆9、挂钩5、指示块18、指针片17等零件组成。

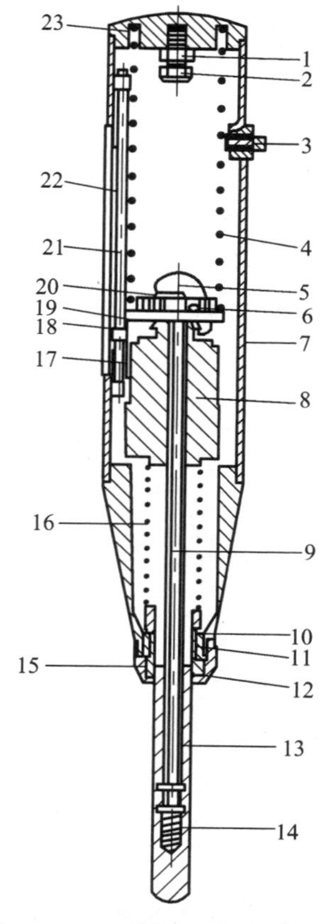

图9.12　回弹仪的结构示意图

1—紧固螺钉；2—调零螺钉；3—按钮；4—压簧；5—挂钩；6—挂钩销子；7—外壳；8—弹击锤；9—中心导杆；10—拉簧座；11—卡环；12—密封毡帽；13—弹击杆；14—缓冲压簧；15—盖帽；16—弹击拉簧；17—指示片；18—指示块；19—导向法兰；20—拉钩压簧；21—指针轴；22—刻度尺；23—尾盖

（二）工作原理

回弹仪主要是利用弹击锤的冲击能量撞击混凝土构件的表面，使其产生弹性变形。混凝土构件表面所产生的恢复力，又通过弹击杆使弹击锤向后弹回。当混凝土构件表面强度较高时，产生的瞬时弹性变形的恢复力较大，弹击锤弹回的距离就大；反之，弹回的距离就小。

当对回弹仪施压时，弹击杆向机内推进，通过缓冲弹簧、中心导杆、导向法兰、挂钩、弹击锤使弹击拉簧被拉伸，使连接弹击拉簧的弹击锤获得恒定的冲击能量（见图 9.13）。当挂钩与调零螺钉相碰时，弹击拉簧使弹击锤获得恒定的冲击能量。当挂钩被调零螺钉挤压张开时，弹击锤被脱钩（见图 9.14），在弹击拉簧的拉力作用下撞击弹击杆。弹击锤释放出来的能量通过弹击杆传递给混凝土构件，使混凝土构件表面产生弹性变形。混凝土构件表面所产生的瞬时弹性变形的恢复力，又通过弹击杆使弹击锤向后弹出，带动指针块，并通过指针块指示出弹回的距离。因此，可以用回弹值（弹回的距离与冲击前弹击锤至弹击杆的距离之比，按百分比计算）作为与混凝土强度相关的指标之一，来推定混凝土的抗压强度。

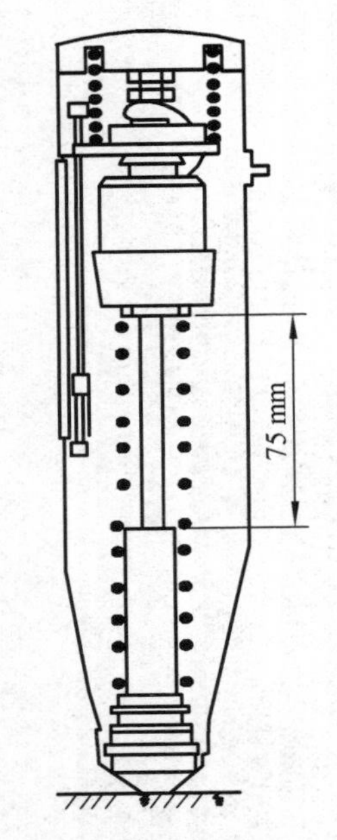

图 9.13　弹击锤脱钩前的状态

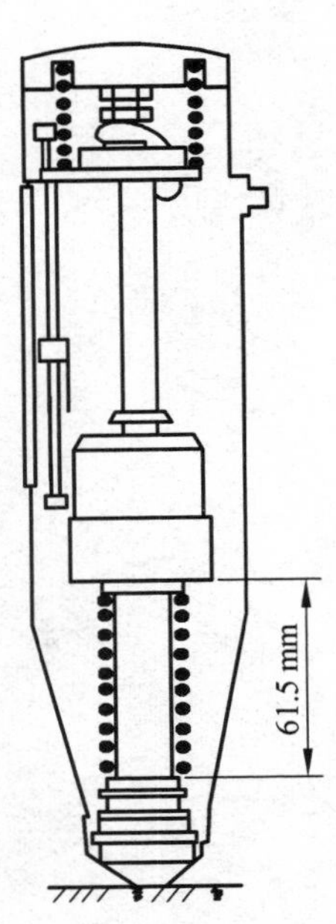

图 9.14　弹击锤脱钩后的状态

压簧 4 主要是用来使中心导杆推动弹击杆伸出，并将挂钩与弹击锤相连接。挂钩压簧 20 用来保持挂钩始终处于闭合状态。缓冲压簧 14 主要用来防止弹击杆与中心导杆相撞击。调零螺钉 2 用来调节弹击拉簧的伸长长度，使弹击锤获得恒定的冲击能量。按钮 3 用于回弹仪的位置不利于读数时，锁住机芯。

【专业操作】

一、回弹仪的使用方法

（一）使用前检查

1．外　观

（1）仪器外壳不允许有碰撞和摔落的任何损伤。

（2）各运动部件活动自如、可靠，不得有松动、卡滞和影响操作的现象，指针滑块示值刻线和刻度尺上的刻线应清晰、均匀。

（3）弹击杆外露球面应光滑，无裂纹、缺损和锈蚀等。

（4）刻度尺上“100”刻线，应与机壳刻度槽“100”刻线相重合。

2．回弹仪的率定

回弹仪基本上是由一些没有连接，又有相对运动的零件组装而成，它的操作、拿起放下及运输的方法不正确，都会改变仪器内部各零件的间隙尺寸及摩擦力的大小，最终影响回弹值。为使测试数据准确，回弹仪有下列情况之一时，应进行率定试验：

（1）进行测试前需率定。

（2）测定过程中对回弹值有怀疑时。

如率定试验结果不再符合规定的 80 ± 2，应对回弹仪进行常规保养后再率定；如仍不合格，应送检定单位校验。

回弹仪的率定试验应在室温为（20 ± 5）°C 的条件下进行，用钢砧进行率定，其结构如图 9.15 所示。钢砧由护筒 4、毛毡 1、底座 3、压块 2 组成，压块表面很坚硬，它的洛氏硬度为（60 ± 2）HRC。

回弹仪的率定方法如下：

① 将钢砧稳固地平放在刚度大的混凝土实体上。

② 将回弹仪的弹击杆弹出后，放入套筒内，用力均匀地将回弹仪向下弹击。弹击杆应分 4 次旋转，每次旋转约 900，每个方向连续弹击 3 次，取其中最后连续 3 次且读数稳定的回弹值进行平均。

③ 弹击杆每旋转一次的平均率定值均应符合 80 ± 2。

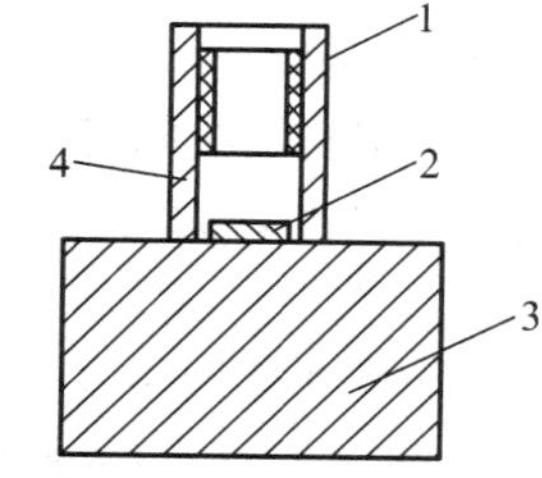

图 9.15　钢砧结构图

1—毛毡；2—压块；3—底座；4—护筒

（二）操作步骤

1．被测构件的准备

检测结构或构件时，需要布置测区，因为测区是进行测试的单元。测区布置应符合下列规定：

（1）按单个构件测试时，应在构件上均匀布置测区，且不少于 10 个。

（2）当对同批构件抽样检测时，构件抽样数不小于同批构件的 30%，且不少于 10 件；每个构件测区数不少于 10 个。

（3）对长度小于 3 m 且高度低于 0.6 m 的构件，其测区数量可适当减少，但不应少于 5 个。

2．构件的测区要求

（1）测区应选在使回弹仪处于水平方向检测构件混凝土浇筑侧面。当不能满足这一要求时，可使回弹仪非水平方向检测混凝土浇筑侧面、底面或表面，如图 9.16 所示。

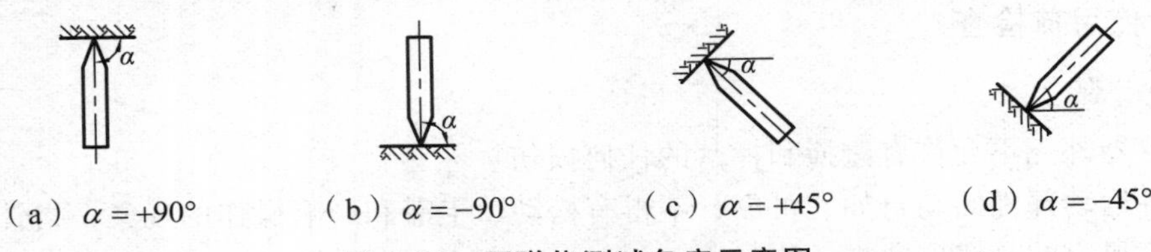

图 9.16　回弹仪测试角度示意图

（2）测区离构件边缘的距离宜大于 0.5 m。

（3）测区宜选在构件的两个对称可测面上，也可选在一个可测面上，且应均匀分布。在构件的重要部位及薄弱部位必须布置测区，并应避开钢筋密集区和预埋件（如波纹管）。

（4）测区尺寸宜为 20 cm × 20 cm，每一测区宜测 16 个测点，相邻两测点间距离不宜小于 2 cm。

（5）测试面应清洁、平整、干燥，不应有接缝、饰面层、粉刷层、浮浆、油垢、蜂窝和麻面等。必要时，可用砂轮片清除杂物和磨平不平整处，并擦净残留粉尘。

（6）对弹击时产生颤动的薄壁、小构件应进行固定。

3．回弹值的测试

（1）将弹击杆弹出

将弹击杆顶住混凝土的表面，轻压仪器，使按钮松开，放松压力使弹击杆伸出，挂钩挂上弹击锤。

（2）测试

① 使仪器的轴线始终垂直于混凝土的表面，并缓慢均匀施压，待弹击锤脱钩冲击弹击杆后，弹击锤带动指针向后移动至某一位置时，指针块上的示值刻线在刻度尺上示出一定数值，即为回弹值。

② 使仪器继续顶住混凝土表面进行读数并记录回弹值。如条件不利于读数，可按下按钮，锁住机芯，将仪器移至他处读数。

③ 将弹击杆缩凹，逐渐对仪器减压，使弹击杆自仪器内伸出，待下一次使用。

4．碳化深度的测定

回弹值测试完毕后，应在有代表性的位置上测量碳化深度值。测点不应少于构件测区数的 30%，取其平均值作为该构件每一测区的碳化深度。当碳化深度极差大于 2.0 时，应在每一测区测量碳化深度。

测量碳化深度时，可用合适的工具在测区的表面形成直径约 15 mm 的孔洞，其深度略大于混凝土的碳化深度，清除洞中粉末和碎屑后（注意不能用液体冲洗孔洞）立即用 1% ~ 2% 酚酞酒精溶液滴在混凝土孔洞内壁的边缘处。当已碳化与未碳化界面清楚时，再用深度测量工具垂直测量未变色部分的深度（没碳化部分变成玫瑰红色），该距离即为混凝土的碳化深度值，测量不得少于 3 次，取其平均值。每次读数精确至 0.25 mm。

5．检测数据的处理

（1）测区回弹值的计算

当回弹仪水平方向测试混凝土浇筑侧面时，应从每一测区的 16 个回弹值中剔除其中 3 个最大值和 3 个最小值，取余下的 10 个回弹值的平均值作为该测区的平均回弹值，取一位小数。计算公式为

$$\bar{N}_S = \sum \frac{N_i}{10} \tag{9.7}$$

式中　$\bar{N}_S$——测区平均回弹值，精确至 0.1；

N_i——第 i 个测点的回弹值。

（2）测试角度的修正

当回弹仪非水平方向测试混凝土浇筑表面或底面时，应将测得数据按公式（9.8）进行修正，计算非水平方向测定的修正因弹值，如表 9.8 所示。

$$\bar{N} = \bar{N}_S + \Delta N \tag{9.8}$$

式中　$\bar{N}$——经非水平测定修正的测区平均回弹值；

$\bar{N}_S$——回弹仪实测的测区平均回弹值；

ΔN——由表 9.7 查出的不同测试角度的回弹值修正值，准确至 0.1。

（3）测试面修正

当回弹仪水平方向测试混凝土浇筑表面或底面时，应将测得数据参照公式（9.7）求出测区平均回弹值 $\bar{N}_S$ 后，按式（9.9）进行修正。

表 9.7　非水平方向测定的修正回弹值

$\bar{N}_S$	与水平方向所成的角度							
	+90°	+60°	+45°	+30°	−30°	−45°	−60°	−90°
20	−6.0	−5.0	−4.0	−3.0	+2.5	+3.0	+3.5	+4.0
30	−5.0	−4.0	−3.5	−2.5	+2.0	+2.5	+3.0	+3.5
40	−4.0	−3.5	−3.0	−2.0	+1.5	+1.5	+2.5	+3.0
50	−3.5	−3.0	−2.5	−1.5	+1.0	+1.0	+2.0	+2.5

注：表中未列入 $\bar{N}_S$ 的可用内插法求得。

$$\bar{N}_1 = \bar{N}_S + \Delta N_1 \tag{9.9}$$

式中　$\bar{N}_1$——经非测面测定修正的测区平均回弹值；

$\bar{N}_S$——回弹仪测混凝土浇筑表面或底面时测区的平均回弹值；

ΔN_1——按表 9.8 查出的不同浇筑面的回弹修正值。

如果测试仪器既非水平方向而又非混凝土浇筑侧面，则应对回弹值先进行角度修正，然后再进行浇筑面修正。

表 9.8 不同浇筑面的回弹值修正值

$\bar{N}_S$	ΔN_1	
	表面	底面
20	+2.5	−3.0
25	+2.0	−2.5
30	+1.5	−2.0
35	+1.0	−1.5
40	+0.5	−1.0
45	0	−0.5
50	0	0

注：表中未列入 $\bar{N}_S$ 的可用内插法求得。

6．碳化深度计算

每一测区的平均碳化深度值按式（9.10）计算：

$$\bar{L}=\sum\frac{L_i}{n} \tag{9.10}$$

式中 $\bar{L}$——测区的平均碳化深度值，精确至 0.5 mm；

L_i——第 i 次测量的碳化深度值，mm；

n——测区的碳化深度值次数。

如平均碳化深度值小于或等于 0.5 mm，按无碳化深度处理（即平均碳化深度为 0）；如大于或等于 6 mm，取 6 mm；对于新浇混凝土龄期不超过 3 个月者，可视为无碳化。

7．测区混凝土强度计算

在没有条件通过试验建立实际的测强曲线时，每个测区混凝土的抗压强度 f_{ni} 可按平均回弹值 $\bar{N}$ 及平均碳化深度 $\bar{L}$ 由表 9.9 查出，或按式（9.11）计算混凝土抗压强度。

$$f_{ni}=0.025\bar{N}^{2.0108}\times10^{-0.0358\bar{L}} \tag{9.11}$$

式中 f_{ni}——测区混凝土抗压强度，精确至 0.1 MPa；

$\bar{N}$——测区混凝土平均回弹值，精确至 0.1；

$\bar{L}$——测区混凝土平均碳化深度，mm，精确至 0.1 mm。

8．结构或构件的混凝土强度推定值（$f_{cu,e}$）确定

（1）当该结构或构件测区数小于 10 个时：

$$f_{cu,e}=f^{c}_{cu,min}$$

式中 $f^{c}_{cu,min}$——构件中最小测区混凝土强度换算值。

（2）当该结构或构件测区强度值中出现小于 10.0 MPa 时：

$$f_{cu,e} < 10\ \text{MPa}$$

（3）当该结构或构件测区数不小于 10 个或按批量检测时：

$$f_{cu,e} = m_{f_{cu}} - 1.645 s_{f_{cu}}$$

式中　$s_{f_{cu}}$——结构或构件测区混凝土强度换算值的标准差，MPa，精确至 0.01 MPa；

$m_{f_{cu}}$——结构或构件测区混凝土强度换算值的平均值，MPa，精确至 0.1 MPa。

（4）对按批量检测的构件，当该批构件混凝土强度标准差出现下列情况之一时，该批构件全部按单个构件检测。

① 当该批构件混凝土强度平均值小于 25 MPa 时：

$$s_{f_{cu}} > 4.5\ \text{MPa}$$

② 当该批构件混凝土强度平均值不小于 25 MPa 时：

$$s_{f_{cu}} > 5.5\ \text{MPa}$$

表 9.9　测区混凝土抗压强度值换算表

平均回弹值 R_m	测区混凝土抗压强度值 $f^c_{cu,i}$/MPa												
	平均碳化深度值 L/mm												
	0	0.5	1.0	1.5	2.0	2.5	3.0	3.5	4.0	4.5	5.0	5.5	6.0
20	10.3	9.9											
21	11.4	10.0	10.5	10.1									
22	12.5	12.0	11.5	11.0	10.6	10.2	9.8						
23	13.7	13.1	12.6	12.1	11.6	11.1	10.7	10.2	9.8				
24	14.9	14.3	13.7	13.2	12.6	12.1	11.6	11.2	10.7	10.3	9.8		
25	16.2	15.5	14.9	14.3	13.7	13.1	12.6	12.1	11.6	11.1	10.7	10.3	9.9
26	17.5	16.8	16.1	15.4	14.8	14.2	13.7	13.1	12.6	12.1	11.6	11.1	10.7
27	18.9	18.1	17.4	16.7	16.0	15.8	14.7	14.1	13.6	13.0	12.5	12.0	11.5
28	20.3	19.5	18.7	17.9	17.2	16.5	15.8	15.2	14.6	14.0	13.4	12.9	12.4
29	21.8	20.9	20.1	19.2	18.5	17.7	17.0	16.3	15.7	15.0	14.4	13.8	13.3
30	23.3	22.4	21.5	20.6	19.8	19.0	18.2	17.5	16.8	16.1	15.4	14.8	14.2
31	24.9	23.9	22.9	22.0	21.1	20.3	19.4	18.7	17.9	17.2	16.5	15.8	15.2
32	26.5	25.5	24.4	23.5	22.5	21.6	20.7	19.9	19.1	18.3	17.6	16.9	16.2
33	28.2	27.1	26.0	25.0	23.9	23.0	22.0	21.2	20.3	19.5	18.7	17.9	17.2
34	30.0	28.8	27.6	26.5	25.4	24.4	23.4	22.5	21.6	20.7	19.9	19.1	18.3
35	31.8	30.5	29.8	28.1	27.0	25.9	24.9	23.8	22.9	21.9	21.0	20.2	19.4

续表 9.9

平均回弹值 R_m	测区混凝土抗压强度值 $f_{cu,i}^{c}$ /MPa												
	平均碳化深度值 L/mm												
	0	0.5	1.0	1.5	2.0	2.5	3.0	3.5	4.0	4.5	5.0	5.5	6.0
36	33.6	32.3	31.0	29.7	28.5	27.4	26.3	25.2	24.2	23.2	22.3	21.4	20.5
37	35.5	34.1	32.7	31.4	30.1	28.9	27.8	26.6	25.6	24.5	23.5	22.6	21.7
38	37.5	36.0	34.5	33.1	31.8	30.0	29.3	28.1	27.0	25.9	24.8	23.8	22.9
39	39.5	37.9	36.4	34.9	33.5	32.2	30.9	29.6	28.4	27.8	26.2	25.1	24.1
40	41.6	39.9	38.3	36.7	35.3	33.8	32.5	31.2	29.9	28.7	27.5	26.4	25.4
41	43.7	41.9	40.2	38.6	37.0	35.6	34.1	32.7	31.4	30.1	28.9	27.8	26.6
42	45.9	44.0	42.2	40.5	38.9	37.8	35.8	34.4	33.0	31.6	30.4	29.1	28.0
43	48.1	46.1	44.3	42.5	40.8	39.1	37.5	36.0	34.6	33.2	31.8	30.6	29.3
44		48.3	46.4	44.5	42.7	41.1	39.5	37.9	36.4	34.9	33.3	32.0	30.7
45			48.5	46.6	44.7	42.9	41.1	39.5	37.9	36.4	34.9	33.5	32.1
46				48.7	46.7	44.8	43.0	41.3	39.6	38.0	36.5	35.0	33.6
47					48.8	46.8	44.9	43.1	41.3	39.7	38.1	36.5	35.1
48						48.8	46.8	44.9	43.1	41.4	39.7	38.1	36.6
49							48.8	46.9	45.0	43.1	41.4	39.7	38.1
50								48.8	46.8	44.9	43.1	41.4	39.7
51									48.7	46.8	44.9	43.1	41.8
52										48.6	46.8	44.8	43.0
53											48.6	46.5	44.6
54												48.3	46.4
55													48.1

二、回弹仪的使用注意事项及维护

（一）回弹仪使用注意事项

（1）要做到轻拿轻放，携带时一定要注意防振动。

（2）在正常的测试情况下，应使弹击杆继续顶住水泥混凝土表面读取回弹值，不要经常性地按下按钮锁住机芯读取数据（因按钮内的弹簧刚度很小）。

（3）测试时，不要用力将回弹仪的弹击杆撞击水泥混凝土表面，在这种情况下测试出的回弹值不仅偏高，而且会改变仪器各零件的配合间隙和摩擦力的大小，影响回弹仪的精度。

（二）回弹仪的维护

（1）回弹仪有下列情况之一时，应进行常规保养：

① 弹击超过 2 000 次；

② 对测试值有怀疑时；

③ 率定值不符合要求。

（2）常规保养方法：

① 使弹击锤脱钩后，取出机芯，然后卸下弹击杆、缓冲压簧、弹击锤（连同弹击拉簧和拉环座）、刻度尺、指针轴和指针。

② 用清洗剂清洗机芯的中心导杆、弹击拉簧、拉簧座、弹击杆及其内孔，缓冲压簧、刻度尺、卡环以及机壳的内壁和指针导槽等；经过清洗后的零部件，除中心导杆薄薄地抹上一层清洁机油外，其他部件均不得抹油。

③ 应保持弹击拉簧前端钩入拉簧座的原孔位。

④ 不得旋转尾盖上已定位紧固的调零螺丝。

⑤ 不得自制或更换零部件。

⑥ 保养后，应按任务四中专业操作的要求进行率定试验。

（3）回弹仪每次使用完毕后应及时进行日常保养。

① 使弹击杆伸出机壳，清除弹击杆（包括其前球端面）以及刻度尺表面和外壳上的污垢、尘土。

② 回弹仪不用时，应将弹击杆压入机壳内，弹击后应使弹击锤脱钩，按下按钮，锁住机芯，将回弹仪装入箱内，存放在干燥阴凉处。

三、常见故障及排除

（一）回弹值达不到 80 ± 2

（1）把回弹仪拆开后，把弹击拉簧重新挂在靠内圈的拉簧座孔内，使弹击拉簧变紧。

（2）回弹仪用久了，弹击拉簧的弹性减弱，此时可将厂家随机配备的新弹击拉簧换上。

（二）弹击锤与挂钩不分离

把回弹仪的尾盖拧开，把压簧取出，用于轻压挂钩，弹击锤与挂钩就分开了。

四、回弹仪检定规程

回弹仪有下列情况之一时，应送法定检定单位检定，检定合格的回弹仪应具有检定合格证书才能使用，其有效期为半年：

（1）新回弹仪启用前。

（2）超过检定有效期限。

（3）累积弹击次数超过 6 000 次。

（4）主要零件更换后。

（5）经常规保养后率定值不合格。

（6）遭受严重撞击或其他损害。

本规程适用于新建、使用中和修理后的标称能量为2.207 1，示值系统为指针直读式的中型回弹仪（以下简称回弹仪，结构见图9.13）的检定。

（一）技术要求

（1）在回弹仪明显的位置上，应有下列标志：名称、型号、制造厂名（或商标）、出厂编号、出厂日期和计量器许可证证号及CMC标志等。

（2）仪器外壳不允许有碰撞和摔落的明显损伤。

（3）各运动部件活动自如、可靠，不得有松动、卡滞和影响操作的现象，指针滑块示值刻线和刻度尺的刻线应清晰、均匀。

（4）弹击杆外露球面应光滑、无裂纹、缺损和锈蚀等。

（5）刻度尺上“100”刻线，应与机壳刻度槽“100”刻线相重合。

（6）标准状态的仪器水平弹击时的冲击能力应为（2.207 + 0.100）J，其主要技术要求如表9.10所示。允许误差不得大于该表的规定。当回弹仪满足表9.10的技术要求时，回弹仪量程为2055分度数的示值误差不应超过1.5分度数。

表9.10　用弹仪的指术要求和允许误差

序号	项　目	技术要求	允许误差
1	机壳刻度槽“100”刻线位置	与回弹仪检定器中盖板定位缺口侧面重合	在刻线宽度范围内（刻线宽0.4 mm）
2	指针长度/mm	20.0	±0.2
3	指针摩擦力/N	0.65	±0.15
4	弹击杆尾部外观	无环带及缺损	—
5	弹击杆端部球面半径/mm	25.0	±1.0
6	弹击拉簧外观	直	—
7	弹击拉簧刚度/（N/m）	785.0	±40.0
8	弹击拉簧脱钩位置	刻度尺“100”刻线处	在刻线宽度范围内（刻线宽0.4 mm）
9	弹击拉簧工作长度/mm	61.5	±0.3
10	弹击锤冲击长度/mm	75.0	±0.3
11	弹击锤起跳位置	刻度尺“0”处	±1
12	钢砧上的率定值	80	±2

（二）检定条件

回弹仪检定器、回弹仪弹击拉簧检定仪等，应置于平稳的工作台上，且室内应清洁、干燥，室温宜控制在5 ~ 35 °C。

【成绩评价】

	检测项目	序号	检测内容及要求	配分	学员自评	学员互评	教师评分	得分
任务评价	职业修养	1	安全、纪律	10				
		2	文明、礼仪、行为习惯	5				
		3	工作态度	5				
	专业能力	4	了解回弹仪的结构和工作原理	10				
		5	掌握仪器使用与维护的方法	10				
		6	正确使用、维护回弹仪	40				
		7	掌握使用仪器注意事项	10				
		8	能排除简单试验检测仪器故障	10				
		9						
综合评价								

【知识拓展】

回弹法检测混凝土抗压强度试验（JGJ/T 23—2011）

一、一般规定

（1）结构或构件混凝土强度检测宜具有下列资料：

① 工程名称及设计、施工、监理（或监督）和建设单位名称。

② 结构或构件名称、外形尺寸、数量及混凝土强度等级。

③ 水泥品种、强度等级、安定性、厂名，砂、石种类及粒径，外加剂或掺和料品种、掺量，混凝土配合比等。

④ 施工时材料计量情况，模板、浇筑、养护情况及成型日期等。

⑤ 必要的设计图纸和施工记录。

⑥ 检测原因。

（2）结构或构件混凝土强度检测可采用下列两种方式，其适用范围及结构或构件数量应符合下列规定：

① 单个检测，适用于单个结构或构件的检测。

② 批量检测，适用于在相同的生产工艺条件下，混凝土强度等级相同，原材料、配合比、成型工艺、养护条件基本一致且龄期相近的同类结构或构件。按批进行检测的构件，抽检数量不得少于同批构件总数的 30% 且构件数量不得少于 10 件。在抽检构件时，应随机抽取并使所选构件具有代表性。

（3）每一结构或构件的测区应符合下列规定：

① 每一结构或构件测区数不应少于 10 个，对某一方向尺寸不大于 4.5 m 且另一方向尺

寸不大于 0.3 m 的构件，其测区数量可适当减少，但不应少于 5 个。

② 相邻两测区的间距应控制在 2 m 以内，测区离构件端部或施工缝边缘的距离不宜大于 0.5 m，且不宜小于 0.2 m。

③ 测区应选在使回弹仪处于水平方向检测混凝土浇筑侧面。当不能满足这一要求时，可使回弹仪处于非水平方向检测混凝土浇筑侧面、表面或底面。

④ 测区宜选在构件的两个对称可测面上，也可选在一个可测面上，且应均匀分布。在构件的重要部位及薄弱部位必须布置测区，并应避开预埋件。

⑤ 测区的面积不宜大于 0.04 m^2。

⑥ 检测面应为混凝土表面，并应清洁、平整，不应有疏松层、浮浆、油垢、涂层以及蜂窝、麻面，必要时可用砂轮清除疏松层和杂物，且不应有残留的粉末或碎屑。

⑦ 对弹击时产生颤动的薄壁、小型构件应进行固定。

（4）结构或构件的测区应标有清晰的编号，必要时应在记录纸上描述测区布置示意图和外观质量情况。

（5）当检测条件与检测曲线的适用条件有较大差异时，可采用同条件试件或钻取混凝土芯样进行修正，试件或钻取芯样数量不应少于 6 个。在钻取芯样时每个部位应钻取一个芯样，在计算时，测区混凝土强度换算值应乘以修正系数。

修正系数应按公式（9.12）计算。

$$\eta=\frac{1}{n}\sum_{i=1}^{n}\frac{f_{cu,i}}{f_{cu,i}^{c}}$$

或

$$\eta=\frac{1}{n}\sum_{i=1}^{n}\frac{f_{cor,i}}{f_{cu,i}^{c}} \tag{9.12}$$

式中 η—— 修正系数，精确至 0.01；

$f_{cu,i}$—— 第 i 个混凝土立方体试件（边长为 150 mm）的抗压强度值，精确至 0.1 MPa；

$f_{cor,i}$—— 第 i 个混凝土芯样试件的抗压强度值，精确至 0.1 MPa；

$f_{cu,i}^{c}$—— 对应于第 i 个试件或芯样部位回弹值和碳化深度值的混凝土强度换算值，可按表 9.10 采用；

n—— 试件数。

二、回弹值的测量

（1）在检测时，回弹仪的轴线应始终垂直于结构或构件的混凝土检测面，缓慢施压，准确读数，快速复位。

（2）测点宜在测区范围内均匀分布，相邻两测点的净距不宜小于 20 mm；测点距外露钢筋、预埋件的距离不宜小于 30 mm。测点不应在气孔或外露石子上，同一测点只应弹击一次。每一测区应记取 16 个回弹值，每一测点的回弹值读数估读至 1。

三、碳化深度值测量

（1）当回弹值测量完毕后，应在有代表性的位置上测量碳化深度值，测点不应少于构件测区数的 30%，取其平均值为该构件每测区的碳化深度值。当碳化深度值极差大于 2.0 mm 时，应在每一测区测量碳化深度值。

（2）碳化深度值测量，可采用适当的工具在测区表面形成直径约 15 mm 的孔洞，其深度应大于混凝土的碳化深度。孔洞中的粉末和碎屑应除净，并不得用水擦洗。同时，应采用浓度为 1% ~ 2% 的酚酞酒精溶液滴在孔洞内壁的边缘处，当已碳化与未碳化界线清楚时，再用深度测量工具测量已碳化与未碳化混凝土交界面到混凝土表面的垂直距离，测量不应少于 3 次，取其平均值。每次读数精确至 0.25 m。

四、回弹值计算

（1）计算测区平均回弹值，应从该测区的 16 个回弹值中剔除 3 个最大值和 3 个最小值，余下的 10 个回弹值应按式（9.13）计算。

$$R_{\mathrm{m}}=\frac{\sum_{i=1}^{10}R_i}{10} \tag{9.13}$$

式中　R_{m}—— 测区平均回弹值，精确至 0.1；

R_i—— 第 i 个测点的回弹值。

（2）当非水平方向检测混凝土浇筑侧面时，应按式（9.14）修正。

$$R_{\mathrm{m}}=R_{\mathrm{m}\alpha}+R_{\mathrm{a}\alpha} \tag{9.14}$$

式中　$R_{\mathrm{m}\alpha}$—— 非水平状态检测时测区的平均回弹值，精确至 0.1；

$R_{\mathrm{a}\alpha}$——非水平状态检测时回弹值修正值。

（3）当水平方向检测混凝土浇筑顶面或底面时，应按式（9.15）、（9.16）修正。

$$R_{\mathrm{m}}=R_{\mathrm{m}}^{t}+R_{\mathrm{a}}^{t} \tag{9.15}$$

$$R_{\mathrm{m}}=R_{\mathrm{m}}^{b}+R_{\mathrm{a}}^{b} \tag{9.16}$$

式中　R_{m}^{t}, R_{m}^{b}—— 水平方向检测混凝土浇筑表面、底面时测区的平均回弹值，精确至 0.1；

R_{a}^{t}, R_{a}^{b}—— 混凝土浇筑表面、底面回弹值的修正值。

（4）当检测时回弹仪为非水平方向且测试面为非混凝土的浇筑侧面时，应先按规程对回弹值进行角度修正，再对修正后的值进行浇筑面修正。

五、结构或混凝土强度的计算

由各测区的混凝土强度换算值可计算得出结构或构件混凝土强度平均值，当测区数等于或大于 10 时，还应计算标准差。平均值及标准差应按式（9.17）、（9.18）计算：

$$m_f=\frac{\sum_{i=1}^{n}f_{\mathrm{cu},\,i}^{\mathrm{c}}}{n} \tag{9.17}$$

$$s_f=\sqrt{\frac{\sum_{i=1}^{n}(f_{\mathrm{cu},i}^{\mathrm{c}})^2-n(mf_{\mathrm{cu}}^{\mathrm{c}})^2}{n-1}} \tag{9.18}$$

式中 m_f——构件混凝土强度平均，MPa，精确至 0.1 MPa。

s_f——构件混凝土强度标准差，MPa，精确至 0.01 MPa。

n——对于单个测定的构件，取一个构件的测区数；对于抽样测定的结构或构件，取各抽检试样测区数之和。

当该结构或构件的测区数不少于 10 个或按批量检测时，应按式（9.19）计算。

$$f_{\mathrm{cu,e}}=m_f-1.645s_f \tag{9.19}$$

【思考题】

1. 回弹仪主要由哪些零件组成？
2. 简述回弹仪的工作原理。
3. 回弹仪的率定值是多少？如何率定？

参考文献

[1] 交通部公路科学研究院. 公路土工试验规程[S]. 北京：人民交通出版社，2007.

[2] 中国建筑材料联合会. 建筑用碎石、卵石[S]. 北京：中国标准出版社，2011.

[3] 交通部公路科学研究院. 公路工程沥青及沥青混合料试验规程[S]. 北京：人民交通出版社，2011.

[4] 交通部公路科学研究院. 公路工程水泥及水泥混凝土试验规程[S]. 北京：人民交通出版社，2005.

[5] 中国建筑材料联合会. 水泥标准稠度用水量、凝结时间、安定性检验方法[S]. 北京：中国标准出版社，2011.

[6] 邝为民. 工程材料[M]. 北京：中国铁道出版社，2001.

[7] 闫宏生. 工程材料[M]. 北京：中国铁道出版社，2005.

[8] 田文玉. 道路建筑材料[M]. 北京：人民交通出版社，2004.

[9] 伍必庆. 道路材料试验[M]. 北京：人民交通出版社 2002.

[10] 陈晓明. 道路材料[M]. 北京：人民交通出版社，2005.

[11] 徐培华，陈达忠. 路基路面试验检测技术[M]. 北京：人民交通出版社，2001.

[12] 金桃，张美珍. 公路工程检测技术[M]. 北京：人民交通出版社，2002.

[13] 何贡. 常用量具手册[M]. 中国计量出版社，1999.